教材使用调查问卷

尊敬的老师：

您好！

欢迎您使用"人民交通出版社'十一五'高职高专土建类专业规划教材"，衷心感谢您参与我们的问卷调查，敬请留下您的联系方式，我们将向您提供周到细致的服务，第一时间向您赠阅我们最新出版的教学用书及相关图书资料，同时提供业界信息和购书优惠，优先参与教材编写和定期举办的假期研讨班。

本调查问卷复印有效，请您通过以下方式返回：

邮寄：北京市朝阳区安外外馆斜街3号人民交通出版社土木与建筑图书出版中心（100011）

邵江　收

传真：010－85285927（邵江收）

Email：sj@ccpress.com.cn

第一部分：您的资料

姓　　名：__________ 职称：__________ 职务：__________

所在院校、系：__________ 专业：__________

主讲课程：__________

通讯地址：__________ 邮编：__________

电　　话：__________ Email：__________

第二部分：关于教材

1. 贵校开设土建类哪些专业？

□建筑工程技术　□工程造价　□工程监理　□物业管理

□建筑装饰工程技术　□房地产经营与估价　□楼宇智能化工程技术

2. 您认为理想的高职高专教材应具备哪些内容及特征，请描述__________

____

3. 您对本书的印刷装帧质量：　□好　□一般　□差　需要改进之处：__________

4. 您使用的教学手段：　□传统板书　□多媒体教学　□两者皆用　□网络教学

5. 您认为还应开发哪些教材或教辅用书？

本系列三个专业（建筑工程技术、工程监理、工程造价）的教材：__________

理由：__________

其他专业：__________

理由：__________

6. 您是否愿意参与编写教材？参与编写哪些教材？

课程名称：__________

形式：　□纸质教材　□实训指导书（习题集）　□多媒体课件

7. 您选用教材比较看重以下哪些内容？

□作者背景　□教材编排使用　□有案例教学　□配有多媒体课件

□其他__________

8. 你一般从什么渠道获取新教材信息？

□新华书店　□建工书店　□出版社的宣传手册　□其他媒介

9. 本书内容是否有错、漏及不合理之处，请您指出：__________

____

____

人民交通出版社“十一五”
高职高专土建类专业规划教材

1 建筑制图
2 建筑工程 CAD
3 建筑材料与检测
4 建筑力学
5 建筑结构
6 建筑力学与结构
7 地基与基础
8 建筑工程计量与计价
9 建筑构造
10 建筑工程质量验收
11 建筑工程测量
12 建筑施工技术
13 建筑施工组织
14 建筑工程技术资料
15 建设法规
16 建筑设备
17 建筑工程事故分析与处理
18 工程建设监理概论
19 建筑工程计价与投资控制
20 建筑施工组织与进度控制
21 建筑工程质量控制
22 工程招投标与合同管理
23 道路与桥梁工程概论
24 建筑构造与识图
25 建筑与装饰材料
26 建筑结构基础与识图
27 建筑设备安装识图与施工工艺
28 建筑经济
29 建筑工程预算
30 建筑设备安装工程预算
31 建筑装饰工程预算
32 建筑施工工艺
33 工程建设定额原理与实务
34 工程量清单计价
35 工程造价控制
36 工程造价案例分析
37 建筑工程项目管理
38 专业英语

我们热烈欢迎广大教师投稿及交换教学资料，如案例、课件、多媒体，共同打造优秀高职教材！

联系人：邵江
咨询电话：010－85285929
投稿信箱：sj@ccpress.com.cn

相关图书推介：
简明英汉－汉英土木工程词汇
简明英汉－汉英公路工程词汇
简明英汉－汉英工程管理专业词汇
AutoCAD2008 道桥制图（Autodesk 公司推荐）

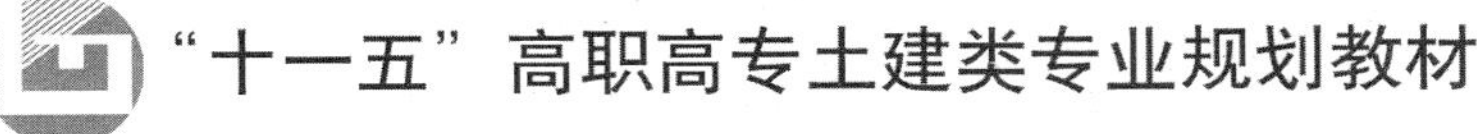

建筑装饰工程预算

主　编　吴　锐　秦　堃
主　审　袁建新　刘德甫

人民交通出版社
China Communications Press

内 容 提 要

本书根据高等职业教育工程造价专业的教育标准和培养方案及主干课程教学大纲的要求，按照2002年《全国统一建筑装饰装修工程消耗量定额》、国家标准《建设工程工程量消单计价规范》(GB 50500—2003)及有关计价文件，以通俗易懂的案例，对装饰装修工程定额的运用、费用的计取、预算书的编制、建筑装饰工程预算的审查、建筑装饰工程结算、计价手段的运用进行了清晰的介绍，充分体现了职业教育的特点。

本书可作为高职高专院校、成人高校及二级职业技术学院、继续教育学院和民办高校的工程造价、建筑装饰工程等土建类相关专业的教材，也可作为相关从业人员的培训教材。

图书在版编目(CIP)数据

建筑装饰工程预算/吴锐等编.—北京：人民交通出版社，2007.2

ISBN 978-7-114-06282-7

Ⅰ.建… Ⅱ.吴… Ⅲ.建筑装饰-建筑预算定额-高等学校：技术学校-教材 Ⅳ.TU723.3

中国版本图书馆CIP数据核字(2006)第144898号

书　　名：建筑装饰工程预算
著 作 者：吴　锐　秦　堃
责任编辑：陈志敏　邵　江
出版发行：人民交通出版社
地　　址：(100011)北京市朝阳区安定门外外馆斜街3号
网　　址：http://www.ccpress.com.cn
销售电话：(010)59757969，59757973
总 经 销：北京中交盛世书刊有限公司
经　　销：各地新华书店
印　　刷：北京牛山世兴印刷厂
开　　本：787×960　1/16
印　　张：21.25
字　　数：374千
版　　次：2007年2月　第1版
印　　次：2009年6月　第4次印刷
书　　号：ISBN 978-7-114-06282-7
定　　价：30.00元

高职高专土建类专业规划教材编审委员会

高职高专土建类专业规划教材出版说明

近年来我国职业教育蓬勃发展，教育教学改革不断深化，国家对职业教育的重视达到前所未有的高度。为了贯彻落实《国务院关于大力发展职业教育的决定》的精神，提高我国土建领域的职业教育水平，培养出适应新时期职业需要的高素质人才，人民交通出版社深入调研，周密组织，在全国高职高专教育土建类专业教学指导委员会的热情鼓励和悉心指导下，发起并组织了全国四十余所院校一大批骨干教师，编写出版本系列教材。

本套教材以《高等职业教育土建类专业教育标准和培养方案》为纲，结合专业建设、课程建设和教育教学改革成果，在广泛调查和研讨的基础上进行规划和展开编写工作，重点突出企业参与和实践能力、职业技能的培养，推进教材立体化开发，鼓励教材创新，教材组委会、编审委员会、编写与审稿人员全力以赴，为打造特色鲜明的优质教材做出了不懈努力，希望以此能够推动高职土建类专业的教材建设。

本系列教材先期推出建筑工程技术、工程监理和工程造价三个土建类专业共计四十余种主辅教材，随后在2—3年内全面推出土建大类中7类方向的全部专业教材，最终出版一套体系完整、特色鲜明的优秀高职高专土建类专业教材。

本系列教材适用于高职高专院校、成人高校及二级职业技术学院、继续教育学院和民办高校的土建类各专业使用，也可作为相关从业人员的培训教材。

人民交通出版社

2007年1月

前言

本书是高等职业技术教育工程造价管理专业系列教材之一，完全符合目前建筑装饰行业职业技能型紧缺人才的培养要求，始终围绕本专业的培养目标进行编制的。

本书编制的依据：《全国统一建筑装饰装修工程消耗量定额》(GYD—901—2002)；建设部2003年颁发并于7月1日实施的《建设工程工程量清单计价规范》(GB 50500—2003)；建设部第107号令《建筑工程施工发包与承包计价管理办法》(2001年12月1日起施行)；建设部、财政部关于印发《建筑安装工程费用项目组成》的通知；建标[2003]206号《费用项目组成》(2004年1月1日起施行)以及部分省市颁布施行的《建筑装饰装修工程消耗量定额》。

本书的主要内容：装饰工程施工图预算的编制方法和程序、装饰装修工程工程量的计算、工程的计价、装饰工程定额的应用、费用定额的应用和工程量清单及清单计价的相关知识。

本书的特色：本书的最大特色是立足于实用性，立足于预算方法的介绍和训练上。根据工程量计算规则，全部采用简洁但不简单而且具有流行元素的原创装饰装修图例对计算规则进行阐述，知识点容易掌握，适用的读者群比较广泛，适合教学和自学，对从事装饰装修预算工作具有现实的指导意义。本书对定额计价模式和工程量清单计价模式下装饰装修工程的计量和计价所包含的内容把握适度，既满足教学大纲的要求，又为新的计价模式的学习提供了空间，也为后续学习打下了坚实的基础。

本书的编制人员：本书由湖北城市建设职业技术学院吴锐，绵阳职业技术学院的秦堃担任主编，参编有湖北城市建设职业技术学院的叶小容、顾娟、汪伟、方晶等。其中，第三章、第五章、第四章第二节、第六章由吴锐编写；第一章、第四章第一节、第七章、第八章、第九章由秦堃老师编写；第二章由叶小容编写；第五章第一节由顾娟编写，第三章天棚面工程，门窗工程，油漆、涂料、裱糊工程，其他工程，装饰装修脚手架及成品保护费，垂直运输及超高增加费由汪伟、方晶、石红兵、石萍、高志云协助编写。全书由吴锐统稿。

本书由四川建筑职业技术学院袁建新教授主审。

本书在编写过程中参考了有关书籍和资料，得到了高等职业教育专业委员会、装饰装修公司的技术人员及人民交通出版社的大力支持，在此一并表示由衷的感谢。

由于目前我国造价管理正处于改革和发展时期，作者对旧知识体系创新的把握及对新规范的理解还不尽深透，加之水平有限，书中难免有不妥和遗漏之处，敬请读者及时反馈和指正。

编者

2006 年 12 月

目录

MULU

第一章 绪论

【职业能力目标】

引伸或综合与本课程联系密切的基本知识、理论和技能。

【学习要求】

(1)了解本课程的学习方法。

(2)掌握建筑装饰工程预算的作用、基本建设的相关内容、造价文件的分类。

(3)了解建筑装饰行业的现状和发展,重点分析装饰工程费用在整个工程造价中所占的比例。

第一节 学习建筑装饰装修工程预算的意义和方法

建筑装饰工程预算是指根据建筑装饰设计图纸、装饰工程定额及有关取费标准、装饰材料单价等各种资料,确定装饰工程所需投资的造价文件。

一 建筑装饰工程预算的作用

1.是确定建筑装饰工程造价的依据

由于建筑装饰工程情况复杂、形态多样,采用的材料和业主要求的档次都不同,定额价格高低相差很大,工程预算必须依据各自的设计图纸和预算定额等文件进行计算。建筑装饰工程预算是最终确定建筑装饰工程造价的经济性文件。

2.是工程投资控制和衡量设计方案的依据

经审批的建筑装饰工程预算是投资控制的依据和准则。由于建筑装饰工程的设计在风格流派、功能要求、材料类别、装修档次、人文环境等各个方面的不同，导致工程造价上的差异较大，建筑装饰工程预算可以体现设计上的一些指标，从而对不同的设计方案进行比较和分析，选出功能适用、形式美观、经济合理的设计方案。

3. 是申请银行贷款和实施财政监督的依据

我国现行的拨、贷办法是通过各级建设银行办理的，经审定的建筑装饰工程预算，是建设银行办理拨、贷以及监督建设单位和施工单位合理使用建设资金的依据。

4. 是确定工程招投标、签定工程施工合同、预支工程款的依据

建筑装饰工程预算对甲方是招标标底，对乙方是投标报价，所以，它是一个基础性的文件，它应当包括整个施工中的全部施工内容所发生的费用，因此，它也是签定工程施工合同、预支工程款的依据。

5. 是甲、乙双方竣工结算、审核、审计的依据

工程竣工后，甲、乙双方要办理竣工结算，以了结经济合同手续，同时竣工结算的经济文件应经项目主管部门或政府审批部门依法对其审核、审计。

6. 是施工企业进行工程进度控制和内部经济核算的依据

建筑装饰工程预算是装饰施工企业编制施工进度计划、材料供应计划、劳动力计划、机械台班计划、财务计划、进行施工准备、组织施工力量、组织工程备料的依据。

因为建筑装饰工程预算能够提供人工、材料、机械的消耗量，所以装饰施工企业可以对工程的各项消耗指标进行技术经济分析，加强企业的管理，降低工程成本从而实现利润的最大化。

二 学习建筑装饰工程预算的意义

"建筑是凝固的音乐"，装饰是一门艺术，建筑和艺术是不可分割的。建筑装饰是一门边缘性、综合性的学科，它所涉及到的包括人文艺术、环境艺术等多个方面。现在，人们的生活水平在提高，思想意识在变化，追求一个优美的工作和生活环境，是发展的必然趋势。由此，人们对建筑装饰装修行业也越来越关注和重视，建筑装饰档次逐年上升，造价已接近或超过土建工程造价，建筑装饰工程的造价空间与日俱增。在这样的情形之下，人们除了对装饰工程的设计艺术和工程技术重视外，也更加关注工程的造价问题，因此，学习建筑装饰工程预算的意义主要体现在以下几个方面：

(1)能够熟练掌握建筑装饰工程的量、价关系。

(2)能够掌握考核建筑装饰工程经济效益的各项数量标准的具体操作方法。

(3)能够掌握提高施工企业管理水平的重要方法。

(4)能够了解规范建筑装饰行业的重要手段。

三 学习建筑装饰工程预算的方法

《建筑装饰工程预算》课程是一门综合性很强的技术、经济管理的学科,它涉及的知识面广泛,实践性强。在学习本课程时,必须坚持理论与实践相结合,加强与其相关课程知识的联系。

1. 坚持理论与实践相结合的学习方法

建筑装饰预算的实践性要求非常高,也就是说,学完《建筑装饰工程预算》这门课程,就要求在实际工程中会计算,但是在实际工程中它的操作性和地区性很强,因此,应注意本地区工程计价的相关规定和要求。

2. 加强与其相关课程知识联系的学习方法

《建筑装饰工程预算》课程是一门必修的专业课程,预算的编制要求具有看图和识图的能力、施工技术知识、建筑装饰材料知识、建筑装饰构造知识、施工组织与管理知识以及计算机操作能力等相关知识,只有将这些知识融会贯通,才能更好地掌握本门课程。

第二节 建筑装饰工程项目建设与造价文件

一 工程项目建设概述

工程项目建设是指固定资产扩大再生产的新建、改建、扩建、恢复工程及与之连带的工作。它是通过建筑业的勘察、设计、施工和安装等活动来实现的。内容有建筑工程、安装工程、设备和工器具的购置以及其他建设工作。工程项目建设是国民经济的重要组成部分,是发展国民经济的物质技术基础,是实现社会主义扩大再生产的重要手段,在社会主义现代化建设中占据重要地位。工程项目建设的实质是形成新的固定资产的经济活动。

为了便于管理和核算,凡列为固定资产的劳动资料,一般应同时具备两个条件:

①使用期限在一年以上。

②单位价值在规定的限额以上。

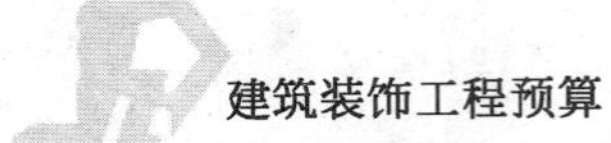

不同时具备上述两个条件的应列为低值易耗品。

(一)工程项目建设的内容

1. 建筑工程

建筑工程主要有各种建筑物的新建、改建和恢复工程,例如,厂房、住宅、学校、医院、道路、桥梁、码头等建筑物和构筑物的建设。

2. 设备和工器具的购置

例如,生产、动力、起重、运输、实验、医疗等设备、工具和器具的购置。

3. 安装工程

安装工程主要指以上设备的装配和安装。

4. 其他工程建设工作

其他工程建设工作是指与上述工程建设工作有关的与此相联系的工作,例如,勘测设计、筹建机构、土地征用、干部工人培训、生产准备等工作。

(二)工程项目建设的分类

工程项目建设是由若干个具体建设项目组成,根据不同的分类标准,工程项目建设大致可分为以下几类:

1. 按建设性质不同分类

可划分为建设项目和更新改造项目两大类。

(1)建设项目:是指投资建设用于以扩大生产能力,或增加工程效益为目的的新建、改建、扩建、恢复的工程项目。

(2)更新改造项目:是指建设资金用于对企业、事业单位原有设施进行技术改造或固定资产更新的工程项目。

2. 按投资作用分类

可划分为生产性建设项目和非生产性建设项目两大类。

(1)生产性建设项目:是指直接用于物质生产,或直接为物质生产服务的建设项目。例如,工业建设、农业建设、基础设施建设等。

(2)非生产性建设项目:是指用于满足人民物质和文化、福利需要的建设和非物质生产部门的建设项目。例如,办公用房、居住用房、公共建筑等。

3. 按项目规模分类

建设项目划分为大、中、小型三类;更新改造项目划分为限额以上和限额以下两类。

(三)工程项目建设的组成

工程项目建设按其组成的内容不同,可分为建设项目、单项工程、单位工程、分部工程、分项工程。了解工程项目建设各个组成部分,对工程造价的确定具有重要的作用。

1. 建设项目

建设项目是指在一个场地或几个场地上按一个总体设计进行施工的各类房屋建筑、土木工程、设备安装、管道、线路敷设、装饰装修工程等固定资产投资的新建、改建、扩建等各个单项工程的总和。其特征是每一个建设项目都编制有设计任务书、独立的总体设计、独立的经济核算、建设单位在行政上具有独立的组织形式和法人资格。例如,某个工厂建设、学校建设等。

2. 单项工程

单项工程是建设项目的组成部分。单项工程是指在一个建设项目中,具有独立的设计文件,竣工后可以独立发挥生产能力或使用效益的项目,例如,生产车间、学生宿舍、办公楼等。

3. 单位工程

单位工程是单项工程的组成部分。单位工程是指具有独立设计文件,可以独立组织施工,但完工后一般不能独立发挥生产能力或使用效益的工程,例如,办公楼的土建工程、建筑装饰工程、给排水工程、电气照明工程等。由此可见装饰装修工程是建设项目的一个组成部分。

4. 分部工程

分部工程是单位工程的组成部分。一般是按单位工程的各个部位、结构形式、使用材料的不同进行划分,例如,一般装饰工程可划分为楼地面工程、墙柱面工程、天棚工程、门窗工程、油漆涂料工程等。

5. 分项工程

分项工程是分部工程的组成部分。分项工程是指分部工程中,按照施工方法、使用的材料、结构构件的不同等因素划分的,用较简单的施工过程就能完成,以适当的计量单位就能计算工程量消耗的最基本构成项目。例如,建筑装饰工程中的楼地面分部可分为块料面层饰面和栏杆、栏板、扶手两大类,其中块料面层又分为大理石、花岗岩、彩釉砖、缸砖、广场砖、木地板、PVC普通地板、地毯、木踢脚线等。每个分项工程都可以用一定的计量单位(例如地板砖的计量单位为 $100m^2$)计算,并能求出完成相应计量单位分项工程所需消耗的人工、材料、机械台班的数量及其预算价值。

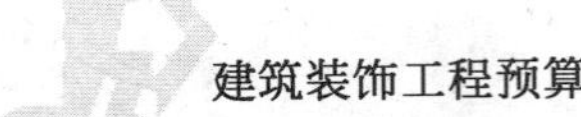

综上所述，建设项目的各组成之间的关系，具体如图 1-1 所示。

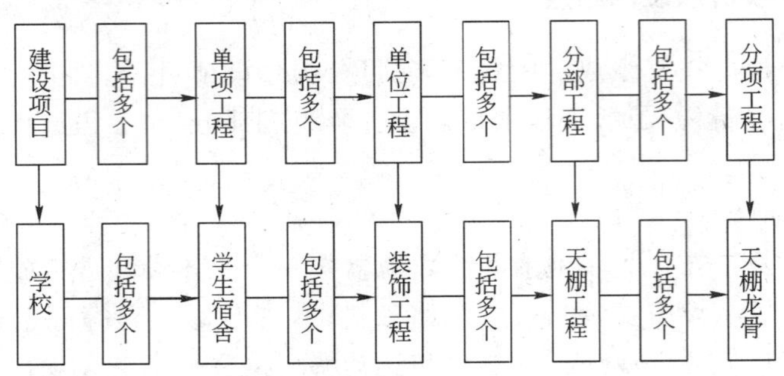

图 1-1　基本建设项目组成之间的关系

(四)工程项目建设的程序

1. 项目建议书阶段

项目建议书是要求建设某一具体项目的建议文件，对拟建项目的初步说明，一般应包括以下几个方面的内容：

(1)建设项目提出的必要性和依据。

(2)产品方案、拟建规模和建设地点的初步设想。

(3)资源情况、建设条件、协作关系等初步设想。

(4)投资估算和筹资等设想。

(5)经济效益和社会效益的估计。

2. 可行性研究报告阶段

可行性研究是对建设项目投资决策前进行技术经济论证，以保证实现建设项目最佳经济和社会效益。可行性研究后，应编制可行性研究报告。根据建设部的有关规定，可行性研究报告被批准后，须向当地建设行政主管部门或其授权机构进行报建，一般国家、省属项目中，300 万元以上的建筑装饰项目，在省建委报建，其他项目在各地、州、市建设行政主管部门报建。

可行性研究内容可以有不同的侧重点，但一般要求具备以下基本内容：

(1)项目提出的背景和依据。

(2)建设规模、产品方案、市场预测和确定的依据。

(3)技术工艺、主要设备、建设标准。

(4)资源、原材料、燃料、动力、运输、供水等协作配合条件。

(5)建设地点、厂区布置方案、占地面积。

(6)项目设计方案、协调配套工程。

(7)环保、防震等要求。

(8)劳动定员和人员培训。

(9)建设工期和实施进度。

(10)投资估算和资金筹措。

(11)经济效益和社会效益。

3.编制设计任务书

设计任务书是工程建设大纲，是建设项目和建设方案的基本文件，是编制设计文件的主要依据。新建大中型工业项目的设计任务书一般应包括以下几个方面：

(1)建设的目的和根据。

(2)建设规模、产品方案或纲领。

(3)矿产资源、水文地质及工程地质条件。

(4)资源综合利用和"三废"治理的要求。

(5)建设地点和占地面积。

(6)建设工期和投资估算。

(7)防空、抗震等要求。

(8)人员编制和劳动力资源。

(9)经济效益和技术水平。

(10)原材料、燃料、动力、供水、运输等协作配套条件。

非工业大中型建设项目、自筹资金建设的大中型项目，根据项目的特点，由有关部门另行规定。小型项目的设计任务书的内容可以适当简化，由各部门或各省、市、自治区具体规定。

4.建设地点选择

建设地点应根据区域规划和设计任务书的要求选择，是落实确定建设项目具体坐落位置的重要工作，是建设项目设计的前提。

建设地点的选择主要考虑下面几个因素：

(1)原料、燃料、水源、劳动力等技术经济条件。

(2)地形、工程地质、水文地质、气候等自然条件。

(3)交通、动力、矿产等外部建设厂条件。

(4)职工生活条件，"三废"治理等。

5.设计阶段

设计的基本任务是根据设计任务书做出工程建设项目设计，设计中要贯彻执行国家有关方针、政策、技术规程、标准等。设计文件的内容要切合实际，安全适用，技术先进，经济合理。

按我国目前规定，一般建设项目按初步设计和施工图设计两个阶段进行设计。对于技术复杂而又缺乏经验的项目，经主管部门的指定，需增加技术设计阶段时，设计按初步设计、技术设计(扩大初步设计)、施工图设计三阶段进行。

6. 建设准备阶段

建设准备工作的主要内容很多，包括组织筹建机构、办理征地拆迁、水文地质勘察、收集设计基础资料、组织设计文件、主要材料和设备的订货、建设场地的“三通一平”、工程招标准备、施工单位进场前的准备工作等。

7. 列入年度计划

建设项目的初步计划和总概算，经过综合平衡审核批准后，列入基本建设年度计划。建设项目列入年度计划前必须实行“五定”(定建设规模、定总投资、定建设工期、定投资效益、定外部协作条件)，以保证建设的顺利进行和投资效益的发挥。

8. 建设实施阶段

根据施工图、施工合同和年度投资计划等文件，全面组织施工。

9. 生产准备阶段

生产准备阶段的主要内容包括：

(1)招收和培训人员。

(2)生产组织准备。

(3)生产技术准备。

(4)生产物资准备。

10. 竣工验收，交付生产或使用

竣工验收是项目建设的最后一个环节。通过竣工验收，一是检验设计和工程质量，保证项目按设计要求的技术经济指标正常生产；二是有关部门和单位可以总结经验教训；三是将竣工验收、联动试车、试生产合格项目交给建设单位，使其由基建系统转入生产系统，正式投入使用。

二 工程项目建设造价文件的分类

工程项目建设造价是指某一建设项目从开始设想到竣工直到使用阶段所花费(指预期花费和实际花费)的全部固定资产投资费用，即该项目通过建设形成相应的固定资产和无形资产所需要的一次性费用总和。工程项目建设造价文件包括：投资估算、设计概算、施工图预算、施工预算、竣工结算、竣工决算。

1. 投资估算

投资估算是指在可行性研究阶段和编制设计任务书阶段，由可行性研究主管部门或建设单位对建设项目投资数额进行估计的经济文件。

投资估算较为粗略，主要作为控制设计总概算的重要依据，一般是根据平方米、立方米、产量等指标进行估算。例如，某单位拟装点式玻璃幕墙 300m^2，而同类型的点式玻璃幕墙装修为 850 元/m^2，则该单位装修点式玻璃幕墙共需要资金 300m^2×850 元/m^2=255000 元。

2. 设计概算

设计概算是在工程初步设计或扩大初步设计阶段，根据初步设计或扩大初步设计图纸及技术文件、预算定额及有关取费标准等而编制的概算造价经济文件。工程各项费用的总和称为设计总概算(各单项工程设计概算、其他工程设计概算、预备费概算)。设计概算一般由设计单位编制。

3. 施工图预算

施工图预算是在工程施工图设计完成后工程开工前由施工单位根据施工图图纸、施工方案、工程预算定额及有关取费标准而编制的工程造价的经济性文件。

施工图预算具有计算简单、工作量较小、编制速度较快，便于工程造价管理部门集中统一管理的特点，特别适合于计算机运用初期阶段，尤其在手工计算造价过程中。

4. 施工预算

施工预算是在施工阶段，根据施工图纸、施工方案、施工定额而编制的，用以体现施工中所需消耗的人工、材料、机械台班的数量标准，施工预算一般是由施工单位编制。

5. 竣工结算

竣工结算是指一个(单项工程、单位工程、分部工程、分项工程)在竣工验收阶段，由施工单位根据合同、设计变更、技术核定单、现场签证、隐蔽工程记录、预算定额、材料价格、有关取费标准等竣工资料编制，经建设或委托的监理单位签认，作为结算工程造价依据的经济文件。

6. 竣工决算

竣工决算是指建设项目在竣工验收合格后，由业主或委托方根据各局部工程竣工结算和其他工程费用等实际开支的情况，进行计算和编制的综合反映该建设项目从筹建到竣工投产或交付使用全过程中各项资金使用情况的总结性经济文件。

综上所述，工程建设造价文件在不同的阶段相互之间有不同的形式和内容，具体如图 1-2 所示。

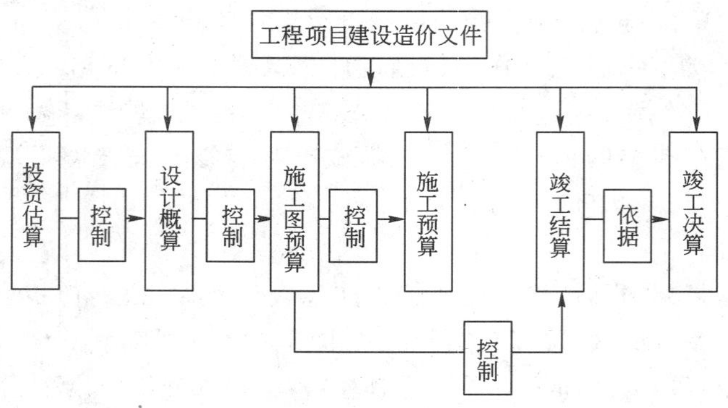

图 1-2 工程项目建设造价文件之间的关系

本章小结

建筑装饰是一个古老而新兴的行业，是技术和艺术的综合体，是时代与潮流的一种表现。《建筑装饰工程预算》是建筑装饰专业与工程造价专业的一门专业课程。

本章的重点是建筑装饰工程预算的作用、工程项目建设的相关内容、造价文件的分类。在学习时理解工程项目建设、建设项目、单项工程、单位工程、分部工程、分项工程的含义以及投资估算、设计概算、施工图预算、施工预算、竣工结算、竣工决算的含义及相互对应关系；理解工程项目建设程序中各个阶段的含义。

小知识

我国的"建筑装饰"行业的管理制度目前还不是很健全，例如，建筑装饰设计师资格的认证现在仅仅是装饰协会的认证资格，而没得到国家行政的认可，不具备法律效力；家装与工装造价文件的格式还不统一，特别是家装工程，由于地区性的差异和各个装饰公司的具体情况不一样，出现家装的造价文件格式各不相同。本书是按国家统一要求的造价文件格式进行编写的。

思考题

1-1　什么是建筑装饰工程预算？

1-2　建筑装饰工程预算的作用是什么？

1-3　什么是工程建设？工程建设的内容和分类有哪些？

1-4　基本建设项目的组成和程序包括哪些内容？

1-5　工程建设造价文件的分类有哪些？

第二章 建筑装饰装修工程定额

【职业能力目标】

(1)能够对定额的产生、发展及应用做一个系统的了解。

(2)能够在工程实际中灵活运用。

【学习要求】

(1)掌握建筑装饰装修工程定额的概念、性质、作用及分类。

(2)掌握施工定额的概念、作用,并了解其编制方法。

(3)掌握建筑装饰工程消耗量定额的概念、作用、原则、编制依据及应用。

第一节　建筑装饰装修工程定额概述

 建筑装饰装修工程定额的概念

建筑装饰工程定额是指在一定的施工技术与装饰艺术综合作用下,为完成质量合格的单位产品所消耗在装饰装修工程基本构造要素上的人工、材料和机械的数量标准及费用额度。基本构造要素,就是通常所说的装饰装修分项工程或结构构件。

以楼地面分部工程为例,该分部的装饰装修分项工程分为整体面层和块料面层。如“镶贴块料面层”分项还可以按照不同的结构部位、工艺做法、材质等分为地面、楼梯、台阶、踢脚线或大理石、花岗岩、汉白玉、蓝田石、预制水磨石等更细的子项目,这些子项目的工作内容、质量、安全要求以及人、料、机的耗用量在定额中都

有明确规定。

例如完成水刷石混凝土墙面工程每 m^2 需用：

人工	0.3692 综合工日
水泥砂浆 1∶3	0.0139m^3
水泥豆石浆	0.0140m^3
107 胶素水泥浆	0.0010m^3
灰浆搅拌机 200L	0.0047 台班

该项消耗量定额还规定其工作内容：

(1)清理、修补、湿润墙面、堵墙眼、调运砂浆、清扫落地灰。

(2)分层抹灰、刷浆、找平、起线拍平、压实、刷面(包括门窗侧壁抹灰)。

并规定该定额是依据国家有关现行产品标准、设计规范、施工及验收规范、技术操作规程、质量评定标准和安全操作规程编制。该定额采用的建筑装饰装修材料、半成品、成品均是符合国家质量标准和相应设计要求的合格产品。

二 建筑装饰装修工程定额的形成与发展

定额是客观存在的，人们对它的认识是随着生产力的发展、生产经验的积累和人类自身认识能力的提高，随着社会生产管理的客观需要，由自发到自觉，再由自觉到定额的制定和管理这样一个逐步深化和完善的过程。

在人类社会发展初期，生产者是分散的、孤立的，个体生产者不需要什么定额，他们往往凭借个人的经验积累进行生产。随着简单商品经济的发展，作坊主或工场的工头依据他们自己的经验指挥和监督他人劳动和物资消耗。但这些劳动和物资消耗同样是依据个人经验而建立，并不能科学地反映生产和生产消耗之间的数量关系。这一时期是定额产生的萌芽阶段。

19 世纪末到 20 世纪初，随着科学管理理论的产生和发展，定额与定额管理才由自觉管理走向了科学制定与科学管理的阶段。美国工程师泰勒(1856—1915 年)进行了企业管理的研究，其目标是提高工人的劳动生产率。他通过科学试验，对工作时间、操作方法、工作时间的组成部分等进行细致地研究，制定出最节约工作时间的标准操作方法。同时，在此基础上，要求工人取消那些不必要的操作程序，制定出水平较高的工时定额，用工时定额来评价工人工作的好坏。

20 世纪 70 年代出现的系统管理理论，把管理科学与行为科学有机地结合起来，从事物整体出发，系统地对劳动者、材料、机器设备、环境、人际关系等对工

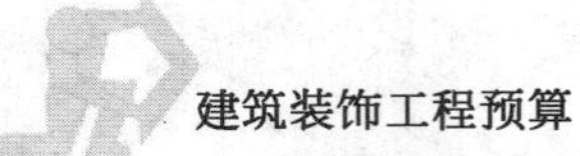

时产生影响的重要因素进行定性和定量相结合的分析与研究，从而选定适合本企业实际情况的最优方案，以此产生最佳效果，取得最好的经济效益。所以定额伴随管理科学的产生而产生，伴随管理科学的发展而发展。定额是企业管理科学化的产物，也是科学管理企业的基础和必要条件。

在我国古代工程建设中已十分重视工料消耗计算。早在北宋时期，土木建筑专家李诫在公元1100年编修的《营造法式》就可看作是古代的工料定额。它既是土木建筑工程的巨著，也是工料计算方面的巨著。清工部《工程做法则例》中，也有许多内容是说明工料计算方法的。直到今天，《仿古建筑及园林工程预算定额》仍将这些古代工料管理文献资料作为编制依据之一。

我国建筑工程定额，是在新中国成立以后从零开始，逐渐建立和日趋完善的。最初，吸取了原苏联定额的经验。20世纪70年代后期，又参考了欧洲多国和美国、日本等国家有关定额方面的管理科学内容，在各个时期，结合我国建筑工程施工的实际情况，编制了适合我国国情的切实可行的定额。

1956年，国家建委颁发了《建筑工程预算定额》，为建筑工程和装饰装修工程预算、结算的编制和工程造价的确定提供了统一的、法定的依据，规范了全国建筑工程产品价格的计算。1963年建工部又组织修编了《建筑工程预算定额》，作为编制地区统一的建筑工程预算定额的基础。“文化大革命”期间，建筑工程按定额计价受到了冲击，取而代之的是实报实销，造成了建筑工程造价的失控。1978年国家又重新组织修编了全国统一的《建筑工程预算定额》，1981年进行了修订和调整，其后，各地区统一建筑工程预算定额和行业统一预算定额相继颁发执行。1986年及以后几年，建设部又相继编制和颁发了《全国统一安装工程预算定额》、《全国统一市政工程预算定额》、《全国仿古建筑及园林工程定额》和《全国统一施工机械台班费用定额》。这一阶段是我国定额计价的恢复与发展时期。

随着工程造价计价改革的发展和新形势的需要，1992年建设部颁发了《全国统一建筑装饰工程预算定额》，为新兴的装饰行业的计价提供了依据。为适应建筑工程改革的进一步深化，遵循市场经济原则，有利于全国统一市场的建立和市场竞争，规范市场建筑产品计价依据和市场行为，1995年建设部又组织编制和颁发了《全国统一建筑工程基础定额》(土建工程)和《全国统一建筑工程预算工程量计算规则》，为实行量、价分离以及工程实体消耗和施工措施消耗标准提供了依据，为逐步实行工程按个别成本报价、通过市场竞争形成价格起到了促进作用。至2002年，又颁发了《全国统一建筑装饰装修工程消耗量定额》，为工程量清单计价模式的形成提供了重要的参考依据。

 建筑装饰装修工程定额的性质

建筑装饰装修定额具有以下几个性质：

1. 科学性

建筑装饰装修工程定额是装饰装修工程进入科学管理阶段的产物，它的科学性，首先表现在用科学的态度制定定额，尊重客观实际，定额水平合理；其次表现在制定定额的技术方法上，利用现代科学管理的成就，形成一套系统的，完整的、在实践中行之有效的方法；第三表现在定额的制定和贯彻一体化上。制定是为了提供贯彻的依据，贯彻是为了实现管理的目标，也是对定额的信息反馈。

2. 指导性

随着我国建设市场的不断成熟和规范，建筑装饰装修工程定额尤其是统一定额原具备的法令性特点逐渐弱化，转而成为对整个建筑装饰装修市场和具体装饰装修产品交易的指导作用。

建筑装饰装修工程定额指导性的客观基础是定额的科学性，只有科学的定额才能正确地指导客观的交易行为。它的指导性体现在两个方面：第一，建筑装饰装修工程定额作为国家各地区和行业颁布的指导性依据，可以规范装饰装修市场的交易行为，在具体的装饰装修产品定价过程中也可以起到相应的参考性作用，同时统一定额还可作为政府投资项目定价以及造价控制的重要依据；第二，在现行的工程量清单计价方式下，承包商报价的主要依据是企业定额，但企业定额的编制和完善仍然离不开统一定额的指导。

3. 统一性和时效性

建筑装饰装修工程定额的统一性和时效性，主要表现在国家对装饰装修工程定额的管理，由行政职能向宏观调控职能的客观需要上。在市场经济条件下的装饰装修定额，只有统一尺度才能利用定额对装饰装修项目决策、设计和工程招标、投标进行比较和引导。

另外，它的统一性还表现在既要有全国统一的装饰装修定额，也应有地区统一和部门统一的装饰装修定额。这是市场经济规律对各具特色的装饰装修工程的客观要求。

4. 群众性

建筑装饰装修工程定额的制定和执行，具有广泛的群众基础。定额水平是装饰装修行业群众生产技术水平的综合反映；定额的编制，是在职工群众直接参与下进行的，使得定额既能从实际出发，又能把国家、企业、个人三者的利益结合起来。定额一旦颁发，要运用于实践中成为广大群众的奋斗目标。总之，定额来

自群众,又贯彻于群众。

5. 可变性与相对稳定性

建筑装饰装修工程定额水平的高低,是根据一定时期的社会生产力水平确定的。随着科学技术的进步,社会生产力的发展,当原有的定额已不适应生产需要时就要对它进行修改和补充。但社会生产力的发展有一个由量变到质变的过程,因此,定额的执行也有一个相应的实践过程。所以,定额既不是固定不变的,但也决不能朝令夕改,既有时效性,又有一定的稳定期性。

四 建筑装饰装修工程定额的作用

1. 建筑装饰装修工程定额是企业计划管理的基础

建筑施工企业为了组织和管理装饰装修施工生产活动,必须编制各种计划。而计划的编制又要依据各种定额来计算人力、物力和财力的需用量。因此,定额是施工企业计划管理的重要基础。

2. 建筑装饰装修工程定额是提高劳动生产率的重要手段

施工企业要提高劳动生产率,应贯彻执行各种定额,把企业提高劳动生产率的任务具体落实到每位职工身上,促使他们采用新技术、新工艺,改进操作方法,改善劳动组织,减少劳动强度,使用更少的劳动量,生产更多的产品。

3. 建筑装饰装修工程定额是衡量设计方案优劣的标准

使用定额和各种概算指标对一个工程的若干设计方案进行技术经济分析,能选择经济合理的最优设计方案。因此,定额是衡量设计方案经济合理性的标准。

4. 建筑装饰装修工程定额是科学组织施工和管理施工的有效工具

在组织施工时,无论是计算、平衡资源需用量,组织供应材料,合理配备劳动组织,调配劳动力,签发工程任务单和限额领料单,还是组织劳动竞赛,考核工料消耗,计算和分配劳动报酬等等,都要以各种定额为依据。因此,定额是组织和管理装饰装修施工生产的有效工具。

5. 建筑装饰装修工程定额是企业实行经济核算的重要基础

企业进行工程成本核算时,要以定额为标准,分析比较企业各项成本,肯定成绩,找出差距,提出改进措施,不断降低各种消耗,提高企业的经济效益。

五 建筑装饰装修工程定额的分类

建筑装饰装修工程定额可以按照不同的原则和方法对它进行科学的分类。

1.按定额反映的生产要素消耗内容分类

建筑装饰装修工程定额可划分为劳动消耗定额、机械台班消耗定额和材料消耗定额三种。

(1)劳动消耗定额。简称为劳动定额(也称人工定额),是指完成一定的合格产品(工程实体或劳务)所规定活劳动消耗的数量标准。劳动定额的表现形式包括时间定额和产量定额。时间定额与产量定额互为倒数。

(2)机械消耗定额。又称为机械台班定额,是指为完成一定质量合格的产品所消耗的施工机械台班的数量标准。机械消耗定额的表现形式包括时间定额和产量定额。

(3)材料消耗定额。简称为材料定额,是指完成一定质量合格的产品所需材料的数量标准。

材料,是装饰装修工程中使用的原材料、成品、半成品、构配件、燃料以及水、电等动力资源的统称。

2.按定额的编制程序和用途分类

建筑装饰装修工程定额分为施工定额、预算定额、概算定额、概算指标、投资估算指标等五种。

(1)施工定额。施工定额是指在正常的施工条件下,为完成单位合格产品所必需消耗的人工、材料和机械台班的数量标准。施工定额以工序为研究对象。它是施工企业组织生产和加强管理,在企业内部使用的一种定额,属于企业定额的性质,是建筑装饰装修工程定额中的基础性定额。它由劳动定额、机械定额和材料定额三个相对独立的部分组成。

(2)预算定额。预算定额是指在正常的施工条件下,为完成一定计量单位的分项工程或结构构件所需消耗的人工、材料、机械台班的数量标准。包括劳动定额、机械台班定额、材料消耗定额三个基本部分,是一种计价性定额。从编制程序上看,预算定额是以施工定额为基础综合扩大编制的,同时它也是编制概算定额的基础。各地区各部门在全国统一预算定额的基础上可编制地区单位估价表。

(3)概算定额。概算定额是指在正常的施工条件下,为完成一定计量单位的扩大结构构件、扩大分项工程或分部工程所需消耗的人工、材料、机械台班的数量标准。概算定额也是一种计价性定额。它是编制扩大初步设计概算、确定装饰装修工程项目投资额的依据。概算定额的项目划分粗细,与扩大初步设计的深度相适应,一般是在预算定额的基础上综合扩大而成的,每一综合分项概算定额都包含了数项预算定额。

(4)概算指标。预算定额是指在正常的施工条件下,为完成一定计量单位的

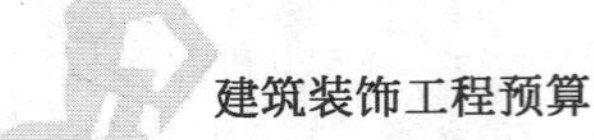

建筑物或构筑物所需消耗的人工、材料、机械台班的数量标准。概算指标的内容包括劳动、机械台班、材料定额三个基本部分,同时还列出了各结构分部的工程量及单位建筑工程(以体积或面积计)的造价,是一种计价定额。概算指标的设定和初步设计的深度相适应,一般是在概算定额和预算定额的基础上编制的,比概算定额更加综合扩大。

(5)投资估算指标。投资估算指标是在项目建议书和可行性研究阶段编制投资估算、计算投资需用量时使用的一种定额。它非常概略,往往以独立的单项工程或完整的工程项目为计算对象,编制内容是所有项目费用之和。它的概略程度和可行性研究阶段相适应。投资估算指标往往根据历史的预、决算资料和价格变动等资料编制,但其编制基础仍然离不开预算定额、概算定额。

3.按照主编单位和管理权限分类

建筑装饰装修工程定额分为全国统一定额、地区统一定额、企业定额和补充定额。

(1)全国统一定额是由国家建设行政主管部门,综合全国工程建设中技术和施工组织管理的情况编制,并在全国范围内执行的定额。

(2)地区统一定额包括省、自治区、直辖市定额。地区统一定额主要是考虑地区性特点和全国统一定额水平作适当调整和补充编制的。

(3)企业定额是指由施工企业考虑本企业具体情况,参照国家、部门或地区定额的水平制定的定额。

施工企业所建立的内部企业定额应反映企业的施工水平、人员素质及机械装备水平和企业管理水平,作为考核建筑安装企业劳动生产率水平、管理水平的经验标准和确定工程成本、投标报价的依据。在计划经济时代,企业定额仅是对国家统一定额或地区性定额的一种补充,它仅用于施工企业内部施工管理。在市场经济条件下,工程造价管理体制改革不断深入,从2003年7月1日起,我国开始推行建设工程工程量清单计价。该方法实施的关键在于企业自主报价,而施工企业要想在激烈的市场竞争中获胜,必须根据企业自身的技术力量,机械装备和管理水平来制定能体现自身特点的企业定额,并且为了适应《建设工程工程量清单计价规范》实施后的市场竞争的发展态势,施工企业编制的企业定额应同时具有传统意义的“施工定额”和“预算定额”的双重作用和性质。

(4)补充定额是指随着设计、施工技术的发展,现行定额不能满足需要的情况下,为了补充缺陷所编制的定额。补充定额只能在指定的范围内使用,可以作为以后修订定额的基础。

第二节　建筑装饰装修工程施工定额

由于建筑装饰装修工程施工定额是所有装饰装修工程定额编制的基础，其余定额可参照这种模式进行编制，因此本节重点介绍其作用、组成和编制。

一　建筑装饰装修施工定额的概念

建筑装饰装修工程施工定额是以同一性质的施工过程或工序为测定对象，在正常的施工条件下，为完成一定计量单位的某施工过程或工序所需人工、材料和机械台班等消耗的数量标准。

建筑装饰装修工程施工定额是直接用于建筑装饰装修施工管理的一种定额。

二　建筑装饰装修工程施工定额的作用

1. 施工定额是编制施工组织设计和施工作业计划的依据

编制施工组织设计和施工作业计划，是施工组织管理的中心环节，编制中所安排的人工、材料和机械台班需用量，都必须依据施工定额来计算。施工定额是企业内部组织生产和计划管理的基础。

2. 建筑装饰装修工程施工定额是编制施工预算的依据

施工预算确定了单位工程人工、材料、机械和资金的需用量，而施工中的人工、材料和机械费用是工程成本的主要内容。认真执行施工预算，能更合理地组织施工生产，有效地控制资源和资金消耗，节约成本。因而施工预算是加强企业成本管理和经济核算的重要文件。施工预算是以施工定额为依据编制的。

3. 建筑装饰装修工程施工定额是施工队向工人班组签发施工任务书和限额领料单的依据

施工任务书是记录班组完成任务情况和结算班组工人工资的凭证，施工任务书的签发，是施工队伍落实到工人班组的具体步骤。施工任务的下达和工人计件工资的结算都需要根据施工定额计算。限额领料单是施工队随施工任务书同时签发的领取材料的凭证。其领料数量是班组完成施工任务所需材料消耗的最高限额，也需依照施工定额的规定填写。工人节约材料的奖励，仍以施工定额来衡量。

4. 建筑装饰装修工程施工定额是实行按劳分配的依据

施工定额是计算计件工资的基础，也是对工人超额奖励的依据。施工定额的贯彻执行，使工效和材料消耗的考核有了尺度，并把工人的劳动付出和劳动所得直接联系起来，体现了多劳多得，少劳少得的社会主义分配原则。

5. 建筑装饰装修工程施工定额是编制预算定额的基础

预算定额是以施工定额为基础编制的。利用施工定额编制预算定额，可以减少现场测量定额的大量工作，使预算定额更符合现实的施工生产和经营管理水平。

 三 建筑装饰装修工程施工定额的编制

(一)施工定额的编制原则

1. 施工定额的水平必须遵循平均先进的原则

定额水平是对定额消耗量的高低、适用程度的描述。它指在正常的施工条件下，完成单位质量合格产品所必需消耗的人工、材料和机械台班等的数量标准。它是对施工管理水平、生产技术水平、劳动生产率水平和职工思想觉悟水平的综合反映。

在确定定额水平时，要本着有利于提高劳动生产率，降低消耗，便于考核劳动成果，有利于科学管理的原则。考虑那些已经成熟、被广泛推广的先进技术和经验以及市场竞争的环境要求，经认真地研究、比较和反复平衡后进行制定。使定额水平在正常条件下，让多数企业或个人经过努力能够达到或超过、少数落后的企业或个人经过努力也能接近，使定额水平体现鼓励先进、勉励中间、鞭策落后的平均先进性。

2. 施工定额的编制要遵循实事求是的原则

定额来源于生产实践，有助于组织生产。因此，在定额的编制过程中，除进行全面比较和反复平衡外，还要本着实事求是的原则，深入实际，调查各项影响因素，注意挖掘企业的潜力，考虑在现有的技术条件下能够达到的程度，经过科学分析、计算和试验，编制出切合实际的、不完全局限于劳动定额和预算定额水准的施工定额。

3. 施工定额的内容和形式要贯彻简明适用的原则

施工定额是直接在工人中施行的，这就要求在内容和形式上要做到简明适用、灵活方便、通俗易懂，做到及时将已成熟的新材料、新结构和新技术以及缺少的定额项目尽可能地补编到定额中，淘汰陈旧过时的项目，使得划分的定额项目少而全、严密明确、简明扼要、粗细适度，各项指标具有灵活性以满足劳动组织、

班组核算、计取劳动报酬和简化计算工作的要求，同时满足不同工程和地区的使用要求。注意计量单位的选择，系数的利用，说明和附注的合理设计，防止执行中发生争议的现象。

4. 施工定额的编制要贯彻专群结合、以专为主的原则

定额的编制工作具有很强的技术性、政策性和经济性。这就要求施工定额的编制应由专门的机构和人员负责组织、协调指挥，掌握方针政策、制定编制方案，以具有丰富专业技术知识和管理经验的人员为主，对日常的定额资料做好积累、分析、整理、测定、管理、编制、颁发和执行工作；以具有丰富实践经验的工人为辅，发挥其民主权利，取得他们的密切配合和支持，从而克服片面性，确保定额的质量，使定额的管理、使用和执行工作具有良好的群众基础。

(二)建筑装饰装修工程施工定额的编制依据

施工定额的编制应遵守以下几个标准：

1. 现行的装饰装修工程劳动定额、材料消耗定额和机械台班消耗定额。
2. 现行的建筑装饰装修工程施工验收规范、质量检验评定标准、技术安全操作规程。
3. 现场测定的定额资料和有关的统计数据。
4. 建筑装饰工人技术等级标准。
5. 有关的技术资料，如标准图、半成品配合比资料等。

四 施工定额的组成

施工定额包括劳动定额、材料消耗定额和机械台班消耗定额。

(一)劳动定额

劳动定额也称人工定额。它是表示建筑装饰装修工人劳动生产率的一个先进合理的指标，反映的是装饰装修工人劳动生产率的社会平均先进水平，是施工定额的重要组成部分。

1. 劳动定额的形式

劳动定额的表现形式可分为时间定额和产量定额。

(1)时间定额。时间定额是指在正常装饰装修施工条件(生产技术和劳动组织)下，工人为完成单位合格装饰产品所必需消耗的工作时间。定额时间包括人工的有效工作时间(准备与结束时间、基本工作时间、辅助工作时间)、必需的休

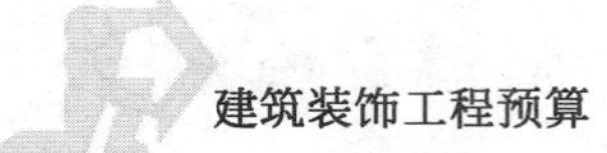

息与生理需要时间和不可避免的中断时间。

时间定额以“工日”为单位，按现行制度规定，每个工日工作时间为8h。

(2)产量定额。产量定额是指在正常装饰装修施工条件(生产技术和劳动组织)下，工人在单位时间内完成合格装饰装修产品的数量。其计量单位为产品计量单位/工日。

时间定额与产量定额互为倒数。例如，已知干挂 $1m^2$ 花岗岩内墙面的时间定额是0.0824工日，则每工日产量定额应是 $1/(0.0824工日/m^2)=12.13m^2/工日$。

2.劳动定额的测定方法

劳动定额水平的测定方法较多，比较常用的方法有技术测定法、经验估计法、统计分析法和比较类推法。

(1)技术测定法，是指在正常的施工条件下，对施工过程各工序时间的各个组成要素进行现场观察测定，分别测定出每一工序的工时消耗，然后对测定的资料进行分析整理来制定定额的方法。该方法是制定定额最基本的方法。

(2)经验估计法，是根据有经验的工人、施工技术员和造价员的实践经验，并参照有关技术资料，结合施工图纸、施工工艺、施工技术组织条件和操作方法进行分析、座谈、讨论和反复平衡来制定定额的方法。它适用于产品品种多、批量小的施工过程以及某些次要的定额项目。

(3)统计分析法，是指把过去一定时期内实际施工中的同类工程或生产同类产品的实际工时消耗和产品数量的统计资料(如施工任务书、考勤报表和其他有关有关的统计资料)与当前生产技术水平相结合，进行分析研究制定定额的方法。该方法适用于条件正常、产品稳定、批量较大、统计工作制度健全的施工过程。

(4)比较类推法，又称为典型定额法。它是以同类产品或工序定额作为依据，经过分析比较，以此推算出同一组定额中相邻项目定额的一种方法。该方法适用于产品品种多、批量小的施工过程。

(二)材料消耗定额

材料消耗定额是指在正常装饰装修施工条件和节约、合理使用装饰材料的条件下，完成质量合格的单位产品所必须消耗的一定品种规格的材料、成品、半成品或配件等的数量标准。其计量单位为实物的计量单位。

1.材料消耗的性质

施工材料的消耗，可分为直接用于建筑装饰工程的材料，即材料净用量和生产过程中不可避免的废料和不可避免的损耗，即材料的损耗量。

2. 确定材料消耗量的基本方法

1)非周转性材料消耗量的确定

非周转材料也称直接性消耗材料，它是指在建筑工程施工中，一次性消耗并直接用于工程实体的材料。如面砖、砂、石、水泥砂浆等。

非周转性材料是通过现场技术测定、实验室试验、现场统计和理论计算等方法确定材料净用量定额和材料损耗定额数据的。

2)周转性材料

周转性材料是指在施工中不是一次性消耗的材料，它是随着多次使用而逐渐消耗的材料，并在使用过程中不断补充，多次重复使用。例如各种脚手架、支撑、活动支架等。

周转材料消耗指标，应当按照多次使用，分期摊销计算。

(三)机械台班消耗定额

机械台班消耗定额，是指施工机械在正常的装饰装修施工条件下和合理的劳动组织条件下，完成单位合格产品所必需的工作时间(台班)，或在单位台班应完成合格产品的数量标准。

1. 机械台班定额的表现形式

机械台班消耗定额有两种表现形式，即机械时间定额和机械产量定额。

(1)机械时间定额

机械时间定额是指在正常装饰装修施工条件下，在合理的劳动组织和合理使用机械的前提下，某种施工机械完成单位合格装饰产品所必须消耗的工作时间，包括有效工作时间、不可避免的中断时间和不可避免的空转时间等。

时间定额的单位是“台班”，一个台班是一台机械工作 8 小时(8h)。

(2)机械产量定额

机械产量定额是指在正常的装饰装修施工条件下，在合理的劳动组织和合理使用机械的前提下，某种施工机械在每个台班时间内，必须完成合格装饰装修产品的数量标准。

机械时间定额与机械产量定额互为倒数。

2. 确定机械台班定额消耗量的基本方法

(1)确定正常的施工条件。主要是拟定工作地点的合理组织和合理的工人编制。

(2)确定机械 1h 纯工作的正常生产率。是在正常施工组织条件下，具有必需的知识和技能的技术工人操纵机械 1h 的生产率。

(3)确定施工机械的正常利用系数。是机械在工作班内对工作时间的利用率。机械的利用系数和机械在工作班内的工作状况有着密切的关系,所以,应首先拟定机械工作班内的正常工作状况,保证合理利用工时。

(4)计算施工机械台班定额。

施工机械台班产量定额=机械1h纯工作正常生产率×工作班纯工作时间

或

施工机械台班产量定额=机械1h纯工作正常生产率×工作班延续时间×机械正常利用系数

施工机械时间定额=1/机械台班产量定额

五 施工定额手册的内容和应用

1.建筑装饰装修工程施工定额手册的主要内容

建筑装饰装修工程施工定额手册是施工定额的汇编,其主要内容由文字说明、分节定额和附录三部分组成。文字说明包括总说明、分册说明和分章说明。分节定额包括定额表的文字说明、定额表和附录。附录一般包括名词解释、图示及有关参考资料,如混凝土、砂浆配合比,材料损耗率等。

2.装饰装修工程施工定额的应用

要正确使用装饰装修工程施工定额,首先必须熟悉定额的文字说明,了解定额项目的工作内容、有关规定、工程量计算规则、施工方法等,只有这样,才能正确地套用和换算定额。

(1)定额的套用。当工程项目的设计要求、施工条件和施工方法与定额项目的内容和规定完全一致时,可直接套用施工定额分析工料。

(2)定额的换算。当工程项目的设计要求、施工条件和施工方法与定额项目的内容和规定不完全相符时,可按定额规定进行换算。当工程项目的设计要求与定额项目内容相同,但施工条件或施工方法有所改变时,该工程的工、料用量应进行换算调整。

第三节　建筑装饰装修工程消耗量定额

一 建筑装饰装修工程消耗量定额的概念

1.消耗量定额

消耗量定额是指在正常的施工条件下,为完成单位合格的建筑产品所必需消耗的人工、材料、机械台班的数量标准。

2.建筑装饰装修工程消耗量定额

建筑装饰装修工程消耗量定额是指在正常的施工条件下，为了完成一定计量单位的合格的建筑装饰装修工程产品所必需的人工、材料(或构、配件)和机械台班的数量标准。

随着社会经济的发展，人们的生活水平和人们对生活环境的要求不断提高，建筑装饰装修工程的标准也随之提升。建筑装饰装修工程已从建筑安装工程中分离出来，成为一个独立的建筑装饰装修工程设计与施工行业，具备进行独立招标投标的条件。现有的建筑装饰装修工程消耗量定额的制定颁布正是为适应建筑装饰装修工程设计与施工行业的快速发展，以满足建筑装饰装修工程造价管理(确定与控制)的需要。

建筑装饰装修工程消耗量定额可以根据不同的划分方式进行分类：按照生产要素可以分为人工消耗量定额、材料消耗量定额和机械台班消耗量定额；按照编制程序与用途可以分为施工消耗量定额、预算消耗量定额、概算消耗量定额；按主编单位可分为全国统一消耗量定额、地区统一消耗量定额、专业专用消耗量定额、企业消耗量定额等。本节所讨论的是建筑装饰装修工程预算消耗量定额。

二 建筑装饰装修工程消耗量定额的组成

《全国统一建筑装饰装修工程消耗量定额》(GYD—901—2002)的基本内容包括目录表、总说明、分章说明及分项工程量计算规则、消耗量定额项目表和附录。

1.总说明

《全国统一建筑装饰装修工程消耗量定额》的总说明，实质是消耗量定额的使用说明。在总说明中，主要阐述建筑装饰装修工程消耗量定额的用途、适用范围、编制原则和编制依据，消耗量定额中已经考虑的有关问题的处理办法和尚未考虑的因素，使用中应注意的事项和有关问题的规定等。

(1)本定额适用于新建、扩建和改建工程的建筑装饰装修部分。

新建工程是指在计划期内，从无到有，“平地起家”开始建设的项目。扩建工程是指原有企事业单位，经过扩充建设，因而增加主要产品生产能力或效益的建设项目。改建工程是指原有企事业单位，在已建的基础上。进行填平补齐，增建一些附属辅助车间或非生产性工程，但并不增加单位主要产品生产能力或效益

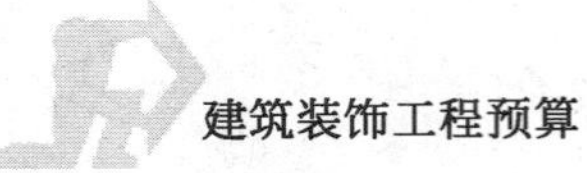

的项目。

本定额适用范围增大，既适用于新建、扩建工程，也适用于二次装修工程。

(2)本定额的编制原则是根据正常的施工条件、多数施工企业的装备程度、合理的施工组织和工艺、工期条件下的社会平均消耗水平编制的，既反映当前设计、施工和管理实际，又有利于促进技术进步和管理水平的提高。

(3)本定额与《全国统一建筑工程基础定额》相同的项目，均以本定额项目为准；本定额未列项目(如找平层、垫层等)，则按《全国统一建筑工程基础定额》相应项目执行。

(4)卫生洁具、装饰灯具、给排水、电气等安装工程按《全国统一安装工程预算定额》相应项目执行。

鉴于卫生洁具、装饰灯具，给排水、电气等安装在使用功能上也属于装饰装修范畴，而本定额中没有编制这方面的内容，在实际工作中遇到卫生洁具、装饰灯具、给排水、电气安装等装饰装修项目时，可套用《全国统一安装工程预算定额》相应项目。

(5)本定额中编制了材机代码，以便于计算操作。

材机代码是指在定额编号中，各个项目名称都有一个相应的代码，以便于应用计算机。使人工材料、机械号码化，便于输入、输出、计算工程量和工料分析等。

2. 分章说明

《全国统一建筑装饰装修工程消耗量定额》将单位装饰装修工程按其不同性质、不同部位、不同工种和不同材料等因素，划分为以下七章(分部工程)：楼地面工程，墙柱面工程，顶棚工程，门窗工程，油漆、涂料、裱糊工程，其他工程，垂直运输工程。分部以下按工程性质、工作内容及施工方法、使用材料不同，划分为若干节。如墙、柱面工程分为装饰抹灰面层、镶贴块料面层、墙柱面装饰、幕墙等四节。在节以下按材料类别、规格等不同分成若干分项工程项目或子目。如墙柱面装饰抹灰分为水刷石、干粘石、斩假石等项目，水刷石项目又分列墙面、柱面、零星项目等子项。

章(分部)工程说明：主要说明消耗量定额中各分部(章)所包括的主要分项工程，以及使用消耗量定额的一些基本规定，并列出了各分部分项的工程量计算规则和方法。

3. 消耗量定额项目表

消耗量定额项目表是具体反映各分部分项工程(子目)的人工、材料、机械台班消耗量指标的表格，通常以各分部分项工程(子目)归类、排序列出项目表，是消耗量定额的核心，其表达形式如表 2-1 所示。

消耗量定额项目表 表 2-1

一、天 然 石 材

工作内容:清理基层、试排修边、锯板修边

铺贴饰面、清理净面 计量单位:m^3

定 额 编 号				1—001	1—002	1—003	1—004
项 目				大理石楼地面			
				周长 3200mm 以内		周长 3200mm 以外	
				单色	多色	单色	多色
名称		单位	代码	数量			
人工	综合人工	工日	000001	0.2490	0.2600	0.2590	0.2680
材料	白水泥	kg	AA0050	0.1030	0.1030	0.1030	0.1030
	大理石板 500×500(综合)	m^2	AG0202	1.0200	1.0200		
	大理石板 1000×1000(综合)	m^2	AG0205	—		1.0200	1.0200
	大理石板拼花(成品)	m^2	AG3381	—			
	石料切割锯片	片	AN5900	0.0035	0.0035	0.0035	0.0035
	棉纱头	kg	AQ1180	0.0100	0.0100	0.0100	0.0100
	水	m^3	AV0280	0.0260	0.0260	0.0260	0.0260
	锯木	m^3	AV0470	0.0060	0.0060	0.0060	0.0060
	水泥砂浆 1:3	m^3	AX0684	0.0303	0.0303	0.0303	0.0303
	素水泥浆	m^3	AX0720	0.0010	0.0010	0.0010	0.0010
机械	灰浆搅拌机 200L	台班	TM0200	0.0052	0.0052	0.0052	0.0052
	石料切割机	台班	TM0640	0.0168	0.0168	0.0168	0.0168

消耗量定额项目表一般来说都包括以下方面:

1)表头

项目表的上部为表头,实质为消耗量标准的分节内容,包括分节名称、分节说明(分节内容),主要说明该节的分项工作内容。

2)项目表的分部分项消耗量指标栏

(1)表的右上方为分部分项名称栏,其内容包括分项名称、定额编号、分项做法要求,其中右上角表明的是分项计量单位。

现行《全国统一建筑装饰装修工程消耗量定额》中,其分部分项项目的编号采用的是"数符型"编号法。在数符型编码中,通常前面的数字表示章(分部)工程的顺序号,后面的数据表示该分部(章)工程中某分项工程项目或子目的顺序号,中间由一个短线相隔。其表达形式如图 2-1。

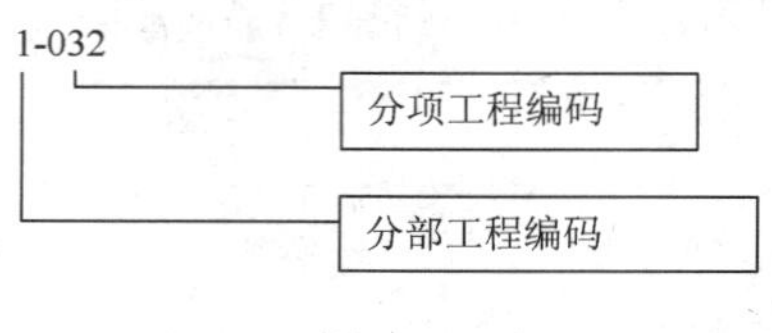

图 2-1

(2)项目表的左下方为工、料、机名称栏,其内容包括:工料名称、工料代号、材料规格及质量要求。

(3)项目表的右下方为分部分项工、料、机消耗量指标栏,其内容包括表明完成单位合格的某分部分项工程所需消耗的工、料、机的数量指标。

(4)项目表的底部为附注,它是分项消耗量定额的补充,具有与分项消耗量指标同等的地位。

三 建筑装饰装修工程消耗量定额的编制原则及依据

(一)建筑装饰装修工程消耗量定额的编制原则

1. 按社会平均水平确定的原则

消耗量定额的平均水平,是指在正常的施工条件下,合理的施工组织和工艺条件、平均劳动熟练程度和劳动强度下,完成单位分项工程基本构造要素所需要的劳动时间。

消耗量定额的水平以大多数施工单位的施工定额为基础,但不能简单地套用施工定额的水平。首先,要考虑到消耗量定额中包含了更多的可变因素,需要保留合理的幅度差。其次,消耗量定额应当是平均水平,而施工定额是平均先进水平,两者相比,消耗量定额水平相对要低一些,但是应限制在一定范围内。

2. 简明适用性原则

简明适用是指在编制消耗量定额时,对于那些主要的、常用的、价值量大的项目,分项工程划分宜细,次要的、不常用的、价值量相对较小的项目则可以粗略一些。

定额项目的多少,与定额的步距有关。步距是指同类一组定额之间的间距。步距大,定额的子目就会减少,精确程度就会降低;步距小,定额子目则会增加，精确度也会提高。所以，确定步距时，对主要工种、主要项目、常用项目定额步距要小一些；对于次要工种、次要项目、不常用项目定额步距可以适当大一些。

消耗量定额项目要齐全，需注意补充那些因采用新技术、新结构、新材料而出现的新的定额项目。如果项目缺项多就会使计价工作缺少充足可靠的依据。补充定额一般因资料所限可靠性较差，容易引起争执。

对定额的活口也要设置适当，所谓活口，是指当符合一定条件时，允许该定额另行调整的规定。在编制中要尽量不留活口，对实际情况变化较大、影响定额水平幅度大的项目，确需留活口的也应从实际出发尽量少留，即使留有活口，也要注意尽量规定换算方法，避免采取按实计算。

简明适用性原则还要求合理确定消耗量定额的计算单位，简化工程量计算，尽可能地避免同一种材料用不同的计量单位，尽量减少定额附注和换算系数。

3.坚持统一性和差别性相结合的原则

所谓统一性，就是从培育全国统一市场规范计价行为出发，计价定额的制定规划和组织实施由国务院建设行政主管部门归口，并负责全国统一定额的制定或修订，颁发有关工程造价管理的规章制度等。这样就有利于通过定额和工程造价的管理实现建筑安装工程价格的宏观调控。编制全国统一定额，使建筑装饰装修工程具有一个统一的计价依据，也使考核设计和施工的经济效果有一个统一尺度。

所谓差别性，是指在统一性的基础上，各部门和各省、自治区、直辖市主管部门可以在自己的管辖范围内，根据本部门和地区的具体情况，制定部门和地区性定额、补充性制度和管理办法，以适应我国幅员辽阔、地区间发展不平衡和差异大的实际情况。

（二）建筑装饰装修工程消耗量定额的编制依据

建筑装饰装修工程消耗量定额的编制依据有：

(1)现行设计规范、施工及验收规范、质量评定标准和安全操作规程。

(2)现行劳动定额和施工定额。

(3)具有代表性的典型工程施工图及有关标准图。

(4)新技术、新结构、新材料和先进的施工方法等。

(5)有关科学试验、技术测定的统计、经验资料。

(6)现行的消耗量定额及有关文件规定等。

四 建筑装饰装修工程消耗量定额的编制方法和步骤

(一)建筑装饰装修工程消耗量定额的编制步骤

1. 准备工作阶段

(1)拟定编制方案。

(2)抽调人员根据专业需要划分编制小组和综合组。

2. 收集资料阶段

(1)普遍收集资料。

(2)专题座谈会。邀请建设单位、设计单位、施工单位及其他有关单位的有经验的专业人士开座谈会,就以往定额存在的问题提出意见和建议,以便在编制新定额时改进。

(3)收集现行规定、规范和政策法规资料。

(4)收集定额管理部门积累的资料。主要包括:日常定额解释资料;补充定额资料;新结构、新工艺、新材料、新机械、新技术用于工程实践的资料。

(5)专项查定及实验。主要指混凝土配合比和砂浆试验资料。除收集试验试配资料外,还应收集一定数量的现场实际配合比资料。

3. 定额编制阶段

(1)确定编制细则。主要包括:统一编制表格及编制方法,统一计算口径、计量单位和精确度;名称统一,用字统一,专业用语统一,符号代码统一,简化字要规范,文字要简练明确。

(2)确定定额的项目划分和工程量计算规则。

(3)定额人工、材料、机械台班消耗量的计算、复核和测算。

4. 定额报批阶段

(1)审核定稿。

(2)消耗量定额水平测算。新定额编制成稿,必须与原定额进行对比测算,分析水平升降原因。一般新定额的水平应该不低于历史上已经达到过的水平。

5. 修改定稿,整理资料阶段

(1)印发征求意见。定额编制初稿完成后,需要征求各有关方面意见和组织讨论,反馈意见。在统一意见的基础上整理分类,制定修改方案。

(2)修改整理报批。按修改方案的决定,将初稿按照定额的顺序进行修改,并经审核无误后形成报批稿,经批准后交付印刷。

(3)撰写编制说明。为顺利地贯彻执行定额,需要撰写新定额编制说明。

(4)立档、成卷。定额编制资料是贯彻执行定额中需查对资料的唯一依据，也为修编定额提供历史资料数据，应作为技术档案永久保存。

以上各阶段工作相互有交叉，有些工作还有多次反复。

(二)建筑装饰装修工程消耗量定额编制中的主要工作

1.确定消耗量定额的计量单位

消耗量定额的计量单位关系到造价工作的繁杂和准确性。因此，要正确地确定各分部分项工程计量单位。一般依据以下建筑结构形状的特点确定：

(1)凡建筑结构构件的断面有一定形状和大小，但是长度不定时，可按延长米为计量单位。如楼梯栏杆、木装饰条等。

(2)凡建筑结构构件的厚度有一定规格，但是长度和宽度不定时，可按面积以平方米为计量单位。如地面、楼面、墙面和天棚面抹灰等。

(3)凡建筑结构构件的长度、厚(高)度和宽度都变化时，可按体积以立方米计量单位。如箱式招牌。

(4)凡建筑结构没有一定规格，而其构造又较复杂时，可按个、台、座、组、樘为计量单位。如门窗、美术字等。

消耗量定额中各项人工、材料、机械的计量单位选择，相对比较固定。人工、机械按“工日”、“台班”计量，各种材料的计量单位与产品计量单位基本一致。一般材料取两位小数，精确度要求高、材料贵重的多取三位小数，如木材按立方米计量取三位小数。

2.按典型设计图纸和资料计算工程数量

计算工程数量，是为了通过计算出典型设计图纸所包括的施工过程的工程量，以便在编制消耗量定额时，有可能利用施工定额的劳力、机械和材料消耗指标确定消耗量定额所含工序的消耗量。

3.确定消耗量定额各项目人工、材料和机械台班消耗量指标

确定消耗量定额人工、材料、机械台班消耗量指标时，必须先按施工定额的分项逐项计算出消耗量指标，然后，再按消耗量定额的项目加以综合。但是，这种综合不是简单的合并和相加，而需要在综合过程中增加两种定额之间的适当的水平差。消耗量定额的水平，首先取决于这些消耗量的合理确定。

人工、材料和机械台班消耗量指标，应根据定额编制原则和要求，采用理论与实际相结合、图纸计算与施工现场测算相结合、编制人员与现场工作人员相结合等方法进行计算和确定，使定额既符合政策要求，又与客观情况一致，便于贯彻执行。

4.编制定额表和拟定有关说明

消耗量定额项目表的一般格式是：横向排列为各分项工程的项目名称，竖向排列为各分项工程的人工、材料和施工机械消耗量指标。有的项目表下部还有附注，用以说明设计有特殊要求时应该怎样进行调整和换算。

消耗量定额的说明包括定额总说明、分部工程说明及各分项工程说明。涉及各分部需说明的共性问题列入总说明，属某一分部需说明的事项列章节说明。说明要求简明扼要，但是必须分门别类注明，尤其是对特殊的变化，力求使用简便，避免争议。

(三)人工工日消耗量的计算

消耗量定额中人工工日消耗量是指在正常施工条件下生产单位合格产品所必需消耗的人工工日数量，是由分项工程所综合的各个工序劳动定额包括的基本用工、其他用工两部分组成。

人工的工日数可以有两种确定方法。一种是以劳动定额为基础确定；另一种是以现场观察测定资料为基础计算。

1.以劳动定额为基础的人工工日消耗量的确定

以劳动定额为基础的人工工日消耗量的确定包括基本用工和其他用工。

1)基本用工

基本用工是指完成一定计量单位的分项工程或结构构件所必需消耗的技术工种用工。这部分工日数按综合取定的工程量和相应劳动定额进行计算。

$$基本用工消耗量=\sum(各工序工程量\times相应的劳动定额)$$

劳动定额的制定方法包括技术测定法、比较类推法、统计分析法和经验估计法。

2)其他用工

其他用工是指劳动定额中没有包括而在消耗量定额内又必须考虑的工时消耗。其内容包括辅助用工、超运距用工和人工幅度差。

(1)辅助用工。辅助用工是指劳动定额中没有包括而在消耗量定额内又必须考虑的材料加工的工时消耗。例如筛砂、冲洗石子、化淋灰膏等。计算公式如下：

$$辅助用工=\sum(各材料加工数量\times相应的劳动定额)$$

(2)超运距用工。超运距用工是指编制消耗量定额时，材料、半成品、成品等运距超过劳动定额所规定的运距，而需要增加的工日数量。其计算公式如下：

超运距＝消耗量定额取定的运距－劳动定额已包括的运距

超运距用工消耗量＝∑(超运距材料数量×相应的劳动定额)

(3)人工幅度差。人工幅度差是指劳动定额作业时间未包括而在正常施工情况下不可避免发生的各种工时损失。内容包括：

①各种工种的工序搭接及交叉作业互相配合发生的停歇用工。

②施工机械在单位工程之间转移及临时水电线路移动所造成的停工。

③质量检查和隐蔽工程验收工作的用工。

④班组操作地点转移用工。

⑤工序交接时对前一工序不可避免的修整用工。

⑥施工中不可避免的其他零星用工。

计算公式如下：

人工幅度差＝(基本用工＋辅助用工＋超运距用工)×人工幅度差系数

人工幅度差是消耗量定额与劳动定额最明显的差额，人工幅度差一般为10％～15％。

综上所述：

人工消耗量指标＝基本用工＋其他用工

＝基本用工＋辅助用工＋超运距用工＋人工幅度差用工

＝(基本用工＋辅助用工＋超运距用工)×(1＋人工幅度差系数)

2.以现场测定资料为基础计算人工消耗量的确定

这种方法是采用计时观察法中的测时法、写实记录法、工作日记录法等测时方法测定工时的消耗数值，再加一定人工幅度差来计算消耗量定额的人工消耗量。它仅适用于劳动定额缺项的消耗量定额项目编制。

(四)材料消耗量指标的确定

1.定义

材料消耗量指标是指在合理和节约使用材料的前提下，生产单位合格产品所必须消耗的建筑材料的数量标准。

材料消耗量按用途划分为以下四种：

(1)主要材料：指直接构成工程实体的材料，其中也包括半成品、成品等。

(2)辅助材料：指构成工程实体除主要材料外的其他材料，如钢钉、钢丝等。

(3)周转材料：指多次使用但不构成工程实体的摊销材料，如脚手架等。

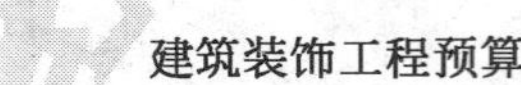

(4)其他材料:指用量较少,难以计量的零星材料,如棉纱等。

2. 材料消耗量指标计算的主要方法

(1)凡有标准规格的材料,按规范要求计算定额计量单位的耗用量,如块料面层等。

(2)凡设计图纸标注尺寸及下料要求的按设计图纸尺寸计算材料净用量,如门窗制作用材料、方、板料等。

(3)换算法。各种胶结、涂料等材料的配合比用料,可以根据要求条件换算,得出材料用量。

(4)测定法。包括实验室试验法和现场观察法。指各种强度等级的混凝土及砌筑砂浆配合比的耗用原材料数量的计算,须按照规范要求试配,经过试压合格以后并经过必要的调整后得出的水泥、砂子、石子和水的用量。对新材料、新结构又不能用其他方法计算定额消耗用量时,须用现场测定方法来确定,根据不同条件可以采用写实记录法和观察法,得出定额的消耗量。

(五)机械台班消耗量指标的用量

机械台班消耗量指标的确定是指完成一定计量单位的分项工程或结构构件所必需的各种机械台班的消耗数量。机械台班消耗量的确定一般有两种基本方法:一种是以施工定额的机械台班消耗定额为基础来确定;另一种是以现场实测数据为依据来确定。

1. 以施工定额为基础的机械台班消耗量的确定

这种方法以施工定额中的机械台班消耗用量加机械幅度差来计算消耗量定额的机械台班消耗量。其计算公式如下:

消耗量定额机械台班消耗量=施工定额中机械台班用量+机械幅度差

=施工定额中机械台班用量×(1+机械幅度差)

机械幅度差是指施工定额中没有包括,但实际施工中又必须发生的机械台班用量。主要考虑以下内容:

(1)施工机械中机械转移工作面及配套机械相互影响损失的时间。

(2)在正常施工条件下机械施工中不可避免的工作间歇时间。

(3)检查工程质量影响机械操作时间。

(4)临时水电线路在施工过程中移动所发生的不可避免的机械操作间歇时间。

(5)冬季施工发动机械的时间。

(6)不同厂牌机械的工效差别,临时维修、小修、停水、停电等引起机械停歇时间。

(7)工程收尾和工作量不饱满所损失的时间。

大型机械的幅度差系数为：钢筋加工机械 10%，吊装机械 30%，木作、小磨石机械 10%，砂浆搅拌机由于按小组配用，以小组产量计算机械台班产量，不另增加机械幅度差。

2.以现场实测数据为基础的机械台班消耗量的确定

如遇施工定额缺项的项目，在编制消耗量定额的机械台班消耗量指标时，则需通过对机械现场实地观测得到机械台班数量，在此基础上加上适当的机械幅度差，来确定机械台班消耗量指标。

五 建筑装饰装修工程消耗量定额的作用

建筑装饰装修工程消耗量定额在我国的建筑装饰装修工程实施过程中具有十分重要的地位，其主要作用有：

1.作为编制工程计划和管理施工的重要依据

为了更好地组织和管理建筑装饰装修工程施工生产，必须编制施工进度计划。在编制计划或组织管理施工生产中，直接或间接地要以消耗量定额作为计算人力、物力和资金需要量的依据。

2.作为评定优选建筑装饰装修设计方案的依据

各个不同的国家在不同经济发展时期，对于建设工程项目设计都具有明确的方针政策。我国现行的建筑设计方针是“适用、经济、在可能的条件下注意美观。”工程项目装饰装修设计是否经济，可以依据装装修工程消耗量定额来确定该项工程设计的技术经济指标，通过对建筑装饰装修工程的多个设计方案的技术经济指标的比较，确定设计方案的经济合理性，择优选用方案。

3.作为编制建筑装饰装修工程分项单价的依据

建筑装饰装修工程消耗量定额中规定了工程分项划分原则、方法及其分项人工、材料、机械设备的消耗量标准。当建筑装饰装修工程设计文件完成以后，已明确规定了建筑装饰装修工程分项的特征，同时考虑装饰装修工程施工方法和建筑市场供应状况，依据相应的消耗量定额中所规定的人工、材料、机械设备的消耗量标准，按照各地现行的人工、材料、机械台班单价和各种工程费用的标准可确定各建筑装饰装修工程分项的单位价格。

4.作为建筑企业和工程项目部实行经济责任制的重要依据

建筑装饰装修工程项目承包责任制是实现工程建设管理体制改革的突破

口。施工企业承揽工程任务，编制装饰装修工程投标报价，制订工程成本计划和进行成本控制及办理工程竣工结算等工作，均以建筑装饰装修工程消耗量定额为依据。

5.是施工生产企业总结先进生产方法的手段

消耗量定额是在一定条件下通过对施工生产过程的观测、分析后综合制定的，从而比较科学地反映出生产技术和劳动组织的先进合理程度。因此，我们可以利用消耗量定额的标定方法，对同一工程产品在同一施工操作条件下的不同生产方式的过程进行观测、分析和总结，找到比较先进的生产方法；或者对某种条件下形成的某种生产方法，通过对过程消耗量状态的比较来确定它的先进性；特别是对于建筑装饰装修工程而言，施工过程中新材料、新方法、新工艺应用极为频繁，需要不断进行总结。

【例 2-1】 编制单扇无亮无纱胶合板门的消耗量定额

门洞尺寸为 900mm×2100mm，门的详图见标准图集，计量单位为樘，工作内容包括门的制作和安装，材料消耗量中不包括五金消耗，需另执行五金消耗量定额。施工操作方法为：集中制作、配备各种制作机械，现场手工工具安装。质量要求达到质量检验评定标准合格以上。根据一般施工组织设计的平面布置，取定材料和半成品的运输距离分别为 50m 和 100m，如场内材料运输距离不同时，采用增减工料来进行调整。按照提供的设计详图，计算材料用量。根据施工定额计算人工、材料、机械台班消耗量，合理确定人工幅度差系数，材料损耗率和机械幅度差系数。如施工条件不同或其他原因变化时，采用增减工料进行计算。

(1)定额项目人工工日消耗量计算

定额项目人工工日消耗量计算见表 2-2。

(2)定额项目材料消耗量计算

定额项目材料消耗量计算见表 2-3。

定额项目人工工日消耗量计算表 表 2-2

章名称：＿＿＿＿ 节名称：＿＿＿＿ 项目名称：胶合板门 子目名称：0.9m×2.1m 无亮单扇 定额单位：樘	
工作内容	杉门框、胶合板门扇的制作、安装。包括原材料自取料到加工地点 50m 以内的运输及框、扇制作后运至 100m 以内的堆放，垂直运至楼层指定位置安装。
操作方法	在加工厂集中采用机械制作，现场手工安装
质量要求	达到质量验评标准合格为止
施工操作工序名称及工作量	劳动定额

续上表

名　称		数量	单位	定额编号	工种	时间定额	工日数
序号	(1)	(2)	(3)	(4)	(5)	(6)	(7)＝(2)×(6)
劳动力计算	三块料门框制 6m 内	0.1	樘		木	0.915×1.11	0.1016
	打摢子眼	0.06	100 个		木	0.35	0.021
	门扇制作 1.7m² 内	0.1	10 扇		木	3.77×1.11	0.4185
	木砖制作	0.04	100 块		木	0.0714	0.0029
	门框安装 6m 内	1	樘		木	0.0769	0.0769
	门扇安装	1	扇		木	0.139	0.139
	门框边刷臭油水	0.054	100m		防水	0.333	0.018
	木砖浸臭油水	0.004	100 只		防水	0.588	0.0024
	门框超运距 100～60m	0.01	100 樘		普	0.76	0.0076
	门扇超运距 100～60m	0.01	100 扇		普	0.40	0.004
	小计						0.7919
人工幅度差 10％:0.079			劳动定额人工合计				0.871
年　月　日			复核者:			计算者:	

额定项目材料消耗量计算表　　表 2-3

章名称:________　节名称:________　项目名称:胶合板门

子目名称:　0.9m×2.1m 无亮单扇　定额单位:　樘

材料	名称	规格	单位	计算量	损耗量	使用量	其他材料费	名称及规格	单位	数量	单价(元)	金额(元)
	锯材		m³	0.10403	0.06	0.1103						
	铁钉		kg	0.1383	0.02	0.14						
	胶合板		m²	3.354	0.15	3.86						
	乳白胶		kg	0.210	0.02	0.21						
	臭油水		kg	0.49	0.03	0.50						
年　月　日							复核者:			计算者:		

注:按图计算,使用量中包括刨光损耗和后备长度。

3.机械台班消耗量的计算

(1)根据劳动定额机械施工工序定额的综合计算,木工机械的台班产量如表 2-4 所示。

单扇无亮胶合板门机械台班产量　　表 2-4

机械名称及规格	圆锯机 ϕ500mm	平刨机 450mm	压刨机 三面 400mm	开榫机 160mm	打眼机 ϕ150mm	裁口机 多面 400mm
台班产量	68	25	28	20	18	60

每樘门需要机械台班消耗量计算（机械幅度差取 10%）：

圆锯机　ϕ500mm　1/68×(1+10%)＝0.016 台班

平刨机　450mm　1/25×(1+10%)＝0.044 台班

压刨机　三面 400mm　1/28×(1+10%)＝0.039 台班

开榫机　160mm　1/20×(1+10%)＝0.055 台班

打眼机　ϕ50mm　1/18×(1+10%)＝0.061 台班

裁口机　多面 400mm　1/60×(1+10%)＝0.018 台班

(2)垂直运输机械台班的计算：

①考虑对于六层以下采用卷扬机做垂直运输，经调查取定每台班垂直运输单扇无亮胶合板 63 樘（因系调查统计测算资料，不计机械幅度差），卷扬机 5t：

1/63＝0.016 台班

②采用塔式起重机做垂直运输，经调查取定每台班运送 160 樘，塔式起重机：

1/160＝0.006 台班

4. 有关增减工料的计算

(1)原材料超运距增加工日的计算。根据劳动定额超运距加工表，拟定按每超过 30m 计算超运距用工。

锯材 0.1103m^3×0.042 工日×(1+10%)＝0.005 工日

胶合板 0.013 块×0.133 工日×(1+10%)＝0.002 工日

(2)框、扇料超运距增加工日的计算。按每超过 30m 计算超运距用工。

框 0.01×0.38×(1+10%)＝0.004 工日

扇 0.01×0.20×(1+10%)＝0.002 工日

(3)门规格变化用料变化的计算。

如胶合板门为 800mm×2100mm，则应相应减少木材和胶合板，经过计算 800mm×2100mm 门需锯材 0.1012m^3，胶合板 2.942m^2。

故门每增减宽 100mm 需增减锯材(0.10403－0.1012)×1.06＝0.003m^3，需要增减胶合板(3.354－2.942)×1.15＝0.47m^2。

5. 编制单扇无亮无纱胶合板门的消耗量定额表

单扇无亮无纱胶合板门的消耗量定额表如表 2-5 所示。

单扇无亮无纱胶合板门的消耗量定额表　　表 2-5

胶合板门 工作内容：1. 门框、扇的制作安装，刷防腐油 2. 锯材的场内运输 3. 门框、扇的运输距离 100mm			
定额编号			
项目			单扇无亮无纱胶合板门 900mm×2100mm
名称	代号	单位	数量
综合人工		工日	0.871
锯材		m^3	0.1103
铁钉		kg	0.14
胶合板		m^2	3.86
乳白胶		kg	0.21
臭油水		kg	0.50
圆锯机 ϕ500mm		台班	0.016
平刨机 450mm		台班	0.044
压刨机三面 400mm		台班	0.039
开榫机 160mm		台班	0.055
打眼机 ϕ50mm		台班	0.061
裁口机多面 400mm		台班	0.018
卷扬机 5t		台班	0.016
塔式起重机		台班	0.006

注：1. 木材运距每增加 30m，增加人工 0.005 工日；胶合板运距每增加 30m，增加人工 0.002 工日。
2. 门框运距每增加 30m，增加人工 0.004 工日；门扇运距每增加 30m，增加人工 0.002 工日。
3. 门宽每增（减）10m，则相应增（减）锯材 0.003m^3，胶合板 0.47m^2。

本章小结

定额是科学管理的产物，而今定额又成为管理科学的重要基础。随着建筑装饰装修业的发展，建筑装饰装修工程已从建筑安装工程中分离出来，成为一个独立的建筑装饰装修工程设计与施工行业，具备进行独立招标投标的条件。现有的建筑装饰装修工程定额的制定颁布正是为适应建筑装饰装修工程设计与施工行业的快速发展，以满足建筑装饰装修工程造价管理（确定与控制）的需要。

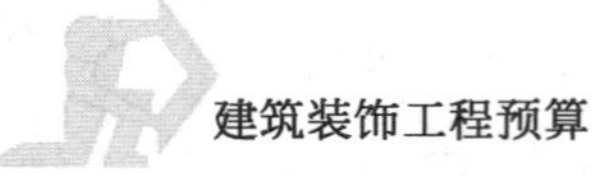

本章主要介绍了定额的概念、作用、特点、分类；施工定额的概念、作用、组成、编制原则、编制方法；消耗量定额的概念、作用、组成、编制原则、编制方法等。

小知识

1. 营造法式

《营造法式》是北宋官方颁布的一部建筑设计、施工的规范书，是中国古籍中最完整的一部建筑技术专业书籍。哲宗元祐六年(1091 年)，将作监第一次编成《营造法式》，由皇帝下诏颁行，此书史曰《元祐法式》。北宋绍圣四年(1097 年)又诏李诫重新编修，于崇宁二年(1103 年)刊行全国。

《营造法式》主要分为 5 个主要部分，即释名、制度、功限、料例和图样，共 34 卷，前面还有“看样”和目录各 1 卷。

2. 消耗量定额在不同省市的项目设置及使用情况

为适应装饰装修工程造价管理的需要，建设部制订并颁发了《全国统一建筑装饰装修工程消耗量定额》(GYD-901-2002)，自 2002 年 1 月 1 日起实施。此后，各省、自治区、直辖市根据自身造价管理的需要和工程造价管理工作的发展，逐步制订了各自的装饰装修工程消耗量定额。现以广东省、湖北省为例，进行简单介绍。

1)广东省消耗量定额简介

广东省是推行工程量清单计价较早的地区，为了配合实施工程量清单计价，广东省于 2003 年颁布了《广东省装饰装修工程计价办法》和《广东省装饰装修工程综合定额(2003)》。于 2006 年 4 月颁布了《广东省装饰装修工程计价办法》和《广东省装饰装修工程综合定额(2006)》(以下简称该定额)。该定额是在《建设工程工程量清单计价规范》(GB 50500—2003)、《全国统一建筑装饰装修工程消耗量定额》(GYB-901—2002)和《广东省装饰装修工程综合定额(2003)》基础上，结合广东省设计、施工、招投标的实际情况，根据现行国家产品标准、设计规范和施工验收规范、质量评定标准、安全操作规程编制的。

该定额不是纯粹的消耗量定额，而是综合定额，既含有消耗量指标，又含有费用指标。该定额分为分部分项工程项目、措施项目、其他项目、规费、税金和附录六部分。以专业工种划分，按章、节、项目、子目排列，各章均有说明、工程量计算规则，项目由工作内容和定额表格组成，有的加上必要的附注。工作内容简单扼要，说明主要的施工工序，次要的工序虽未具体说明，但均已考虑在内。

该定额第一部分分部分项工程项目包括楼地面工程、墙柱面工程、天棚工程、门窗工程、幕墙工程、细部装饰及栏杆工程、家具工程、油漆涂料裱糊工程、金属支架及广告牌工程、其他工程。第二部分措施项目包括脚手架工程、垂直运输工程、材料二次运输、建筑垃圾外运、成品保护工程、安全防护、文明施工措施项目、措施其他项目费。第三部分其他项目包括预留金、材料购置费、总承包服务费、零星工作项目费、其他费用。第四部分规费包括社会保险费、住房公积金、工程定额测定费、工程排污费、施工噪音排污费、防洪工程维护费、意外伤害保险费。第五部分税金是指营业税、城市维护建设及管理费附加。第六部分附录包括建筑物超高人工机械增加、利润标准、材料、半产品、成品损耗率参考表。

该定额的人工、材料和机械消耗量是以正常的施工条件，目前广东省建筑企业的施工机械装备程度，合理的施工工期、施工工艺、劳动组织为基础综合确定的。该定额人工消耗量包括基本用工、辅助用工、人工幅度差、现场运输及清理现场等用工。该定额采用的装饰装修材料包括半成品、成品，均按符合国家质量标准和相应设计要求的合格产品考虑。其材料消耗量包括施工中消耗的主要材料、辅助材料和零星材料等，并考虑了相应施工场内运输及施工操作过程的合理损耗。用量很少、占材料费比重很小的零星材料合并为其他材料费。该定额机械台班消耗量是按正常合理的机械配备、机械施工工效测算确定的，并已包括机械幅度差。

该定额的计量单位为扩大计量单位。

2)湖北省消耗量定额简介

湖北省于2003年颁布了《湖北省装饰装修工程消耗量定额及统一基价表(2003年)》(以下简称该定额)。该定额是按照中华人民共和国国家标准《建设工程工程量清单计价规范》(GB 50500—2003)的要求，在《全国统一建筑工程基础定额湖北省统一基价表(2000年)》的基础上进行修编的。

该定额既是实行工程量清单计价办法时配套的消耗量定额，同时也是实行定额计价办法时的全省统一基价表。该定额分为分部两部分：工程项目费和施工技术措施项目费。

该定额第一部分工程项目包括楼地面工程、墙柱面装饰工程、天棚装饰工程、门窗工程、油漆涂料裱糊工程。第二部分施工技术措施项目包括脚手架工程、垂直运输工程、成品保护工程。

该定额的人工、材料和机械消耗量是以正常的施工条件，目前湖北省建

筑企业的施工机械装备程度，合理的施工工期、施工工艺、劳动组织为基础编制的，反映了社会平均消耗水平。该定额人工消耗量包括基本用工、辅助用工、超运距用工、人工幅度差用工。该定额材料消耗包括施工中所需的所有材料，凡能计量的材料、成品、半成品均按品种、规格逐一列出数量，并计入了相应损耗，其内容包括：从工地仓库、现场集中堆放地点或现场加工地点至操作或安装地点的运输损耗、施工堆放或操作损耗。该定额机械台班消耗量是按正常合理的机械配备、机械施工工效测算确定的，并已包括机械幅度差。

3. 建筑装饰装修工程定额、预算定额、装饰装修工程消耗量定额之间的关系

建筑装饰装修工程定额，是指在一定的施工技术与建筑艺术综合条件下，为完成该项装饰装修工程质量合格的产品，消耗在单位装饰装修基本构造要素上的人工、材料和机械的数量标准与费用额度。它既含有人、材、机消耗的数量标准又含有货币消耗标准。建筑装饰装修工程消耗量定额，是指在正常的施工条件下，为了完成一定计量单位的合格的建筑装饰装修工程产品所必需的人工、材料(或构、配件)、机械台班的数量标准。它主要是表示人、材、机的数量消耗标准。建筑装饰装修工程定额和消耗量定额都可以根据不同的划分方式进行分类：按照编制程序与用途划分，建筑装饰装修工程定额可分为施工定额、预算定额、概算定额、概算指标，建筑装饰装修工程消耗量定额可分为施工消耗量定额、预算消耗量定额、概算消耗量定额。

思考题

2-1　什么是建筑装饰装修工程定额？它有哪些性质？

2-2　建筑装饰装修工程定额是如何分类的？

2-3　什么是建筑装饰装修工程施工定额？它的作用是什么？

2-4　建筑装饰装修工程施工定额的编制原则是什么？

2-5　建筑装饰装修工程施工定额由哪些内容组成？

2-6　什么是建筑装饰装修工程消耗量定额？它由哪些部分组成？

第三章 建筑装饰装修工程工程量计算

【职业能力目标】

(1)能够完全掌握装饰工程施工图预算中工程量的计算方法。

(2)能独立完成施工图纸的工程量计算,为工程造价计算提供基础数据。

【学习要求】

(1)掌握工程量的概念,了解工程量的作用及定额计价体系下各分部分项工程量的计算规则;

(2)正确计算工程量,有条理地编制工程量计算表。

第一节 建筑装饰装修工程工程量概述

一 建筑装饰装修工程工程量的概念

建筑装饰装修工程量全面反映了建筑装饰装修工程的工作内容、实体构成及数量、施工组织及措施项目构成等,它是以自然的、物理的计量单位来表示的分项工程或结构构件的数量。

物理的计量单位是指以物体的物理属性作为计量单位,在装饰装修工程中是指装饰装修分项工程或结构构件的物理法定计量单位,如米(m)、平方米(m^2)和立方米(m^3)。通常以长度计算分项工程工程量的计量单位用米表示;以面积计算分项工程工程量的计量单位用平方米表示;以体积计算分项工程工程量的计量单位用立方米表示。比如在工程量计算规则中规定不锈钢栏杆扶手以米计算，单位为 m；轻钢龙骨双面矿棉板隔断以平方米计算，单位为 m^2；1/2 混水砖墙以立方米计算，单位为 m^3 等等。

自然的计量单位是指以装饰施工对象本身自然组成情况为计量单位，如个、组、套、台、块、副等。比如在工程量计算规则中规定玻璃加工分项工程中的玻璃钻孔分项按“个”计算；门窗工程中门定位器安装分项工程按“副”计算；门锁安装分项工程按“把”计算；石材刻字按“个”计算；扶手弯头按“个”计算；店牌制作安装分项工程按“块”计算等等。

建筑装饰装修工程工程量的计算是一项非常细致的基础性工作，它是将装饰设计图纸的内容按消耗量定额的分项工程划分，并按统一的计算规则进行计算，所以工程量的计算对于所有的装饰装修工程来说都具有非常重要的意义，我们在学习工程量计算之前必须掌握工程量的概念及相关知识。

 建筑装饰装修工程工程量的作用

建筑装饰装修工程工程量是建筑装饰装修工程造价文件形成的基础，是招投标文件中不可或缺的重要数据，是建筑装饰施工企业生产经营的关键保障，是企业实行成本核算的必要依据。所以，工程量的计算具有以下几点重要作用：

1. 工程量是反映建筑装饰装修工程工程内容及数量的重要指标

工程量计算必须依据《建筑装饰装修工程消耗量定额》(以下简称《定额》)所规定的计算规则及分部分项工程的项目设置和内容。比如对一间办公室进行装饰，地面铺设金花米黄花岗岩板。通过分析图纸，根据工程量计算规则应该计算办公室地面的净面积，然后找出办公室中有无独立柱等需要扣除的工程量或者有无增加的工程量，这样就能知道所需装饰的花岗岩地面的确切数量。所以，以施工图纸为计算基础、以计算规则为计算依据正确计算出的工程量能够量化装饰装修工程的相关内容，是一项重要的技术数据指标。

2. 工程量是进行建筑装饰装修工程造价计算的基础

建筑装饰装修工程造价计算的结果是否准确，主要取决于两个因素：一个是分项工程的数量，另一个是分项工程的单价。由于装饰装修工程造价计算过程中的直接工程费是由分项工程的工程量与单价相乘得到的，所以工程量计算的准确程度直接影响着装饰装修工程造价计算的结果，因此工程量的计算对装饰装修工程造价而言具有非常重要的作用。

3. 工程量是装饰施工企业合理化生产经营的重要参考数据

一般来说，建筑装饰装修工程工期较短，所以建筑装饰施工企业常常根据分

部分项工程工程量的计算结果，运用《定额》来确定分部分项工程的人工、材料、机械台班的耗用量并编制施工作业计划，合理组织劳动生产、安排施工进度、安排材料采购及材料进场时间等，为保质保量按时完成建筑装饰装修工程提供重要的参考数据

4. 工程量是建设单位与装饰施工企业进行工程结算的重要依据

正常情况下，建设单位向装饰施工企业拨款有三个过程，开工前拨付材料预付款，施工过程中拨付工程进度款，工程完工后拨付剩余款项。装饰材料的预付款主要是根据材料用量计算出来的，然而材料的用量又是根据工程量计算出来的，计算材料用量的过程在第五章工料分析中会进一步学习。另外，施工企业在施工过程中会根据工程进度要求建设单位拨付工程进度款，而建设单位也会核对施工企业按进度所完成的工程量，核准后进行拨款。最后建设单位还要根据已结款项，核准剩余工程量及工程变更项目，然后对装饰施工企业进行余款结算。所以，工程量在整个工程结算过程中被作为了一个重要的依据。

5. 工程量是装饰施工企业财务管理和成本核算的重要依据

财务部门根据造价文件所提供的工程量对工程的成本进行监控，为经营、材料等部门的收入和支出提供有效的参考数据，同时各部门的反馈意见又给财务管理和成本核算工作提供了重要的参考依据。比如某工程需要使用白色乳胶漆涂料 50 桶，这 50 桶是根据分部分项工程的工程量计算出来的。工人班组按施工进度领取材料，由于现场管理到位，所以工程完工后经过盘存实际只用了 46 桶涂料，这样该工程节约了 4 桶涂料，这个数据在材料部门的报表上就会被反映出来，财务部门便可以根据报表核算施工班组的承包成本，从而核算整个工程的成本，有效地进行公司财务管理和工程成本控制。

6. 工程量是决策层进行项目管理的参考数据

公司决策层可根据生产计划部门提供的工程量以及财务部门统计的各个阶段工人班组完成进度工程量所消耗的资源及费用的各种报表，对某工程项目的现场情况以及技术工人的工作进展情况进行分析，总结经验，更加有序合理地进行现场管理，从而节约成本，提高企业的经济效益，可见，工程量在工程管理过程中具有至关重要的作用。

总之，工程量在建筑装饰装修工程的各个阶段都起着举足轻重的作用，工程结算、施工进度计划、资源（劳动力、材料、构配件等）需求量计划及主要技术经济指标等都是以工程量计算结果为依据的，因此，必须按有关要求认真计算工程量。

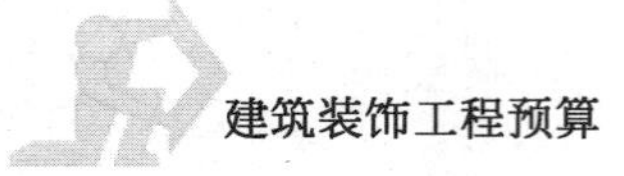

第二节　建筑装饰装修工程量计算概述

工程量的计算决不是单纯的技术性数字的计算，它包含了很多意义，比如每个工程分项的工作内容、计算规则、施工工艺等，因此在学习如何计算工程量之前应该具备一定的基础知识，了解工程量计算的依据、步骤和方法以及工程量计算方式的发展。

 建筑装饰装修工程工程量计算的依据

建筑装饰装修工程工程量计算的依据总结起来有以下几个方面：

1. 招标文件

建筑装饰装修工程招标文件表达了建设方对装饰装修工程的期望值，反映了建设方对投标方参与工程施工的全部要求。招标文件包含了投标须知及投标须知前附表、合同条款、合同文件格式、工程建设标准、图纸、投标文件投标函部分格式、投标文件商务部分格式、投标文件技术部分格式、资格审查申请书格式等，其中合同条款、工程建设标准、施工图纸是建设方和施工方都共同关注的焦点，因为甲乙双方要以此为依据来计算工程量，最终确定标底和标价。

2. 施工合同

施工合同是招标文件的重要组成部分。招标文件就是要约，合同就是通过招标投标形式来要约和承诺的，它是建设单位和施工单位权益的重要保障。施工合同中一般应明确规定工程的结算方式、设计变更处理办法、施工组织设计等内容，它实际上是工程量计算内容的补充，因此决不能被忽视。

3. 装饰装修设计施工图纸及其说明

装饰装修工程设计方案考究，各种造型变化较多，图纸内容涉及面广，所以施工图纸及其说明是装饰装修工程量计算的主要资料，图纸上所有的工程信息都应该完整和准确，造价人员在计算工程量前必须认真审图，仔细阅读图纸说明，这是正确计算装饰装修工程量的前提。一般来说，经建设方、设计院、施工单位三方会审后的图纸才能作为工程量计算的依据。

4. 工程量计算规则

建筑装饰装修工程工程量的计算应以定额中规定的工程量的计算规则为标准。目前，建筑装饰装修工程量主要根据建设部 2002 年 1 月 1 日施行的《全国统一建筑装饰装修工程消耗量定额》以及各省、市、自治区定额主管部门颁发的

《建筑装饰装修工程消耗量定额》的计算规则进行计算。

5.施工组织设计方案

施工组织设计是确定某些分项工程的重要依据，是施工准备及施工过程中必备的技术经济管理文件，是签定施工合同的重要内容之一。施工组织设计方案中明确规定了各分项工程的施工方法及各种技术措施，这些都是工程量计算的基础资料。比如某商场装修项目，在进行现场勘测时，发现局部柱子尺寸偏大，按图纸无法施工，所以必须进行调整，调整中增加了柱子施工的工程量，从而也增加了装饰装修工程造价中分项工程的数量。

6.现场签证

现场签证是对施工过程中遇到的某些特殊情况实施的书面依据，由此发生的价款也成为工程造价的组成部分。由于现代装饰装修工程规模和投资都较大，技术含量高，设备、材料价格变化快，工程合同不可能对未来整个施工期可能出现的情况都做出预见和约定，因此工程预算也不可能对整个施工期发生的费用做详尽的预测，而且在实际施工中，主客观条件的变化又会给整个施工过程带来许多不确定的因素。

我们常见的签证形式有工程技术签证、工程经济签证、工程技术经济签证、工程工期签证、隐蔽工程签证等。比如某装饰装修工程因工程变化或其他原因造成拆除、清理以及工程本体以外的工作量，一般来说合同的计价原则中已包含了此部分的价格，所以我们在工程经济签证中需要对实际装饰装修工程中发生的工程量予以签证认可。总之，在项目实施整个施工过程中，一般都会发生现场签证而最终以价款的形式体现在工程结算中，工程量的增减就是其中的一种表现形式，也是计算签证价款的基础。

7.工程造价计算的其他资料

建筑装饰装修工程量的计算是一个繁琐的过程，需要参考的资料也很多，除以上介绍的依据以外还有标准图集、生产厂家提供的一些特殊材料的安装图集等。另外，随着计算机算量软件的逐步应用，计算机算量的一些技巧性知识也是正确计算工程量的重要资料。

二 建筑装饰装修工程工程量计算的原则和方法

(一)建筑装饰装修工程工程量计算的原则

工程量计算是装饰装修工程造价计算中最繁琐、最细致的工作，分项工程项目目列项是否齐全准确，计算结果是否正确，直接关系到装饰装修工程造价的编制质量和速度。为保证装饰装修工程造价计算的准确高效，工程量计算应遵循以下原则：

1. 要按照一定的顺序进行计算

计算装饰装修工程量时为了避免漏项或重复计算，必须遵循一定的计算顺序，如分楼层、分房间、分部位等顺序进行计算，保证列项的准确性。

2. 计算口径要一致，避免重复列项或漏项

在计算工程量时，根据施工图纸列出的分项工程的口径(指分项工程所包括的工作内容和范围)，必须与现行消耗量定额中相应分项工程的口径相一致。例如砖墙面挂贴花岗岩分项工程，某省消耗量定额中包括了刷素水泥浆一道(结合层)，则计算砖墙面挂贴花岗岩分项工程量时，也应包括这些工作内容，不应另列项目重复计算。如果消耗量定额中有一些分项工程，例如缸砖台阶，设计中包括刷素水泥浆一道，而消耗量定额工程内容中没有包括，就应该另算。

因此，在计算工程量时，除了熟悉施工图纸以外，还要掌握消耗量定额中每个分项工程所包括的工程内容和范围，了解定额子目中分项工程的综合划分，做到列项时不重复、不遗漏，准确合理。

3. 工程量计算与计算规则要一致，避免错算

按施工图纸计算工程量采用的计算规则，必须与本地区现行消耗量定额计算规则或工程量清单计算规则相一致。例如，计算踢脚板工程量，某省现行的消耗量定额的计算规则是：踢脚板按延长米计算，洞口、空圈长度不予扣除，洞口、空圈、垛、附墙烟囱等侧壁长度亦不增加，所以在计算过程中就不能按实际长度或面积计算。只有这样，才能有统一的计算标准，保证工程量计算的准确性。

4. 计量单位要一致

计算工程量时所列出的各分项工程的计量单位必须与《定额》中相应项目的计量单位相一致。例如，消耗量定额中阳台栏杆、扶手分项工程的计量单位是延长米，则计算工程量时所用的计量单位也应该是延长米。另外，消耗量定额的计量单位在编制时进行了调整，使用的是扩大单位，如“$10m^3$”、“$1000m^3$”、“$100m^2$”、“10m”等，在运用时必须注意，避免出错。

5. 工程量计算精确度要统一

工程量的计算结果，除钢材(以吨为计量单位)、木材(以立方米为计量单位)取三位小数外，其余项目一般取小数点后两位为准。

(二)装饰装修工程量计算的方法

装饰装修工程设计是综合性很强的专业技术，涉及到社会学、心理学、环

学等多种学科，它需要满足使用功能、精神功能、现代技术、地区特点以及民族性等要求，所以某种设计理念在施工图纸上所表达的工程内容是非常复杂的，多样化的设计给工程量的计算增添了难度，因此在计算工程量时一定要条理清晰，方法得当，否则就会重复计算或漏项，使计算结果不正确，或者花费很多不必要的时间和精力，影响工程的招标和投标报价以及一切与工程有关的经营活动。计算工程量可参考以下几种方法：

(1)对于装饰装修工程的内装修按分层分房间计算最后合并汇总比较合适，这样计算不容易漏项且方便校对；对于材料变化不大的工程，可以采用按构造、材料分类计算的方法计算，这样可以减少工程量的汇总工作，同时充分利用一些基础数据或已经计算完成的数据，可以提高计算速度。

(2)装饰装修工程的外装修一般分不同的立面进行计算，同样方便列项和避免漏算，而且便于工程量的审核。

(3)装饰装修工程还可按施工方案的要求分段计算。

(4)由几种结构类型组成的建筑装饰装修工程可按不同结构类型分别计算。

总之，装饰装修工程的工程量因其复杂多变的设计及不同的施工方案而产生了不同的计算方法，在实际工程中应当遵循计算原则灵活运用计算方法，才能正确计算工程量。

三 建筑装饰装修工程量计算的步骤

装饰装修工程量的计算方法比较多，一般都按照以下步骤进行计算：

1.列出分部分项工程项目的名称

按照合同，根据装饰装修施工图纸及工程量计算规则，并结合施工方案的有关内容，遵循适当的计算顺序，列出单位工程施工图的分项工程项目的名称。比如水泥砂浆镶贴一色花岗岩地面、墙夹板面层粘贴波音软片、石膏板吸声天棚(不包括龙骨架)等。

2.列出工程量计算式

分项工程项目列出后，可以根据施工图纸所示的部位、尺寸和数量，按照工程量计算规则，列出工程量计算式。工程量计算通常采用计算表格进行，这样既便于校对、又可减少计算过程中的重复现象，也便于统一格式，方便审核。

3.计算出正确的结果并校对汇总

列出工程量计算式后计算出正确的结果，然后将相同的分项工程的工程量累计在一起，得到每一分项工程的合计数量，填好相应的计算表，校对后套定额、进入计价程序。套用定额、进入计价程序等内容在第五章中将重点学习。

四 建筑装饰装修工程量计算方式的发展

正确、快速地计算工程量是装饰装修工程项目管理、工程造价控制的首要工作，也是编制装饰装修工程预决算、招投标报价的基础性工作，它具有繁琐、耗时、工作量较大等特点，它的编制约占整份工程预算书的50%～70%，因此需要耐心、细致地工作，尤其要不断改进工程量计算的方式，才能有效提高装饰装修工程造价计算的质量和速度，从而满足现阶段装饰装修工程经营管理的需要。工程量计算方式的发展历程经历了几个阶段：

(一)手工计算工程量

手工算量从古代到目前为止一直是我国工程量计算的主要形式，它具有以下一些优点和缺点。

1. 优点

(1)手工算量的长期应用和发展，使许多熟练的预算员找到了许多快速算量的方法并能准确地运用于装饰装修工程造价计算中。

(2)预算人员参与了整个算量过程，熟悉图纸及所有分项工程每一步的计算数据，对计算结果比较信赖，即使有错，也是小范围的，纠错并不困难。

(3)计算书的书写形式也比较符合一般的思维习惯，可以运用长期积累下来的经验算法，容易发现问题，同时也便于审核校对及预算审定工作，满足现阶段整个市场的需求状况。

(4)可以灵活地适应各种装饰结构型式的变化，尤其对一些特殊的结构型式也比较容易妥当处理。

2. 缺点

(1)算量过程非常繁琐，重复性劳动极大，消耗时间多。

(2)由于手工求得计算结果，预算人员容易犯低级计算错误，造成汇总表、取费表等的重新调整，增大工作量。

(3)很难避免预算人员对图纸、对定额理解偏差等造成的错误。

(二)软件表格法算量

20世纪90年代初，随着计算机的普及，IT技术逐渐渗透到各领域中，计算软件逐渐被人们认识和运用，软件表格法算量就是在这个阶段出现和发展起来的。这种方法一般需要预算员在软件中输入算量表达式，程序进行自动汇总计算，形成报表并可以打印。

1. 优点

（1）预算员参与了整个算量过程，熟悉图纸及各种数据，同时减轻了预算员计算大量数据的工作量。

（2）工程量自动进行汇总，修改增减项目比较简便。

（3）软件应用门槛非常低，很容易掌握，是对手工算量较大的改进。

（4）比较符合预算员的操作习惯。

2. 缺点

（1）预算员必须罗列出每个构件的工程量，还必须一边翻图纸一边往计算机中输入计算数据同时考虑扣减关系，工作仍然很繁琐，录入过程中也容易出错。

（2）这种方法只是手工算量方法的一种改进和延伸，没有减少重复工作量。

由此可以看出，这种方法虽然提高了预算员的算量效率，但是并没有从根本上解脱预算员的繁琐劳动。表格算量法的缺点促成了自动算量软件的出现和发展。

（三）软件自动算量

软件自动算量是目前建筑装饰企业大力推广的算量方法，它具有很大的发展潜力，这种方法以装饰装修工程工程量计算规则为依据，预算人员通过画图确定构件实体的位置，并输入与算量有关的构件属性，软件通过默认的计算规则，自动计算得到构件实体的工程量，自动进行汇总统计，得到分项工程的工程量。这种算量方法简化了算量输入，可以大幅度提高预算员的算量效率，目前正越来越多地引起预算人员的关注。但是，由于计算机算量是比较新的一种计算形式，而预算人员的计算机操作水平相对不高，这样就避免不了对软件的操作错误。虽然有些三维软件可以直接利用设计院提供的 CAD 图，但如果在设计院没有提供 CAD 图纸的情况下，由预算人员自己画图，就增加了预算员的操作难度和工作量，也容易出错。另外，对于一些特殊的结构，运用软件算量仍然会产生一些误差，而且，由于依赖于软件，预算员往往会忽略计算内容的含义。

随着计算机软件的进一步发展，算量方式也会进一步改进，预算人员的算量工作会越来越轻松，从繁杂的劳动中解脱出来后更要研究工程量的计算规则，为装饰装修工程的经营管理做好准备。

第三节　建筑装饰装修工程工程量计算的主要规则和方法

一 建筑面积的计算

长期以来,《建筑面积计算规则》在建筑工程造价管理方面起着重要的作用,在装饰装修工程中的作用也是显而易见的。本节主要对建筑面积的定义、作用、与计算建筑面积有关的一些术语、建筑面积计算规则的发展状况及计算方法进行介绍。

(一)建筑面积的定义和组成

在建筑装饰装修工程造价计算中,建筑面积是指工业厂房、仓库、公共建筑、居住建筑、农业生产使用的房屋、粮种仓库、地铁车站等建筑物的展开面积,即建筑物各层面积的总和或外墙勒脚以上结构外围水平投影面积之和,按单层建筑物和多层建筑物(包括地下室和半地下室)划分。单层建筑物的建筑面积是指建筑物勒脚以上外墙结构的外围水平投影面积,多层建筑物的首层与单层相同,二层及以上是指外墙结构的外围水平投影面积之和。

建筑面积是由使用面积、结构面积和辅助面积所组成的。下面分别定义使用面积、结构面积和辅助面积:

1.使用面积

使用面积是指供人们居住、工作、学习、休闲娱乐、购物等的建筑室内各层空间的净面积。不包括在结构面积内的烟囱、通风道、管道井均计入使用面积。

2.结构面积

结构面积是指建筑物各层中,不包括墙面装饰厚度在内的外墙、内墙、柱子、玻璃幕墙、垃圾道、通风道、烟囱等结构构件所占的水平截面面积(或投影面积)的总和。

3.辅助面积

辅助面积是指楼梯、走廊、过道等交通面积及不直接提供人们生活的室内净面积的总和,如厨房、卫生间、厕所、贮藏室等。

(二)建筑面积的作用

建筑面积不仅是一个重要的建筑技术指标,同时也是一个重要的建筑经济指标。正确地计算建筑面积,具有特别重要的技术经济意义。

1. 建筑面积可作为控制建设项目投资的重要指标

建筑面积能直接反映建设项目规模的大小，因此，可作为控制建设项目投资的重要指标。

不同的建筑面积决定着不同的建设规模，比如某省费用定额规定大于 $10000m^2$ 的民用建筑为一类工程，大于 $5000m^2$ 的民用建筑为二类建筑，由此可见，建筑面积是工程类别大小判定的一个重要依据，而工程类别的确定决定了工程总造价的金额。

2. 建筑面积是进行设计评价的重要指标

工程项目进行设计评价主要考虑使用率，使用率是使用面积与建筑面积之比，通常也叫做平面系数，用 K 来表示，$K=\frac{\text{使用面积}}{\text{建筑面积}}$，$K$ 值大，则表示设计的使用效益和经济效益越高，它的重要参考价值体现在房地产开发、住户购房等方面。

3. 建筑面积是一项重要的技术经济指标

目前，建设部和国家质量技术监督局颁发的《房产测量规范》的房产面积计算，以及《住宅设计规范》中有关面积计算，均依据的是《建筑工程建筑面积计算规则》。建筑面积作为重要的技术经济指标，主要表现在建筑物的单方造价上，单方造价是指建筑及装饰装修工程总造价与建筑面积的比值。公式如下：

$$\text{单方造价}=\frac{\text{总造价}}{\text{总建筑面积}}(\text{元}/m^2)$$

单方造价可以作为判断是否对装饰装修工程项目进行投资的最直观的衡量标准，也可作为投标报价期望值的最简单的判断依据。

4. 建筑面积是计算工程量的重要指标

装饰装修工程中脚手架、垂直运输工程量是以建筑面积来计算的，楼地面整体面层和找平层的工程量是以使用面积和辅助面积来计算的，详见本章工程量计算规则解释及应用。

(三)与建筑面积计算有关的术语

为了准确计算建筑物的建筑面积，《建筑工程建筑面积计算规范》(GB/T 50353—2005)对相关术语做了明确规定。

1. 层高

层高是指上下两层楼面或楼面与地面之间的垂直距离。一般来说也指室内地面标高至屋面板板面结构标高之间的垂直距离。具体划分如下：

1)建筑物最底层的层高

(1)有基础底板的,按基础底板上表面结构至上层楼面的结构标高之间的垂直距离确定。

(2)没有基础底板的,按室外设计地面标高至上层楼面结构标高之间的垂直距离确定。

2)最上一层的层高

指楼面结构标高至屋面板板面结构标高之间的垂直距离,遇有带找坡的屋面,层高指楼面结构标高至屋面板最低处板面结构标高之间的垂直距离。

2.净高

净高是指楼面或地面至上楼板底或吊顶底面之间的垂直距离。首层净高是指室外设计地坪至上楼板底或吊顶底面之间的垂直距离。

3.自然层

自然层是指按楼板、地板结构分层的楼层。

4.架空层

架空层是指建筑物深基础或坡地建筑吊脚架空部位不回填土石方形成的建筑空间。

5.走廊

走廊是指建筑物的水平交通空间。

6.挑廊

挑廊是指挑出建筑物外墙的水平交通空间。

7.檐廊

檐廊是指设置在建筑物底层出檐下的水平交通空间。

8.回廊

回廊是指在建筑物门厅、大厅内设置在二层或二层以上的回形走廊。

9.门斗

门斗是指在建筑物出入口设置的起分隔、挡风、御寒等作用的建筑过渡空间。

10.建筑物通道

建筑物通道是指为道路穿过建筑物而设置的建筑空间。

11.架空走廊

架空走廊是指建筑物与建筑物之间,在二层或二层以上专门为水平交通设置的走廊。

12. 勒脚

勒脚是指建筑物的外墙与室外地面或散水接触部位墙体的加厚部分。

13. 围护结构

围护结构是指围合建筑空间四周的墙体、门、窗等。

14. 围护性幕墙

围护性幕墙是指直接作为外墙起围护作用的幕墙。

15. 装饰性幕墙

装饰性幕墙是指设置在建筑物墙体外起装饰作用的幕墙。

16. 落地橱窗

落地橱窗是指突出外墙面根基落地的橱窗。

17. 阳台

阳台是指供使用者进行活动和晾晒衣物的建筑空间。

18. 眺望间

眺望间是指设置在建筑物顶层或挑出房间的供人们远眺或观察周围情况的建筑空间。

19. 雨篷

雨篷是指设置在建筑物进出口上部的遮雨、遮阳篷。

20. 地下室

地下室是指房间地平面低于室外地平面的高度超过该房间净高的 1/2 者为地下室。

21. 半地下室

半地下室是指房间地平面低于室外地平面的高度超过该房间净高的 1/3，且不超过 1/2 者为半地下室。

22. 变形缝

变形缝是指伸缩缝（温度缝）、沉降缝和抗震缝的总称。

23. 永久性顶盖

永久性顶盖是指经规划批准设计的永久使用的顶盖。

24. 飘窗

飘窗是指为房间采光和美化造型而设置的突出外墙的窗。

25. 骑楼

骑楼是指楼层部分跨在人行道上的临街楼房。

26. 过街楼

过街楼是指有道路穿过建筑空间的楼房。

(四)建筑面积计算规则的发展

我国的《建筑面积计算规则》是在 20 世纪 70 年代依据前苏联的做法结合我国的情况制订的,"文化大革命以后",国家经济需要发展,建筑工程造价计算需要规范,所以,我国重新修编了《全国统一建筑工程预算定额》(内含建筑面积计算规则),1982 年国家经委基本建设办公室(82)经基设字 58 号印发了《建筑面积计算规则》,对 20 世纪 70 年代制订的《建筑面积计算规则》进行了修订。我国建筑业经过几十年的发展,建筑结构不断更新,建筑技术不断提高,造价管理上了一个新的台阶,所以针对新构造而配套的新的计算规则也不断出台,1995 年建设部颁发了《全国统一建筑工程预算工程量计算规则》(土建工程 GJDGZ—101—95),其中含有"建筑面积计算规则",对 1982 年的《建筑面积计算规则》进行了修订。随着 2003 年 7 月 1 日《建设工程工程量清单计价规范》(GB 50500—2003)的施行,为满足工程造价计价工作的需要,充分反映新的建筑结构、新材料、新技术和新的施工方法等对建筑面积计算的影响,使建筑面积的计算更加科学合理,并考虑了建筑面积计算的习惯和国际上通用的一些做法,同时与《住宅设计规范》和《房产测量规范》的有关内容做了协调,使建筑面积的计算范围和计算方法更加完善和统一,对建筑装饰市场发挥更大的作用,因此,建设部第 326 号文颁发了《建筑工程建筑面积计算规范》(GB/T 50353—2005),自 2005 年 7 月 1 日起实施。新规范与旧的计算规则相比,有很大的改变,下面将进行学习。

(五)建筑面积计算规则及方法

根据《建筑工程建筑面积计算规范》(GB/T 50353—2005)的要求,建筑面积的计算适用于新建、扩建、改建的工业与民用建筑工程,在计算过程中应统一计算方法,遵循科学、合理的原则,并应符合国家现行的有关标准规范的规定,未尽事宜可向定额管理部门反映以便得到及时的解决。

建筑面积的计算分为两部分,一部分是应计算建筑面积的项目,另一部分是不计算建筑面积的项目。

1. 应计算建筑面积的项目

1)单层建筑物的建筑面积计算规则如下:

(1)单层建筑物内未设有局部楼层者,如图 3-1 所示,计算规则如下:

①单层建筑物高度在 2.20m 及以上者应按其外墙勒脚以上结构外围水平面积计算。

计算规则：

当 $h \geqslant 2.20$m，计算全面积，即

$$S = a \times b$$

②单层建筑物高度不足 2.20m 者应按其外墙勒脚以上结构外围水平面积的一半计算。

计算规则：

当 $h < 2.20$m，计算 1/2 面积，即

$$S = 1/2(a \times b)$$

式中：h——单层建筑物的高度，这里是指单层建筑物的层高。

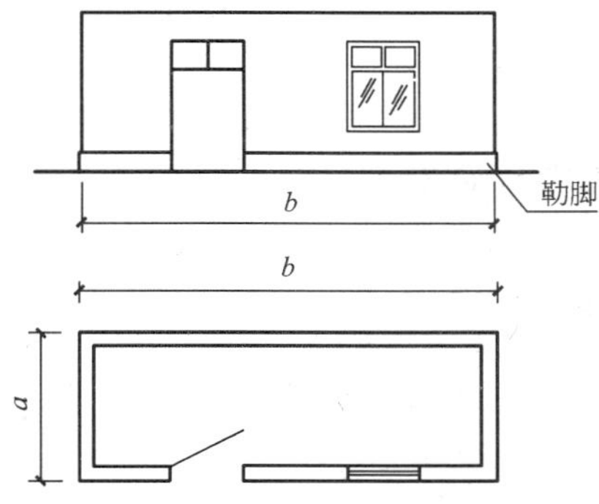

图 3-1 单层建筑物建筑面积计算示意图

(2)单层建筑物内设有局部楼层者，如图 3-2 所示，局部楼层的二层及以上楼层计算规则如下：

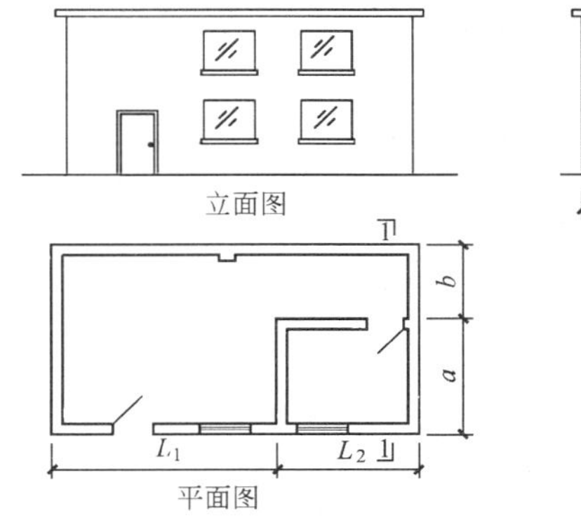

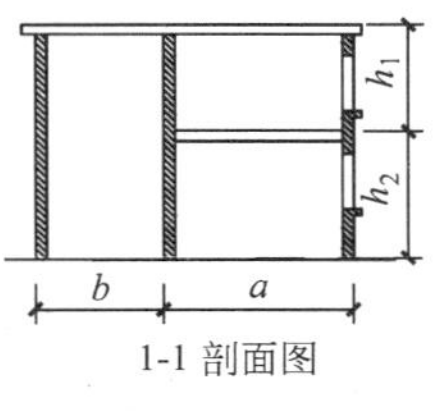

图 3-2 单层建筑物内设有局部楼层者建筑面积计算示意图

①有围护结构的应按其围护结构外围水平面积计算。

计算规则：

当 $h_1 \geqslant 2.20$m，$h_2 \geqslant 2.20$m，计算全面积，即

$$S = (L_1 + L_2) \times (a + b) + L_2 \times a$$

当 $h_1 < 2.20$m，$h_2 \geqslant 2.20$m，计算 1/2 面积，即

$$S = (L_1 + L_2) \times (a + b) + 1/2L_2 \times a$$

式中：h_1——单层建筑物内局部楼层的二层及以上楼层的层高。

②无围护结构的应按其结构底板水平面积计算。

计算规则：

$h_1 \geqslant 2.20m$，计算全面积；

$h_1 < 2.20m$，计算 1/2 面积。

需要注意的是，局部楼层的一层建筑面积不需另算，它已包括在单层建筑物的建筑面积计算之内。

(3)单层建筑物坡屋顶内建筑面积如图 3-3 所示，计算规则如下：

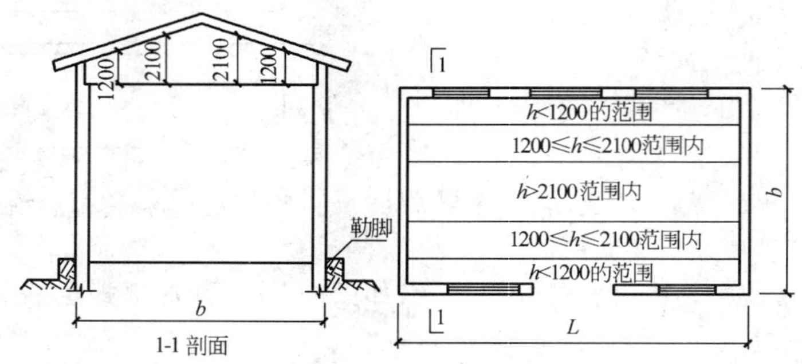

图 3-3　单层建筑物坡屋顶内建筑面积计算

①当设计加以利用时：

计算规则：

$h > 2.10m$，按其围护结构外围水平面积计算全部建筑面积；

$1.20m \leqslant h \leqslant 2.10m$，按围护结构外围水平面积 1/2 面积计算建筑面积；

$h < 1.20m$，不计算建筑面积。

②当设计不加以利用时，不计算建筑面积。

注意：h 表示净高。

2)高低联跨的建筑物建筑面积如图 3-4 所示，计算规则如下：

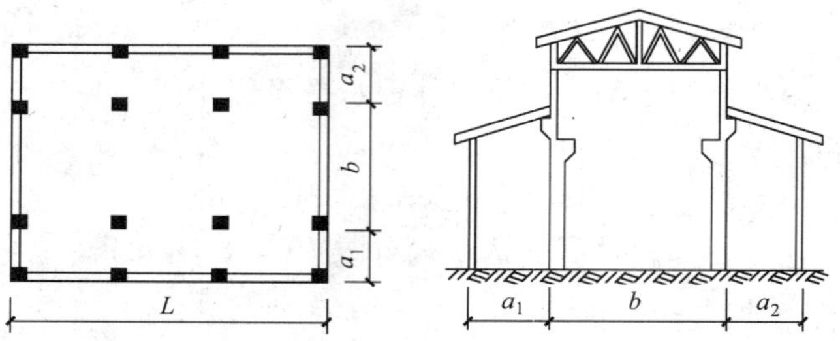

图 3-4　高低联跨建筑物建筑面积计算示意图

(1)当高低跨需要分别计算建筑面积时，应以高跨部分的结构外边线为界分别计算建筑面积；

(2)当高低跨内部连通时,其变形缝应计算在低跨面积内:

高跨建筑面积 $S_1 = L \times b$

低跨建筑面积 $S_2 = L \times (a_1 + a_2)$

式中:L——两端山墙勒脚以上外墙结构外边线间的水平距离;

a_1、a_2——分别为高跨中柱外边线至两边低跨柱外边线水平宽度;

b——高跨中柱外边线之间的水平宽度。

3)多层建筑物建筑面积计算规则如下:

多层建筑物建筑面积按其外墙勒脚以上结构外围水平面积计算;二层及以上楼层应按其外墙结构外围水平面积计算,式中 h 泛指单层或多层建筑物的层高,参见图 3-7。

(1)同一建筑物如结构、层数相同时,可以合并计算建筑面积,如图 3-5 所示。

计算规则:

$h \geqslant 2.20$m,计算全面积,即

$$S = 3 \times L \times b$$

$h < 2.20$m,计算 1/2 面积,即

$$S = 1/2(L \times b) \times 3$$

(2)同一建筑物如结构、层数不同时,应分别计算建筑面积,以檐口高的部分结构外边线为分界线,如图 3-6 所示。

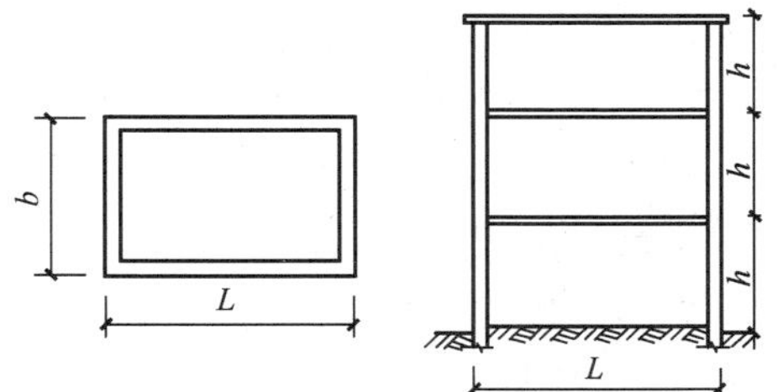

图 3-5 相同结构、层数的多层建筑物建筑面积计算示意图

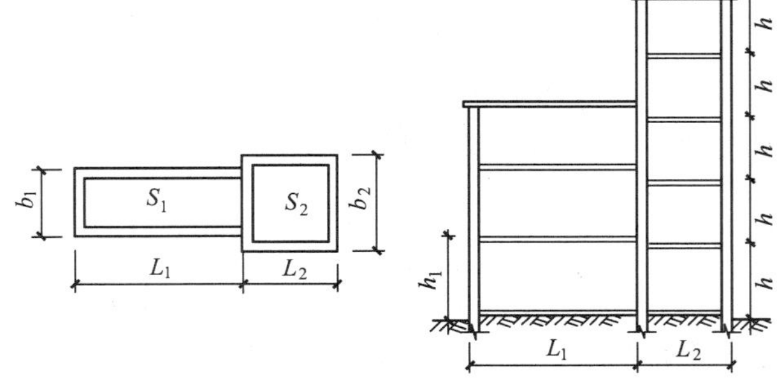

图 3-6 不同结构、层数的建筑物建筑面积计算示意图

计算规则:

h、$h_1 \geqslant 2.20$m,计算全面积,即

$$S_1 = 3 \times L_1 \times b_1;S_2 = 5 \times L_2 \times b_2$$

h、h_1<2.20m，计算 1/2 面积，即

$$S_1 = 1/2(L_1 \times b_1 \times 3)$$

$$S_2 = 1/2(5 \times L_2 \times b_2)$$

(3)单层建筑与多层建筑联为一体的单位工程计算规则如下：

单层建筑与多层建筑联为一体的单位工程的计算规则与同一建筑物如结构、层数不同时的计算规则相似，如图 3-7 所示。

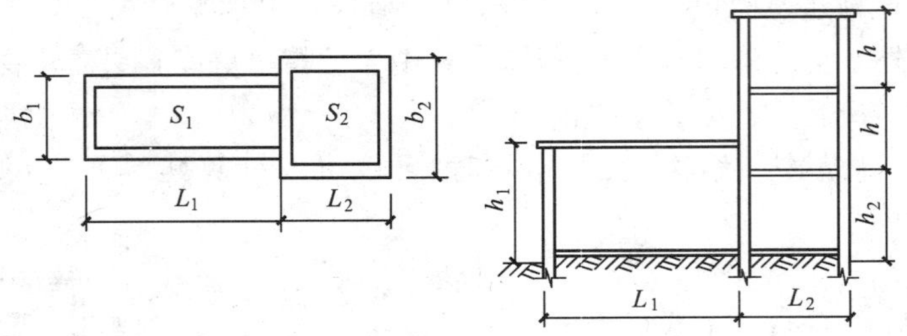

图 3-7　单层与多层建筑物建筑面积计算示意图

①单层按单层结构外围至多层结构的外皮计算建筑面积。

②多层建筑物按其结构外围面积之和计算建筑面积。

计算规则：

h、h_1 或 h_2≥2.20m，计算全面积，即

$$S_1 = L_1 \times b_1 ; S_2 = 3 \times L_2 \times b_2$$

h、h_1 或 h_2<2.20m，计算 1/2 面积，即

$$S_1 = 1/2(L_1 \times b_1) ; S_2 = 1/2(3 \times L_2 \times b_2)$$

(4)多层建筑坡屋顶内建筑面积计算规则如下：

①当设计加以利用时，坡屋面部分如图 3-3 所示，其余楼层如图 3-5、3-6 所示。

计算规则：

h>2.10m，按其围护结构外围水平面积计算全部建筑面积；

1.20m≤h≤2.10m，按围护结构外围水平面积 1/2 面积计算建筑面积；

h<1.20m，不计算建筑面积。

②当设计不加以利用时，不计算建筑面积。

需要注意，多层建筑物建筑面积的计算，不包括外墙面的粉刷层、装饰层，但建筑物外墙外侧有保温隔热层的，应按保温隔热层外边线计算建筑面积。

4)足球场、网球场等场馆看台空间建筑面积计算规则如下：

(1)足球场、网球场等场馆看台下，如图3-8所示。按场馆看台下围护结构外围水平面积计算建筑面积，具体规则如下：

①当设计加以利用时：

计算规则：

$h>2.10$m，计算全面积；

$1.2\text{m}\leqslant h\leqslant 2.1$m，按 1/2 面积计算建筑面积；

$h<1.20$m，不计算建筑面积。

式中：h——室内净高。

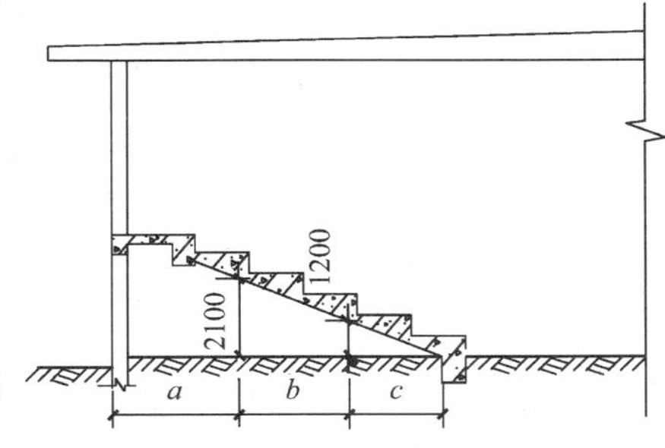

图 3-8　足球场、网球场等场馆看台下的建筑面积计算示意图

②当设计不加以利用时，不计算建筑面积。

(2)有永久性顶盖无围护结构的场馆看台如图 3-9 所示，按其顶盖水平投影面积的 1/2 计算。

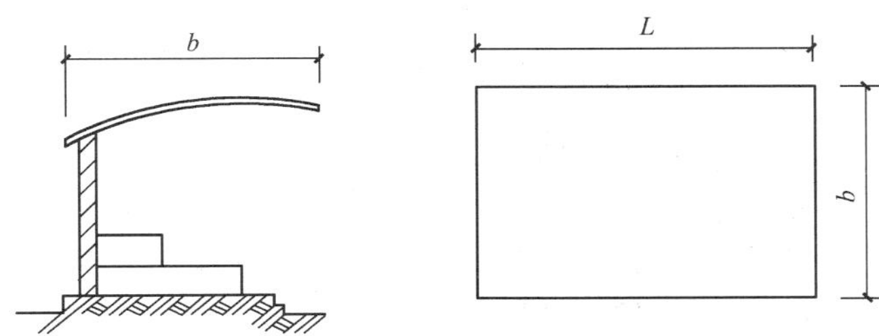

图 3-9　永久性顶盖无围护结构的场馆看台的建筑面积计算示意图

$$建筑面积=1/2(b\times L)$$

本条所称“场馆”的实质是：“场”指足球场、网球场等看台上有永久性顶盖部分；“馆”是有永久性顶盖和围护结构的，应按单层或多层建筑相关规定计算面积。

5)地下室、半地下室(车间、商店、车站、车库、仓库等)，包括相应的有永久性顶盖的出入口建筑面积如图 3-10 所示，计算规则如下：

应按其外墙上口(不包括采光井、外墙防潮层及其保护墙)外边线所围水平面积计算。

计算规则：

$h\geqslant 2.20$m，计算全面积；

$h<2.20$m，计算 1/2 面积。

式中：h——地下室的层高。

6)坡地的建筑物吊脚架空层、深基础架空层，如图 3-11、3-12 所示，建筑面积计算规则如下：

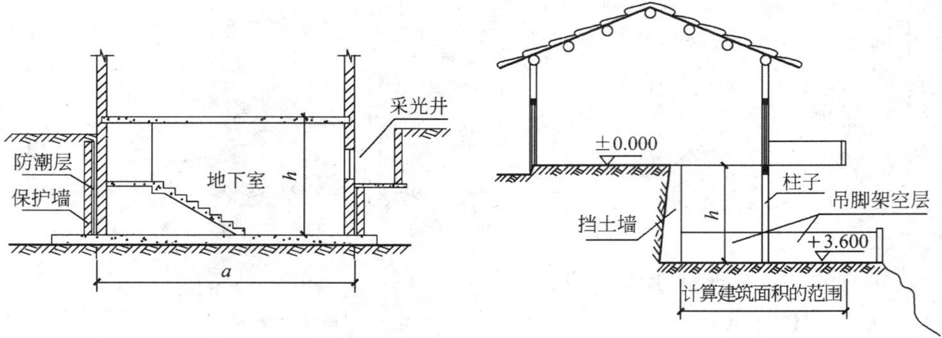

图 3-10　地下室、半地下室的建筑面积计算示意图　　图 3-11　建筑物吊脚架空层计算示意图

(1)设计加以利用并有围护结构的：按围护结构外围水平面积计算建筑面积。

计算规则：

$h \geq 2.20$m，计算全面积；

$h < 2.20$m，计算 1/2 面积。

式中：h——加以利用的吊脚架空层的层高。

注意：图 3-11 所示吊脚计算面积的部位是指柱与挡土墙之间的那部分和外面有围护结构并以阳台为顶盖的那部分。

(2)设计加以利用无围护结构的：按利用部位水平面积的 1/2 计算建筑面积。

(3)设计不加利用时，不计算建筑面积。

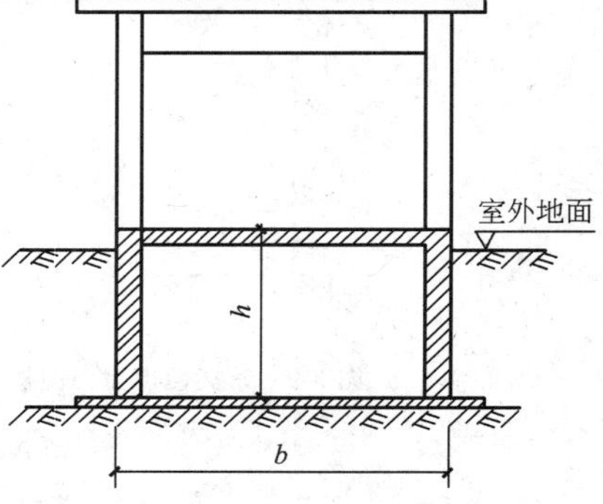

图 3-12　建筑物深基础架空层计算示意图

7)建筑物的门厅、大厅建筑面积计算规则如下：

(1)建筑物内有顶盖的门厅、大厅，无论其高度如何，均按一层计算建筑面积。

计算规则：

$h \geq 2.20$m，计算全面积；

$h < 2.20$m，计算 1/2 面积。

式中：h——门厅、大厅的层高。

(2)建筑物内无顶盖的大厅不计算建筑面积。

(3)门厅、大厅内设有回廊时，应按其结构底板水平面积计算，如图 3-13 所示。

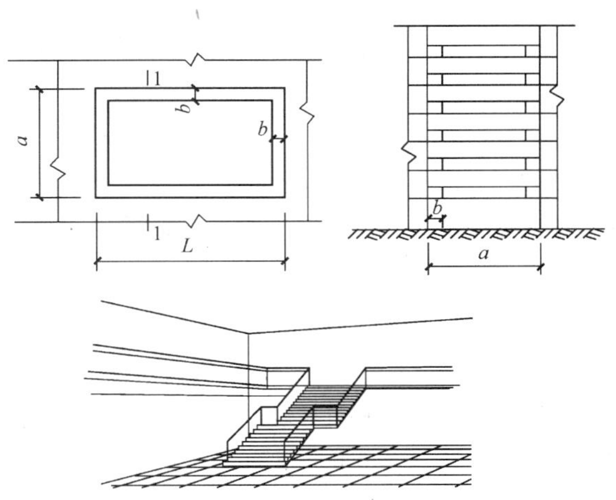

图 3-13　建筑物门厅、大厅建筑面积计算示意图

计算规则：

$h \geqslant 2.20\text{m}$，计算全面积；

$h < 2.20\text{m}$，计算 1/2 面积。

式中：h——回廊的层高。

①大厅有顶盖者，带回廊的七层大厅建筑面积计算如下：

$$大厅建筑面积 = a \times L$$

大厅回廊二层至七层按其自然层计算建筑面积，即

$$建筑面积 = (L + a - 2b) \times 2 \times b \times 6$$

②大厅无顶盖者，带回廊的七层大厅建筑面积计算如下：

$$建筑面积 = (L + a - 2b) \times 2 \times b \times 7$$

8）建筑物间的架空走廊（见图 3-14）建筑面积的计算规则如下：

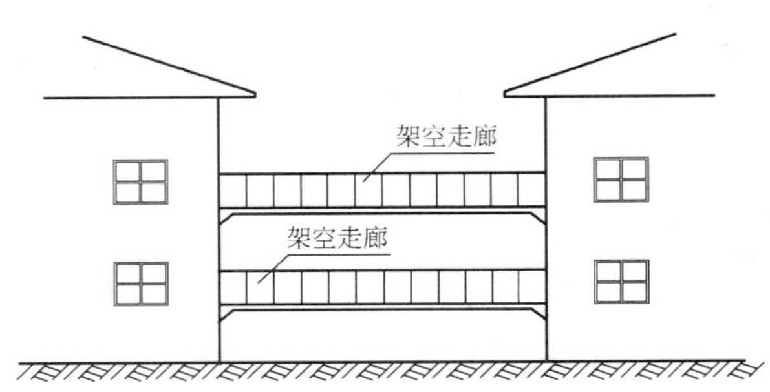

图 3-14　建筑物架空走廊建筑面积计算示意图

(1)有围护结构的,按其围护结构外围水平面积计算。

计算规则:

$h \geq 2.20$m,计算全面积;

$h < 2.20$m,计算 1/2 面积。

式中:h——架空走廊的层高。

(2)有永久性顶盖、无围护结构、侧面为玻璃型钢栏杆的架空走廊应按其结构底板水平面积的 1/2 计算。

(3)作为通道使用,无永久性顶盖、无围护结构、侧面为玻璃型钢栏杆的架空走廊不计算建筑面积。

二层架空走廊的下层作为通道使用,架空走廊的地板可作为下层的顶盖,下层如果有围护结构,按规则(1)执行;如果没有围护结构,其建筑面积按架空走廊投影面积的 1/2 计算。

9)立体书库(见图 3-15)、立体仓库、立体车库,建筑面积的计算规则如下:

立体书库、立体仓库、立体车库的结构外围水平面积计算,不规定是否有围护结构,具体规则如下:

(1)无结构层的,应按一层计算建筑面积。

计算规则:

$h \geq 2.20$m,计算全面积;

$h < 2.20$m,计算 1/2 面积。

式中:h——立体书库、立体仓库、立体车库的层高。

(2)有结构层的,应按其结构层面积分别计算。

计算规则:

$h \geq 2.20$m,计算全面积;

$h < 2.2$m,计算 1/2 面积。

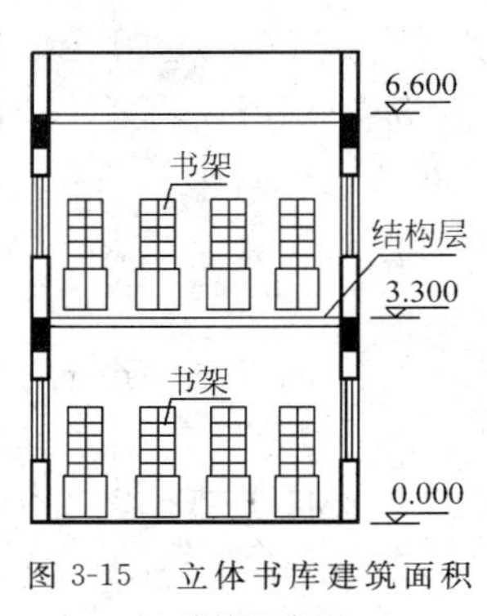

图 3-15 立体书库建筑面积计算示意图

10)有围护结构的舞台灯光控制室,应按其围护结构外围水平面积计算。

计算规则:

$h \geq 2.20$m,计算全面积;

$h < 2.20$m,计算 1/2 面积。

式中:h——舞台灯光控制室的层高。

如图 3-16 所示,我国很多剧院、歌舞厅将舞台灯光控制室设在这种有顶有墙的舞台夹层上或设在耳光室内。

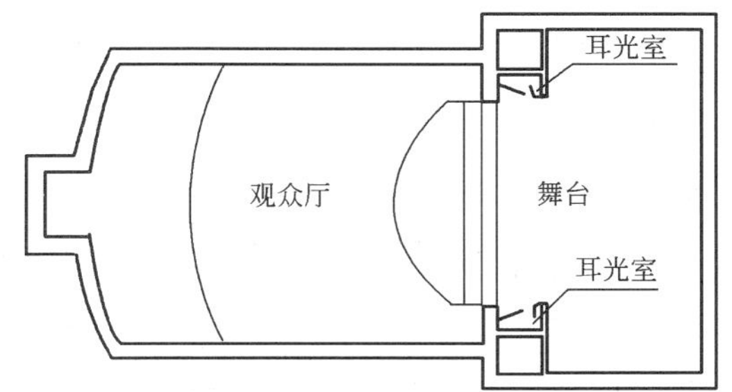

图 3-16　有围护结构的舞台灯光控制室建筑面积计算示意图

11)建筑物外的落地橱窗、门斗(如图 3-17 所示)、挑廊、走廊、檐廊,建筑面积计算规则如下:

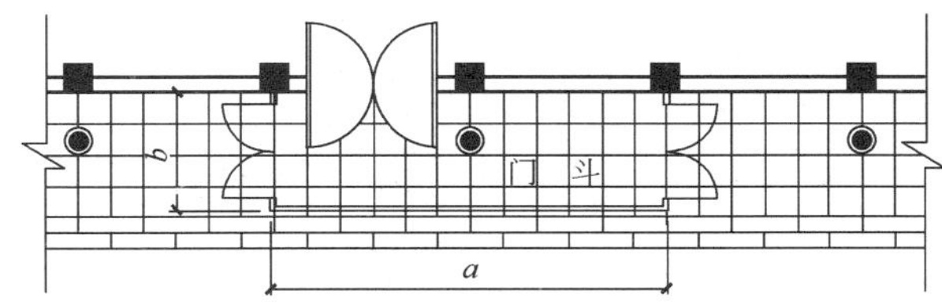

图 3-17　门斗示意图

(1)有围护结构的,应按其围护结构外围水平面积计算。

计算规则:

$h \geqslant 2.20$m,计算全面积;

$h < 2.20$m,计算 1/2 面积。

式中:h——落地橱窗、门斗、挑廊、走廊、檐廊的层高。

(2)有永久性顶盖无围护结构的应按其结构底板水平面积的 1/2 计算。

12)建筑物顶部有围护结构的楼梯间、水箱间、电梯机房等建筑面积计算规则如下:

(1)按围护结构的外围水平面积计算,如图 3-18 所示,具体规则如下:

计算规则:

$h \geqslant 2.20$m,计算全面积,即

$$S = a \times b$$

$h < 2.20$m,计算 1/2 面积,即

$$S = 1/2(a \times b)$$

式中:h——楼梯间、水箱间、电梯机房的层高。

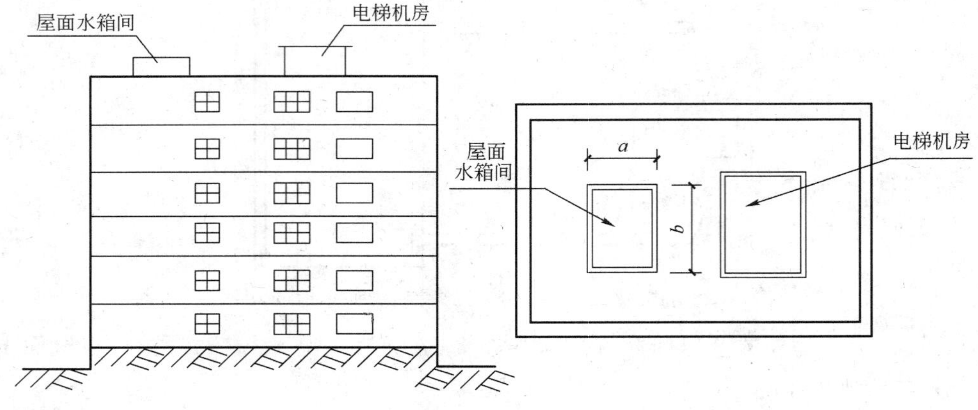

图 3-18　建筑物屋面水箱间、电梯机房建筑面积计算示意图

(2)如遇建筑物屋顶的楼梯间是坡屋顶,应按坡屋顶的相关条文计算面积。

13)设有围护结构不垂直于水平面而超出底板外沿的建筑物,建筑面积计算规则如下:

(1)向建筑物外倾斜的墙体,如图 3-19、3-20 所示,应按其底板面的外围水平面积计算。

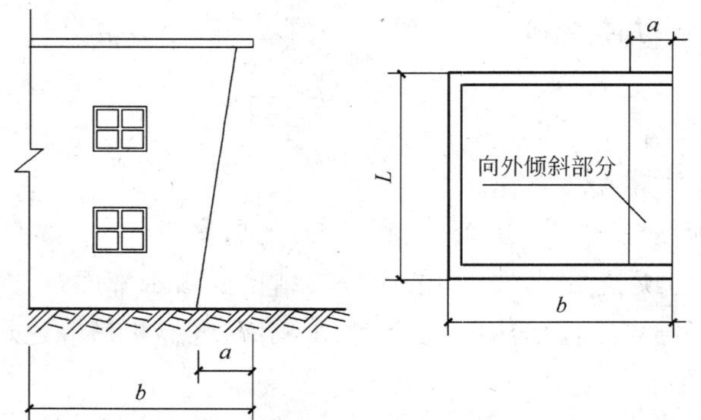

图 3-19　设有围护结构不垂直于水平面建筑物的建筑面积计算示意图

计算规则:

$h \geqslant 2.20$m,计算全面积,即

$$S=(b-a)\times L$$

$h<2.20$m,计算 1/2 面积,即

$$S=1/2(b-a)\times L$$

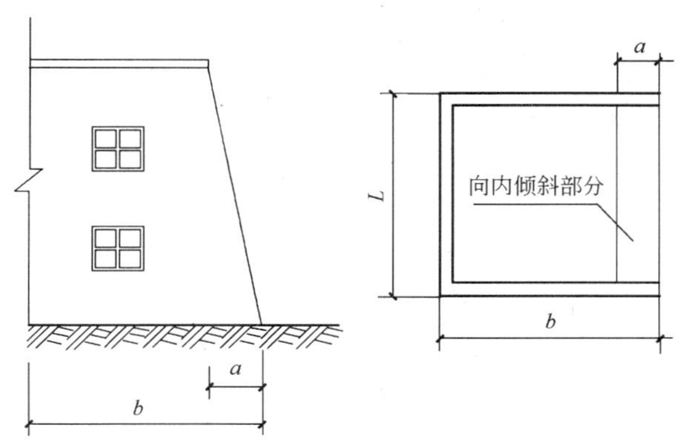

图 3-20 设有围护结构向内倾斜的建筑物的建筑面积计算示意图

式中：h——建筑物的层高。

(2)若遇有向建筑物内倾斜的墙体，应视为坡屋顶，应按坡屋顶有关条文计算建筑面积。

14)建筑物内的电梯井、观光电梯井、提物井、管道井、通风排气竖井、垃圾道、附墙烟囱如图 3-21 所示，建筑面积计算规则如下：

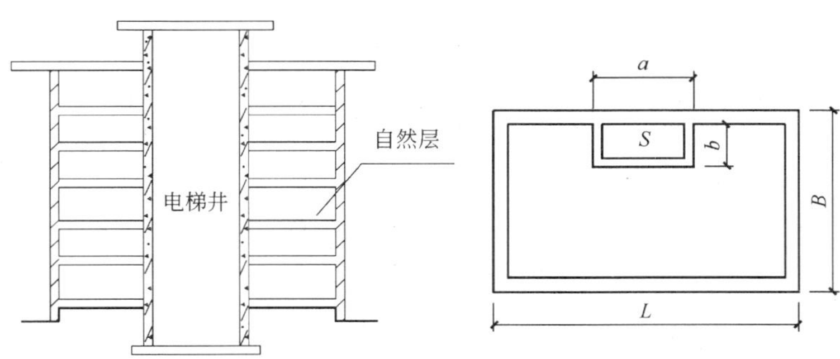

图 3-21 建筑物内的电梯井等建筑面积计算示意图

(1)建筑物内的电梯井、观光电梯井、提物井、管道井、通风排气竖井、垃圾道、附墙烟囱等应按建筑物的自然层计算建筑面积，自然层一般是指结构层。

计算式如下：

$$电梯井建筑面积=自然层建筑面积=6\times a\times b$$

(2)如遇建筑物屋顶的楼梯间是坡屋顶，应按坡屋顶的相关条文计算面积。

15)建筑物室内楼梯间的建筑面积计算规则如下：

(1)应该按照楼梯所依附的建筑物的自然层数计算，合并在建筑物面积内。

(2)跃层建筑，其共用的室内楼梯应按自然层计算面积。

(3)上下两错层户室共用的室内楼梯，应选上一层的自然层计算面积。如图 3-22 所示，共用部分算四层，最上一跑楼梯和最下一跑楼梯按相应规则另算。

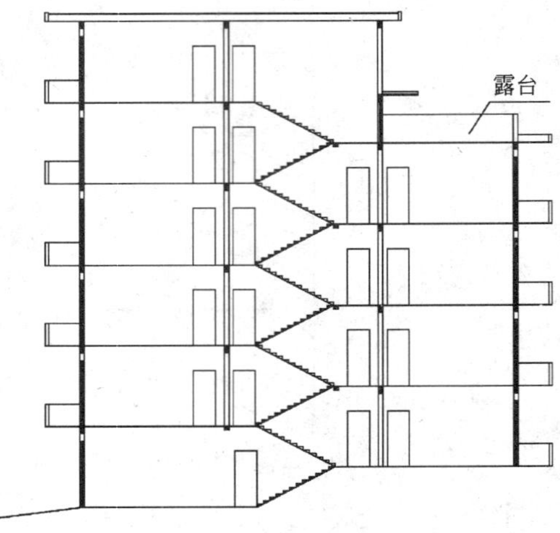

图 3-22　建筑物室内楼梯间的面积计算示意图

16)室外楼梯如图 3-23 所示，建筑面积计算规则如下：

(1)有永久性顶盖的室外楼梯应按建筑物自然层的水平投影面积的 1/2 计算。

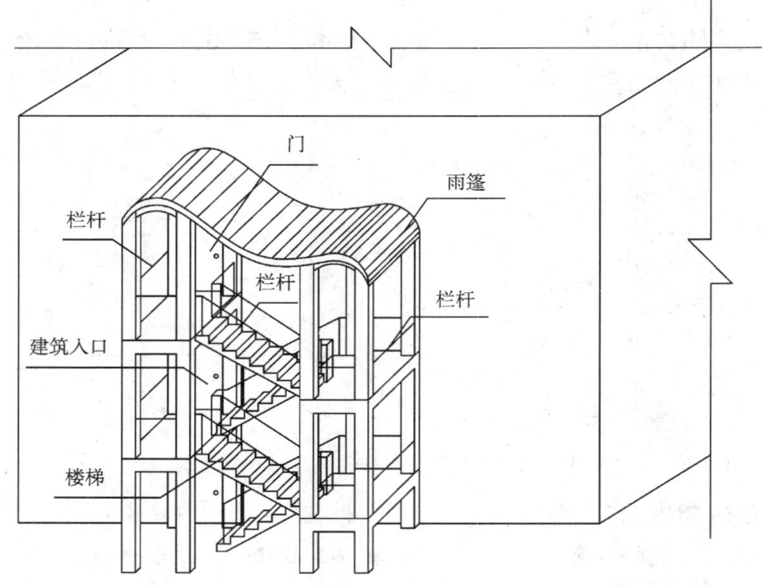

图 3-23　室外楼梯建筑面积计算示意图

(2)室外楼梯，最上层楼梯无永久性顶盖，或不能完全遮盖楼梯的雨篷，上层楼梯不计算面积，上层楼梯可视为下层楼梯的永久性顶盖，下层楼梯应计算面积。

17)雨篷建筑面积计算规则如下：

雨篷结构的外边线至外墙结构外边线的宽度超过 2.10m 者，应按雨篷结构板的水平投影面积的 1/2 计算，有柱雨篷和无柱雨篷计算应一致，如图 3-24 所示。

(1)$b \leqslant 2.10$m，不计算雨篷建筑面积。

(2)$b > 2.10$m，按雨篷结构板的水平投影面积的 1/2 计算，即

$$S=1/2(a \times b)$$

(3)无柱雨篷的计算同有柱雨篷，皆符合(1)、(2)的规定。

18)建筑物的阳台如图 3-25 所示，建筑面积计算规则如下：

建筑物的阳台，不论是凹阳台、挑阳台、封闭阳台、不封闭阳台均应按其水平投影面积的 1/2 计算，即

$$S=1/2(a \times b)$$

19)有永久性顶盖无围护结构的车棚、货棚(如图 3-26 所示)、站台、加油站、收费站等建筑面积计算规则如下：

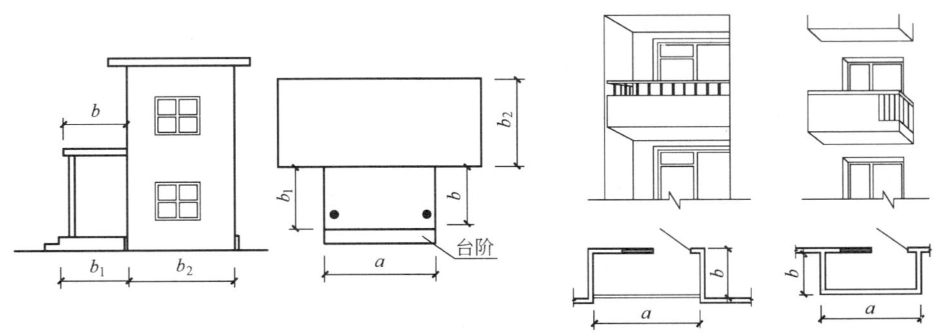

图 3-24　雨篷建筑面积计算示意图

图 3-25　建筑物的阳台建筑面积计算示意图

(1)正 V 形柱、倒八形柱等不同类型的柱支撑的车棚、货棚、加油站、收费站等均应按其顶盖水平投影面积的 1/2 计算建筑面积，即

$$车棚、货棚、站台建筑面积=1/2(a \times L)$$

(2)在车棚、货棚、站台、加油站、收费站内设有围护结构的管理室、休息室等，另按相关条款计算面积。

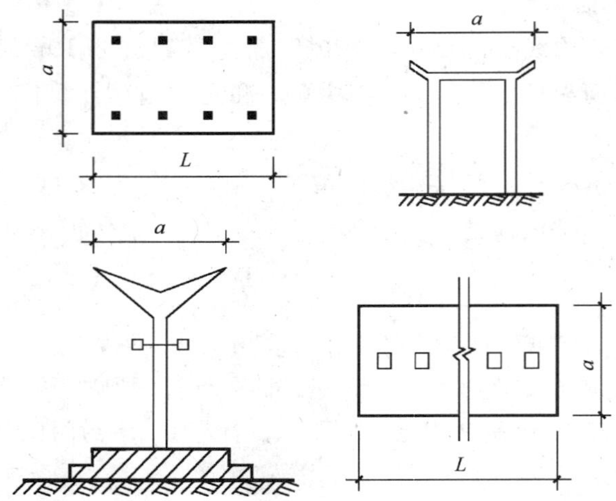

图 3-26　有永久性顶盖无围护结构的车棚、货棚等建造面积计算示意图

20）以幕墙作为围护结构的建筑物的建筑面积计算规则如下：

如图 3-27 所示，以幕墙作为围护结构的建筑物的建筑面积应按幕墙外边线计算建筑面积。

21）建筑物内变形缝的建筑面积计算规则如下：

建筑物内的变形缝的建筑面积应按其自然层合并在建筑物面积内计算。如图 3-27 所示。

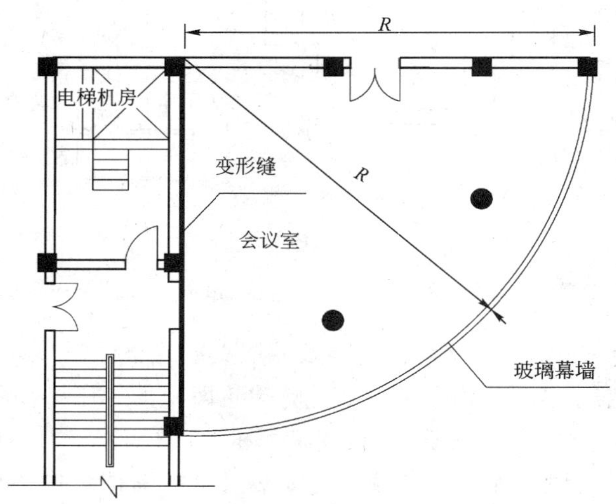

图 3-27　幕墙作为维护结构的建筑物的建筑面积计算示意图

2. 不应计算建筑面积的项目

(1)建筑物通道(骑楼、过街楼的底层),如图 3-28 所示。

(2)建筑物内的设备管道夹层,如图 3-29 所示。

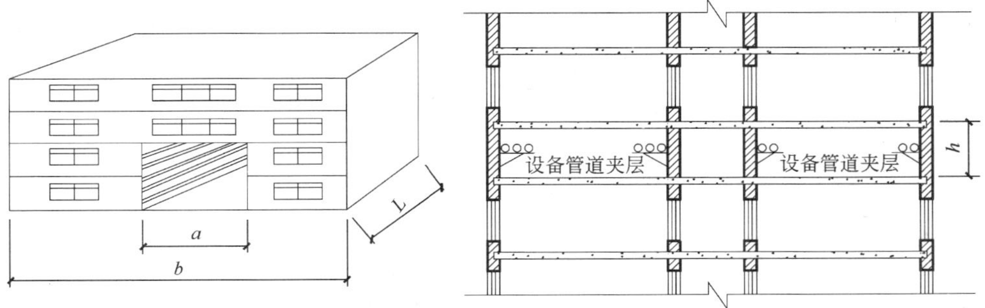

图 3-28 骑楼、过街楼示意图　　图 3-29 建筑物内的设备管道夹层

(3)建筑物内分隔的单层房间,舞台及后台悬挂幕布、布景的天桥、挑台等。

(4)屋顶水箱、花架、凉棚、露台、露天游泳池。

(5)建筑物内的操作平台、上料平台、安装箱和罐体的平台,如图 3-30 所示。

(6)勒脚、附墙柱、垛、台阶、墙面抹灰、装饰面、镶贴块料面层、装饰性幕墙、空调机外机搁板(箱)、飘窗、构件、配件、宽度在 2.10m 以内的雨篷以及与建筑物内不相连通的装饰性阳台、挑廊,如图 3-31 所示。

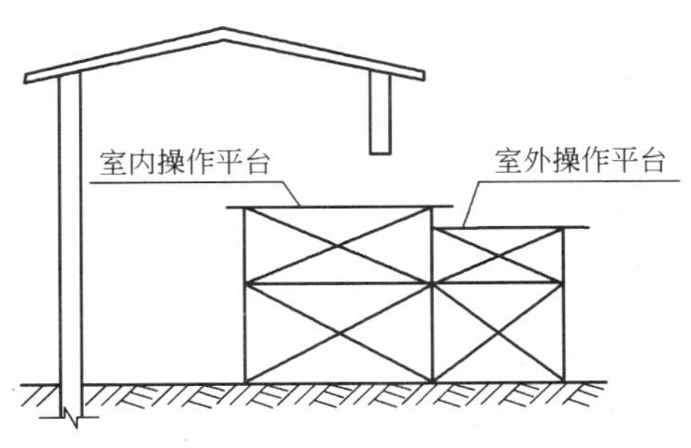

图 3-30 建筑物内的操作平台、上料平台、安装箱和罐体的平台

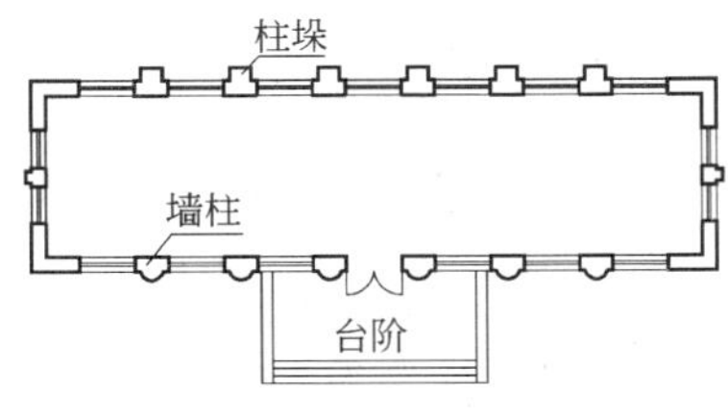

图 3-31 突出墙面的构配件示意图

(7)无永久性顶盖的架空走廊、室外楼梯和用于检修、消防等的室外钢楼梯、

爬梯，如图 3-32 所示。

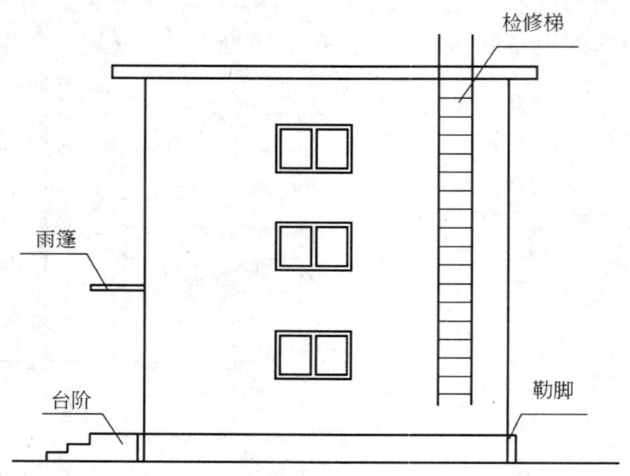

图 3-32 用于检修、消防等的室外钢楼梯、爬梯

(8)自动扶梯、自动人行道。

(9)独立烟囱、烟道、地沟、油(水)罐、气柜、水塔、贮油(水)池、贮仓、栈桥、地下人防通道、地铁隧道。

二 楼地面工程量计算

本章工程量计算规则采用《全国统一建筑装饰装修工程消耗量定额》(GYD 901—2002)(以下简称《装饰定额》)，下面将对装饰装修工程列项和各分项工程的计算进行全面介绍。

(一)楼地面工程列项

1. 楼地面工程分项内容

楼地面工程分项内容是工程量计算时列项的依据，《装饰定额》对分项工程的内容和项目划分给予了明确的规定，共列出了 242 个子目，具有实际的指导意义。《装饰定额》是从结构部位和材料类型及型号等两个方面进行划分的，我们可以根据下面图表进行系统地认知和学习，掌握列项方法和技巧。

1)天然石材项目划分：根据结构部位和材料种类划分，基本以 m^2 为计量单位。

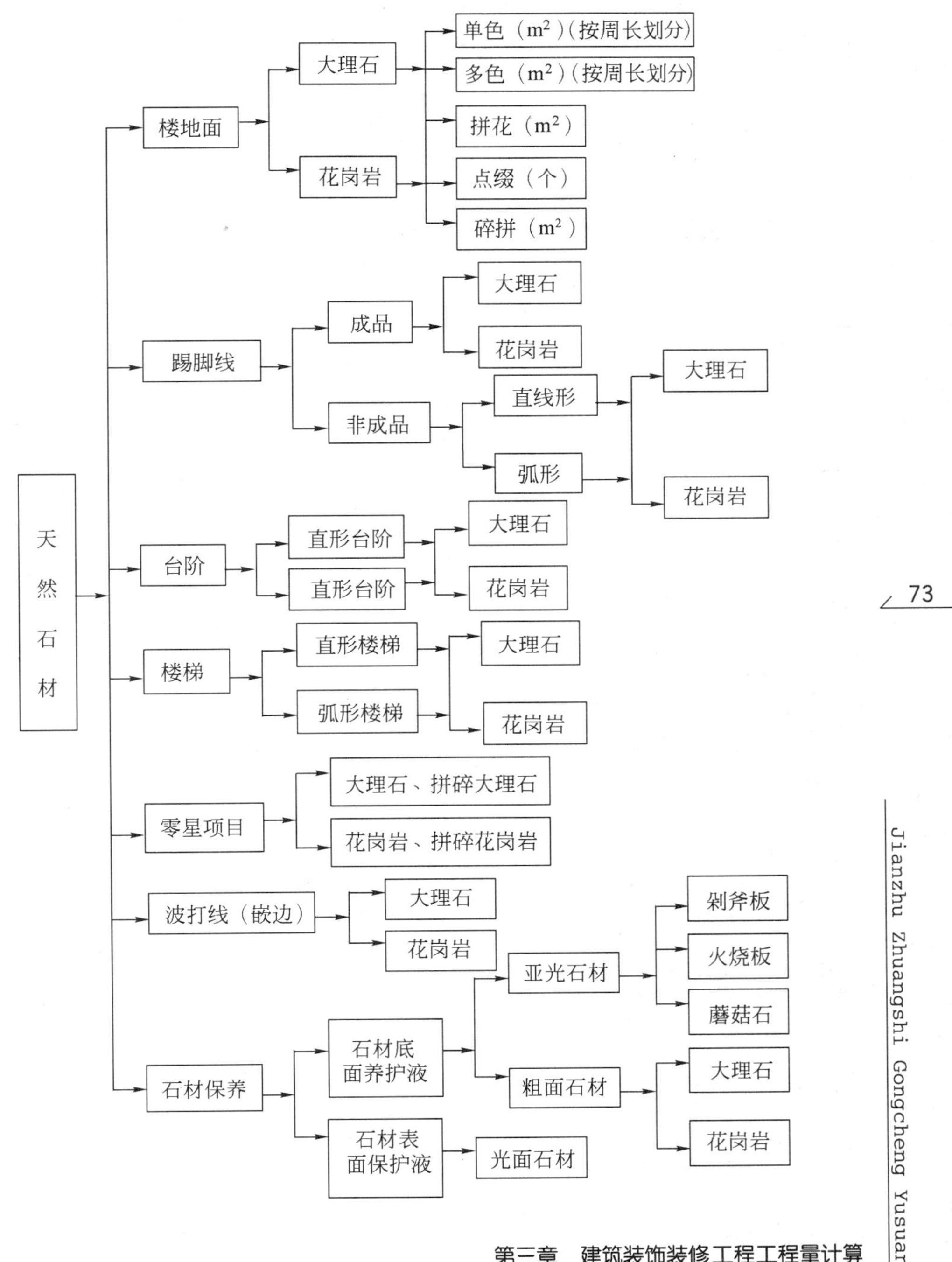

天然石材
楼地面
大理石
花岗岩
单色（m²）(按周长划分)
多色（m²）(按周长划分)
拼花（m²）
点缀（个）
碎拼（m²）
踢脚线
成品
大理石
花岗岩
非成品
直线形
弧形
大理石
花岗岩
台阶
直形台阶
直形台阶
大理石
花岗岩
楼梯
直形楼梯
弧形楼梯
大理石
花岗岩
零星项目
大理石、拼碎大理石
花岗岩、拼碎花岗岩
波打线（嵌边）
大理石
花岗岩
石材保养
石材底面养护液
石材表面保护液
亚光石材
粗面石材
光面石材
剁斧板
火烧板
蘑菇石
大理石
花岗岩

2）人造大理石板项目划分：根据结构部位和材料种类划分，以 m^2 为计量单位。

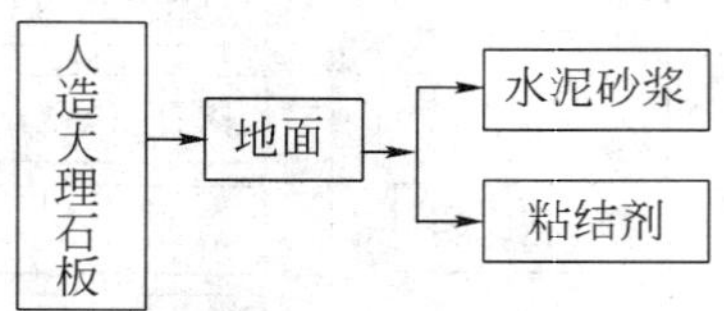

3）水磨石项目划分：根据材料种类和工艺做法划分，以 m^2 为计量单位。

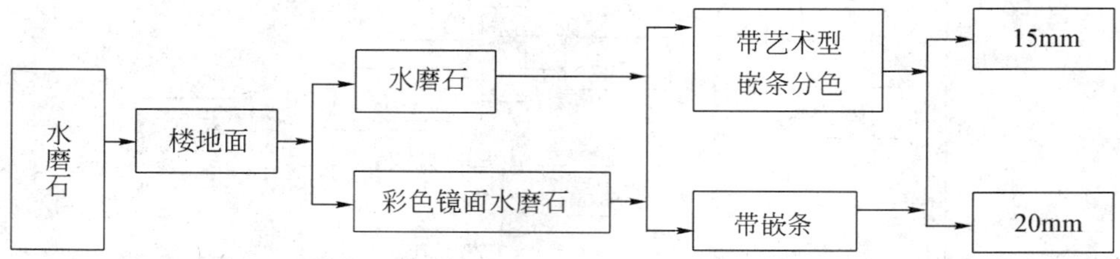

4）陶瓷地砖项目划分：根据结构部位和材料规格划分，以 m^2 为计量单位。

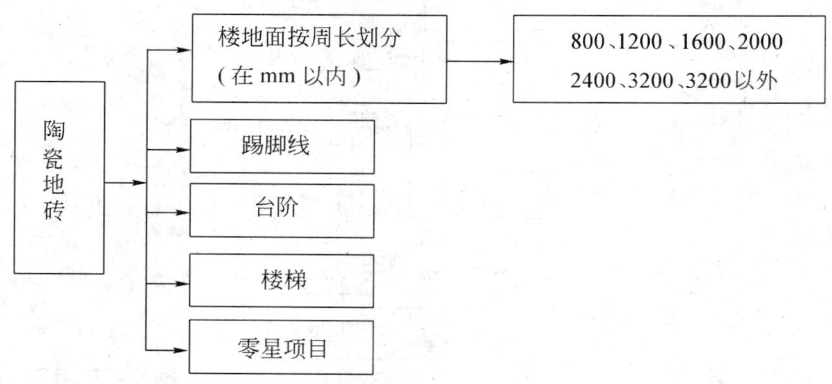

5）玻璃地砖项目划分：根据材料种类和规格划分，以 m^2 为计量单位。

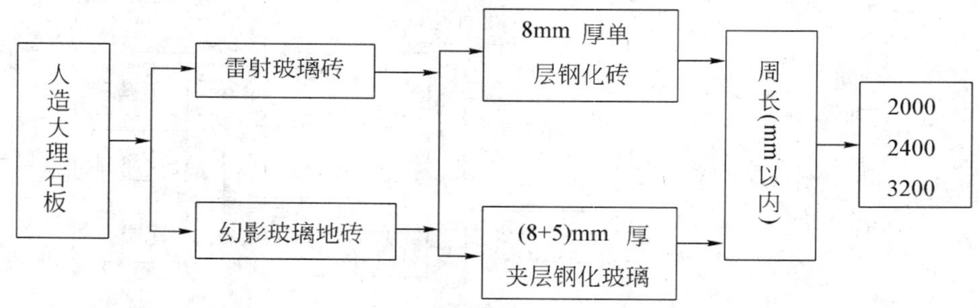

6)缸砖项目划分:根据结构部位和工艺做法划分,以 m^2 为计量单位。

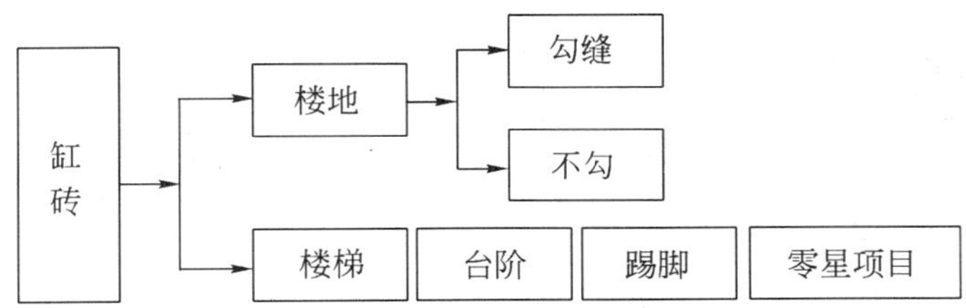

7)陶瓷锦砖项目划分:根据结构部位和工艺做法划分,以 m^2 为计量单位。

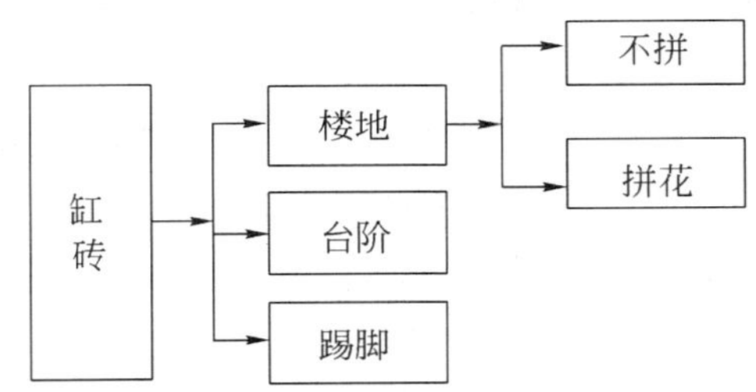

8)水泥花砖、广场砖项目划分:根据结构部位和工艺做法划分,以 m^2 为计量单位。

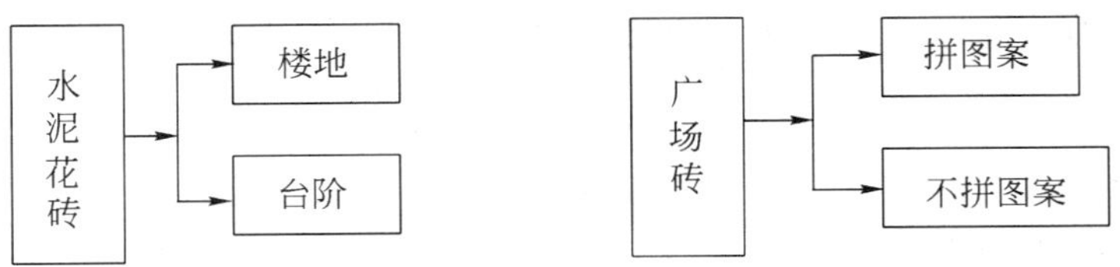

9)分隔嵌条、防滑条项目划分:根据结构部位和材料规格划分,以 m^2 为计量单位。

(1)

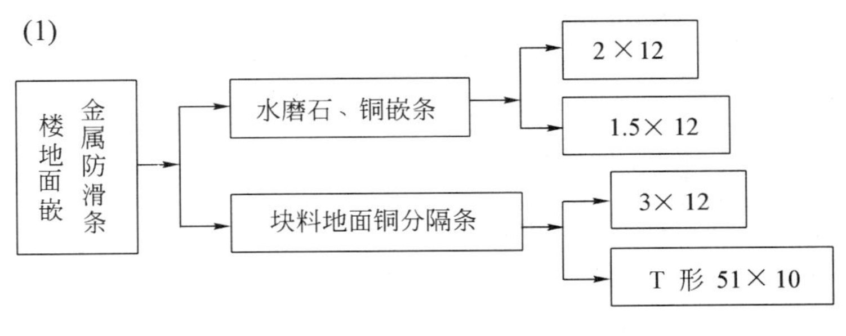

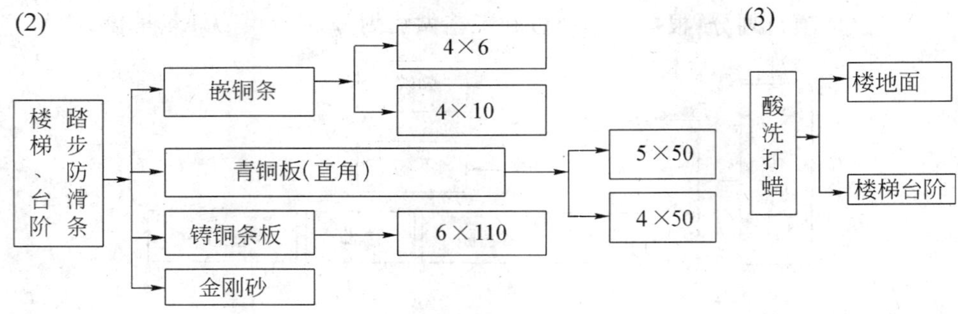

10)塑料、橡胶板项目划分:根据结构部位和材料、工艺做法划分,以 m^2 为计量单位。

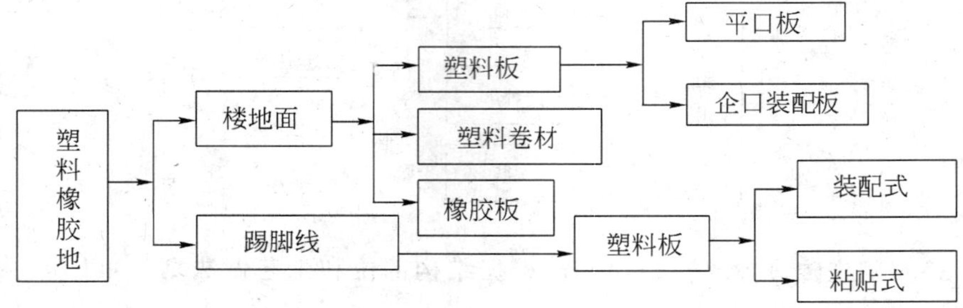

11)地毯及附件项目划分:根据结构部位、材料和工艺做法划分,以 m^2 为计量单位。

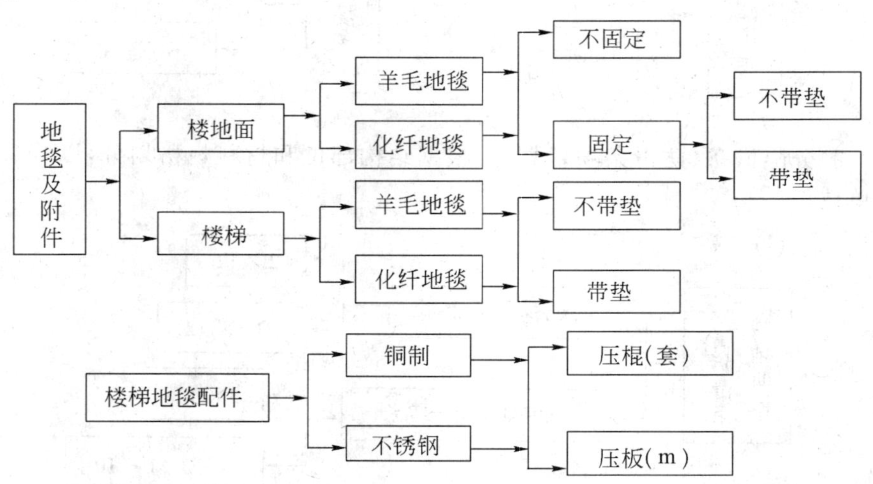

12）竹、木地板：根据结构部位和工艺做法划分，以 m^2 为计量单位。

- 竹、木地板
  - 硬木不拼花地板 / 硬木拼花地板
    - 铺在水泥地面上
    - 铺在木楞上（单层）
    - 铺在毛地板上（双层）
      - 平口
      - 企口
  - 硬木地板砖 / 长条复合地板
    - 铺在水泥地面上
    - 铺在毛地板上（双层）
      - 平口
      - 企口
  - 长条杉木地板
    - 铺在木龙骨上（单层）
    - 铺在毛地板上（双层）
      - 平口
      - 企口
  - 长条松木地板
    - 铺在木龙骨上
      - 平口
      - 企口
  - 软木地板
    - 铺在毛地板上（双层）
      - 树脂软木地板
      - 软木橡胶地板
  - 竹地板胶粘
  - 直线形木踢脚线
    - 杉板
    - 榉木夹板
    - 橡木夹板
  - 直线形榉木实木踢脚线
  - 弧线形木踢脚线
    - 榉木夹板
    - 橡木夹板
  - 成品木踢脚线

13)防静电活动地板项目划分:根据结构部位和材料种类划分,以 m^2 为计量单位。

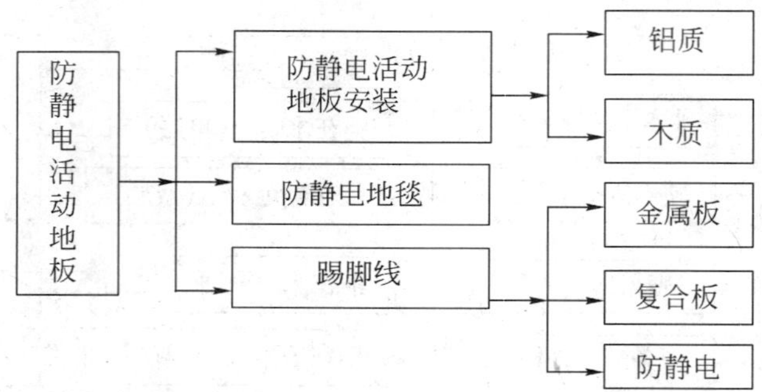

14)钛金不锈钢复合地砖项目划分。

钛金不锈钢复合地砖

15)栏杆、栏板、扶手项目划分。

(1)扶手:根据结构部位和工艺做法及材料规格划分,以 m 为计量单位。

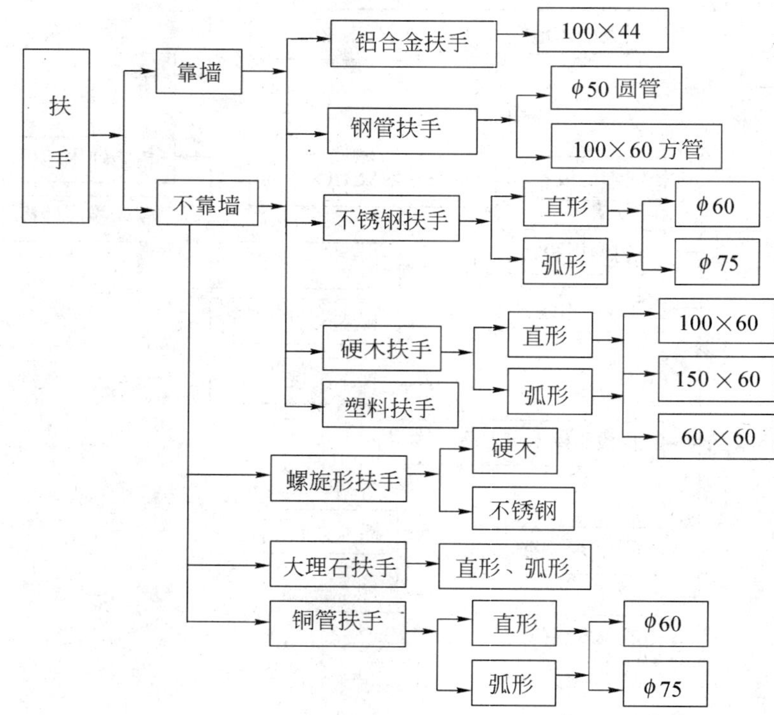

(2)栏杆、栏板:根据结构部位、材料种类和规格及工艺做法划分,以 m 为计量单位。

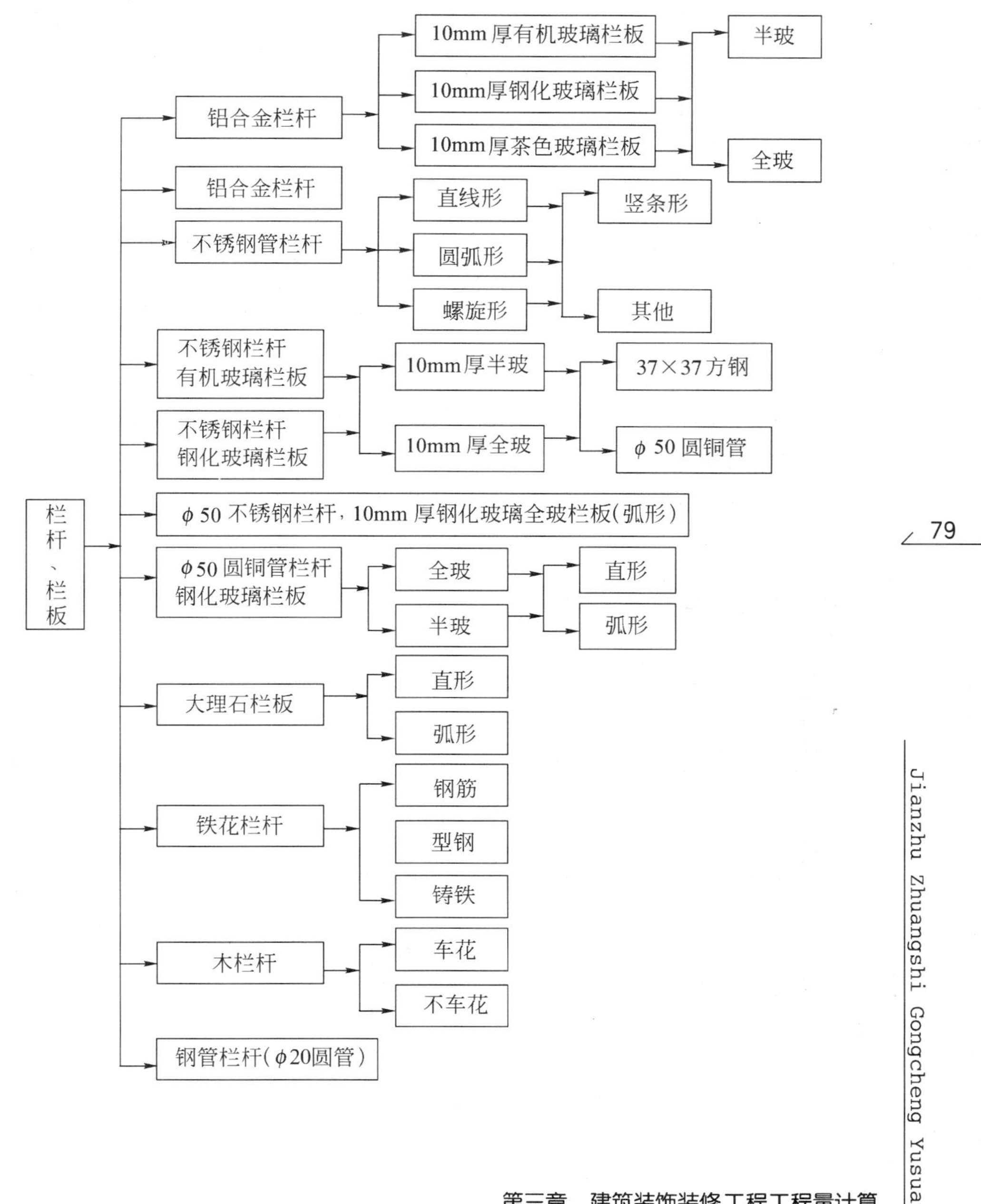

(3)弯头:根据材料种类和规格划分,以个为计量单位。

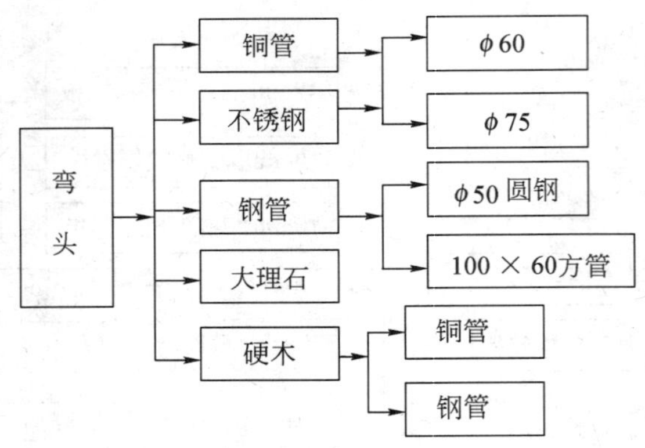

2.楼地面项目列项举例

根据装饰定额的相关规定,仔细读图后正确列项是基本的预算技能,下面举例供大家参考学习。

【例3-1】 根据图3-33列出需要计算工程量的项目名称。

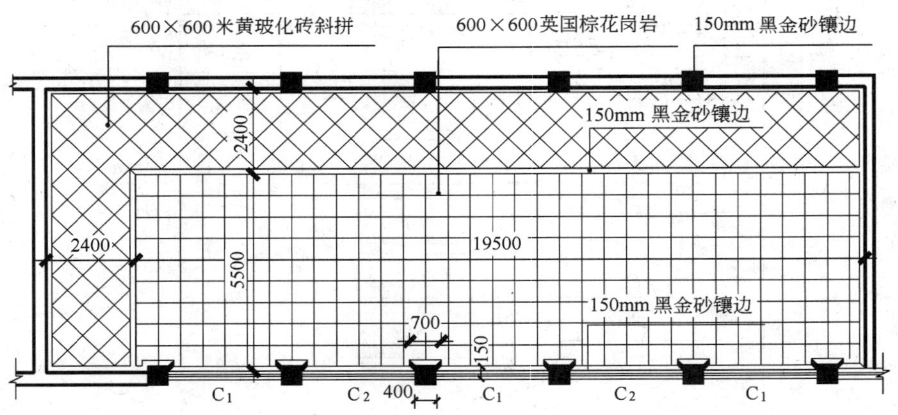

图3-33 花岗岩地面

【解】 根据图3-33所提供的信息,可列出以下需要计算工程量的工程项目:

(1)600×600的英国棕花岗岩面积。

(2)600×600米黄玻化砖斜拼。

(3)150mm黑金砂镶边面积。

(二)楼地面工程量计算规则及应用

1.楼地面

1)计算规则

楼地面装饰面积按饰面的净面积计算,不扣除 $0.1m^2$ 以内的孔洞所占的面积。拼花部分按实贴面积计算。

2)计算规则及计算方法说明

(1)"楼地面装饰饰面的净面积"是指除结构面积以外的室内净面积、室外使用面积或辅助面积,一般室内是以室内净长与净宽之积计算的,室外按图示尺寸以实铺面积计算。

(2)"不扣除 $0.1m^2$ 以内的孔洞所占的面积"是指穿过楼地面的上、下水管道等所占的面积,其面积往往小于 $0.1m^2$,这里所指的"$0.1m^2$ 以内"是指孔洞面积小于等于 $0.1m^2$,如果孔洞面积大于 $0.1m^2$,则需要被扣除。

(3)"拼花部分"是指为了达到一定的装饰效果,在商场、酒店等公用建筑的大厅或民用建筑的起居室等处采用不同的天然石材种类和不同的颜色拼成的完整的装饰图案,定额按成品考虑。

(4)不同的材质和结构做法不同,应分开列项计算。

3)计算公式

楼地面装饰面层工程量=房间净长×房间净宽-柱、垛及 $0.1m^2$ 以上的孔洞所占的面积+门、空圈、暖气包槽、壁龛开口面积

拼花部分工程量=实际拼贴的完整图案的总面积

拼花部分面积一般为圆形或方形。

(4)计算实例

【例 3-2】 如图 3-33 所示为某酒店装饰装修工程大堂花岗岩地面部分施工图,根据计算规则列项并计算分项工程的工程量。

【解】 根据计算规则,工程量计算如下:

600×600 的英国棕花岗岩面积 $=(19.5-0.15)\times(5.5-0.15)-0.7\times0.15\times6$
$=102.89m^2$

600×600 米黄玻化砖斜拼 $=(19.5+2.4-0.15\times2)\times(2.4-0.15\times2)$
$+5.5\times(2.4-0.15\times2)$
$=56.91m^2$

150mm 黑金砂镶边面积 $=(19.5+2.4)\times(5.5+2.4)-102.89-56.91$
$-0.4\times0.15\times6\times2$
$=12.49m^2$

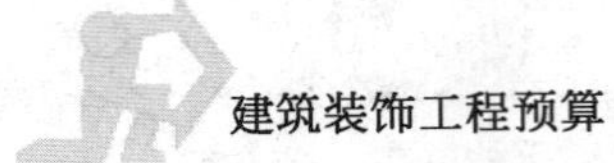

【例 3-3】 如图 3-34 所示为某居室地面施工图，试计算其木地板的工程量。

【解】 根据计算规则，工程量计算如下：

实木地板工程量＝8.3×11.5－3×4－0.6×0.2×2－0.2×0.3×2－0.3×0.6
＝82.91m²

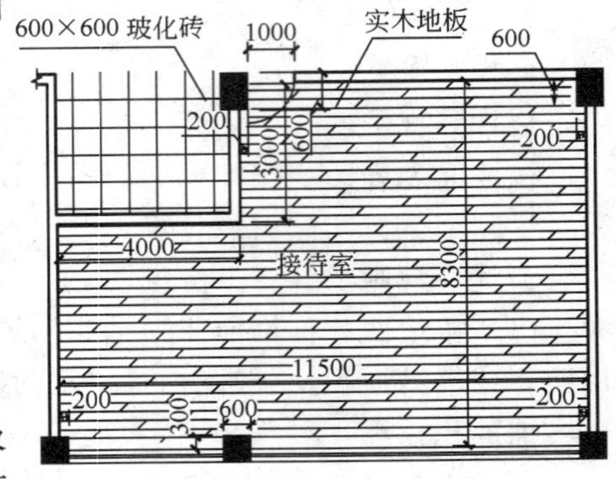

图 3-34 实木地板平面图

2. 楼梯

1)计算规则

楼梯面积(包括踏步、休息平台以及小于 500mm 宽的楼梯井)按水平投影面积计算。

2)计算规则说明

(1)“楼梯面积按水平投影面积计算”是指为简化计算，不按楼梯的踢面、踏面展开，而是以楼梯间踏步、休息平台及小于 500mm 宽的楼梯井的水平平面面积计算。计算时分三种情况：第一种，有走道墙的，楼梯与走道的分界限以走道墙的边线为界；第二种，无走道墙有梯口梁的，以梯口梁为界，楼梯面积包括梯口梁；第三种，无走道墙且无梯口梁的，以最上一层踏步外沿 300mm 为界。如图 5-19 所示。

(2)“休息平台”是指楼梯“一跑”与“另一跑”之间歇脚的平台。

(3)“楼梯井”是指楼梯两跑之间转弯时结构设计的空隙。其宽度小于或等于 500mm 时，楼梯工程量不需要扣除该部分投影面积；当其宽度大于 500mm 时，则需要被扣除。

3)计算公式

(1)直形楼梯：

直形楼梯饰面工程量＝(楼梯间长度楼梯间宽度－500mm 以上宽的楼梯井投影面积)×n

式中：n——楼层数量，如为不上人屋面，需扣减一层。

(2)弧形楼梯：

$$弧形楼梯饰面工程量=\pi\times(R^2-r^2)\times n$$

式中：r——梯井半径，大于 250mm；

R——螺旋楼梯半径。

4)计算实例

【例 3-4】 计算图 3-35 花岗岩楼梯装饰面层的工程量。(有走道墙的楼梯)

【解】 根据计算规则,工程量计算如下:

$$楼梯花岗岩饰面工程量=6.4\times(3.0-0.12\times2)-0.16\times0.18-0.36\times0.18-0.62\times3.0=15.71m^2$$

【例 3-5】 计算图 3-36 花岗岩楼梯装饰面层的工程量。(无走道墙有梯口梁的楼梯)

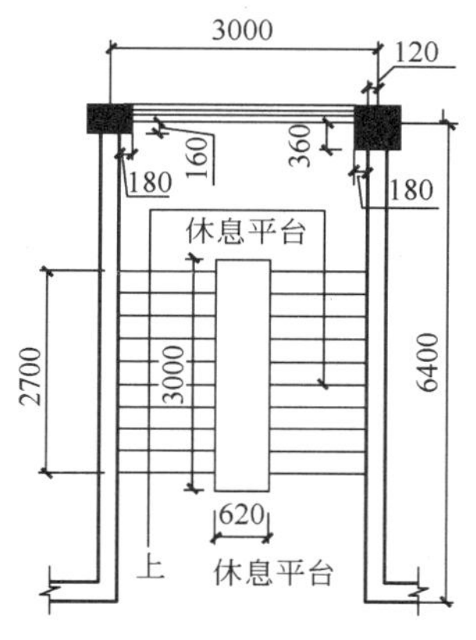

图 3-35 花岗岩楼梯装饰面层

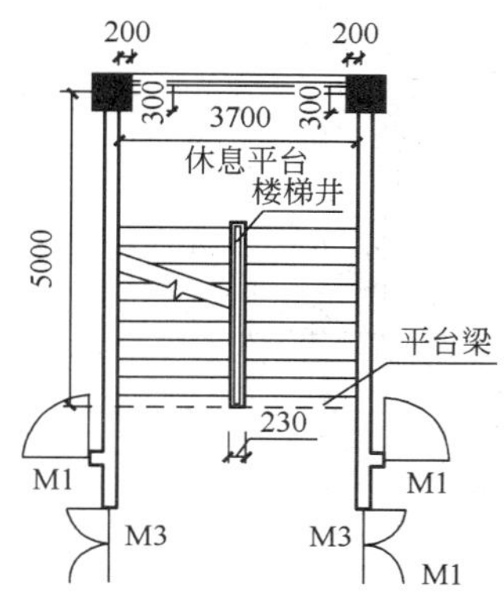

图 3-36 花岗岩楼梯装饰面层

【解】 根据计算规则,工程量计算如下:

$$楼梯花岗岩饰面工程量=5.0\times3.7-0.3\times0.2\times2=18.38m^2$$

【例 3-6】 计算图 3-37 花岗岩楼梯装饰面层的工程量。(无走道墙、无梯口梁的楼梯)

【解】 根据计算规则,工程量计算如下:

$$楼梯花岗岩饰面工程量=3.7\times(5.0+0.3)-0.3\times0.2\times2=19.49m^2$$

3. 台阶

1)计算规则

台阶面层(包括踏步及最上一层踏步沿 300mm)按水平投影面积计算。

2)计算规则说明

(1)“台阶面层按水平投影面积计算”是指为简化计算,不按台阶的踢面、踏面展

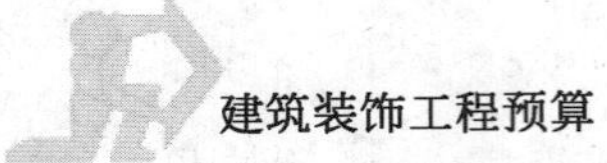

开,而是以台阶的水平投影面积计算。

(2)"包括踏步及最上一层踏步沿 300mm"是指台阶的水平投影长度的取定除台阶本身的踏步投影长度以外还要加上最上层外延的 300mm。

(3)台阶的宽度指台阶的设计净宽度,不包括梯带、牵边、花池等。

3)计算公式

台阶面层饰面工程量=(台阶的水平投影长度+300mm)×台阶宽度

4)计算实例

【例 3-7】 计算图 3-38 花岗岩台阶装饰面层的工程量。

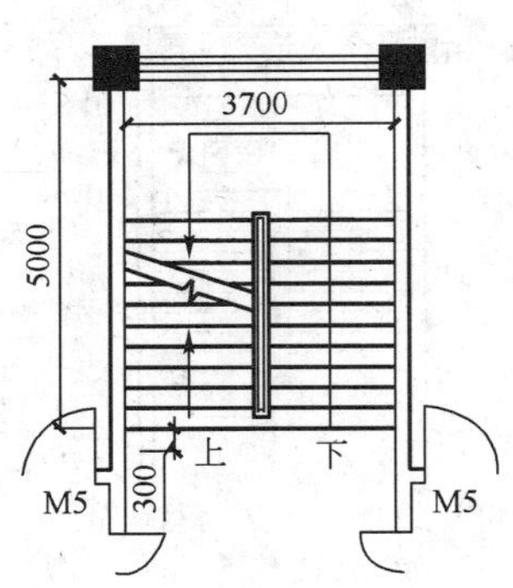

图 3-37 花岗岩楼梯饰面层

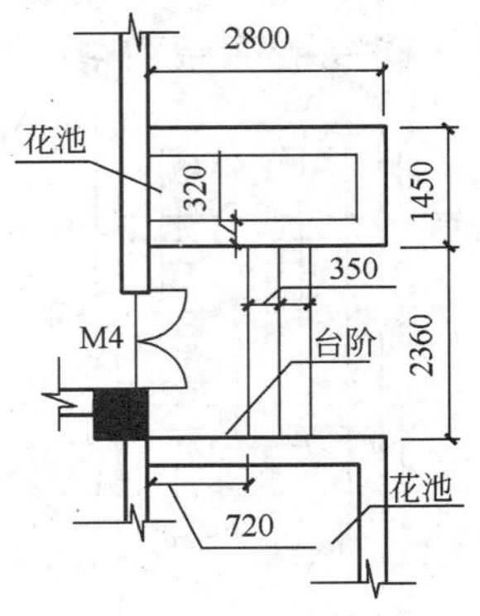

图 3-38 花岗岩台阶装饰面层平面图

【解】 根据计算规则,工程量计算如下:

台阶花岗岩饰面工程量=2.36×(0.35×2+ 0.3)

$=2.36\text{m}^2$

4.踢脚线

1)计算规则

踢脚线按实贴长乘高以平方米计算,成品踢脚线按实贴延长米计算。楼梯踢脚线按相应定额乘以 1.15 系数。

2)计算规则说明

(1)踢脚线分两种情况计算,一种是成品踢脚线,按长度计算;另一种是非成品踢脚线,按面积计算。

(2)楼梯踏步处考虑锯齿形及斜长消耗,故楼梯踏步部分踢脚线工程量以水平投影长度乘以 1.15 的系数计算。

3)计算公式

(1)成品踢脚线:

楼地面成品踢脚线工程量＝实贴延长米

楼梯成品踢脚线工程量＝实贴延长米×1.15

(2)非成品踢脚线：

楼地面非成品踢脚线工程量＝实贴延长米×高

楼梯非成品踢脚线工程量＝实贴延长米×高×1.15

4)计算实例

【例 3-8】 某工程木踢脚线高 120mm，分别按成品和非成品计算图 3-34 楼地面木踢脚线的工程量。

【解】 根据计算规则，工程量计算如下：

成品木踢脚线工程量＝(8.3＋11.5)×2＋0.3×2－1.0

＝39.2m

非成品木踢脚线工程量＝39.2×0.12

$=4.7m^2$

【例 3-9】 计算图 3-35 楼梯间成品楼梯木踢脚线的工程量。

【解】 根据计算规则，工程量计算如下：

成品木踢脚线工程量＝(6.4－2.7)×2＋2.7×1.15×2＋(3.0－0.12×2)

＝16.37m

5.零星项目

1)计算规则

零星项目按实铺面积计算。

2)计算规则说明

(1)“零星项目”是指定面积在 $1m^2$ 以内且定额中未列项目的工程以及一些施工复杂、工料耗用量相比较多的项目。

(2)楼梯侧面、台阶牵边、小便池、蹲台、池槽等的面层工程量属于零星项目。

3)计算公式

零星项目工程量＝Σ各分项工程展开面积

4)计算实例

【例 3-10】 如图 3-39 所示，计算花岗岩楼梯侧面装饰面层的工程量。

【解】 根据计算规则，工程量计算如下：

楼梯侧面面层工程量＝0.10×3.1＋0.3×0.15×(1/2)×9

$=0.51m^2$

【例 3-11】 如图 3-40 所示，计算花岗岩台阶牵边装饰面层的工程量。(台阶被遮挡面不做饰面)

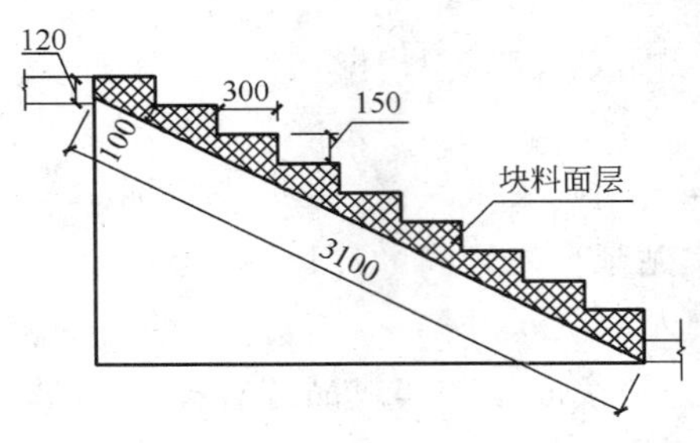

图 3-39 花岗岩楼梯装饰面层侧面图

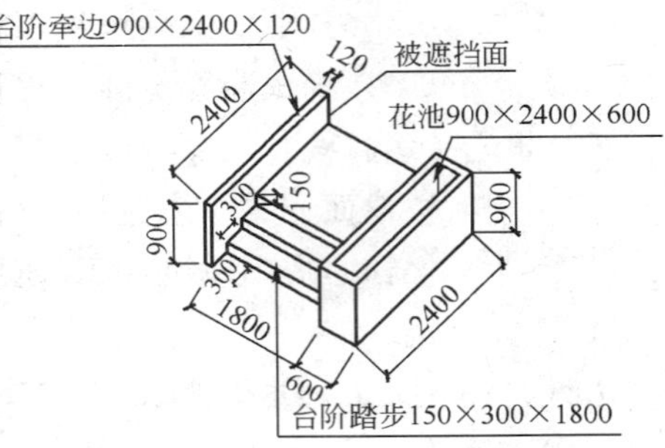

图 3-40 花岗岩台阶牵边三视图

【解】 根据计算规则,工程量计算如下:

台阶牵边工程量＝0.9×2.4×2 面＋0.12×(0.9＋2.4)－

0.3×0.15－0.3×0.3－0.45×(2.4－0.3×3)

＝3.91m²

【例 3-12】 如图 3-41 所示,计算小便池釉面砖装饰面层的工程量。

【解】 根据计算规则,工程量计算如下:

小便池釉面砖工程量＝(2.195×2＋0.075)×0.309/2＋(0.337×2＋0.075×2)×

0.214/2＋(2.195×2＋0.075)×0.214/2＋

0.337×0.2＋0.337×2.195

＝2.06 m²

【例 3-13】 如图 3-42 所示,计算蹲台装饰面层的工程量。

【解】 根据计算规则,工程量计算如下:

蹲台装饰面层的工程量＝(3.0＋0.06)×(1.2＋0.06)＋

(3.0＋1.2＋0.06×2)×0.15

＝4.5m²

【例 3-14】 如图 3-41 所示,计算拖把池装饰面层的工程量。

【解】 根据计算规则,工程量计算如下:

拖把池装饰面层工程量＝(0.68＋0.7)×0.5＋(0.68＋0.7－0.1×4)×

0.5×2＋0.68×0.7

＝2.15 m²

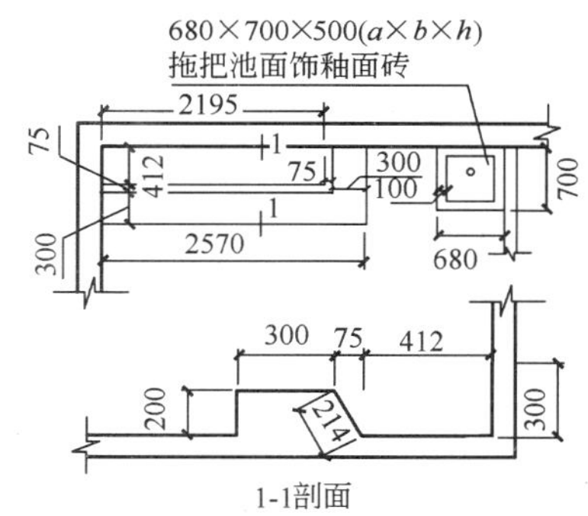

图 3-41　小便池釉面砖装饰图

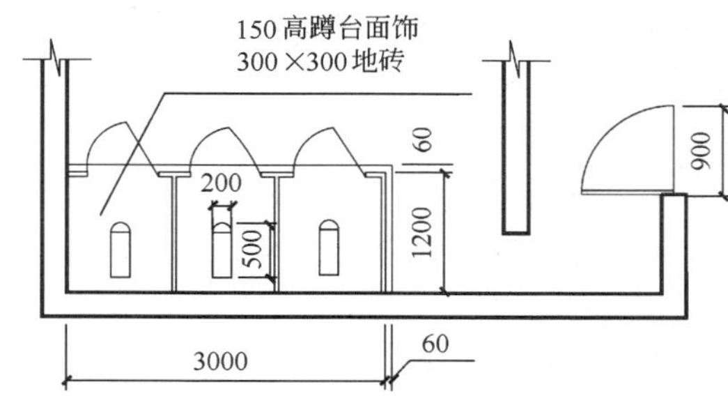

图 3-42　蹲台装饰面层

6. 点缀

1)计算规则

点缀按个计算，计算主体铺贴地面面积时不扣除点缀所占面积。

2)计算规则说明

(1)点缀是指镶拼面积小于 0.015 m^2 的石材地面。

(2)因点缀面积太小，而且镶贴复杂，所以在计算主体铺贴地面面积时不予扣除且镶贴点缀另列项计算。

(3)有些地区按面积计算。

3)计算公式

点缀＝镶拼个数

4)计算实例

【例 3-15】 如图 3-43 所示，计算点缀的工程量。

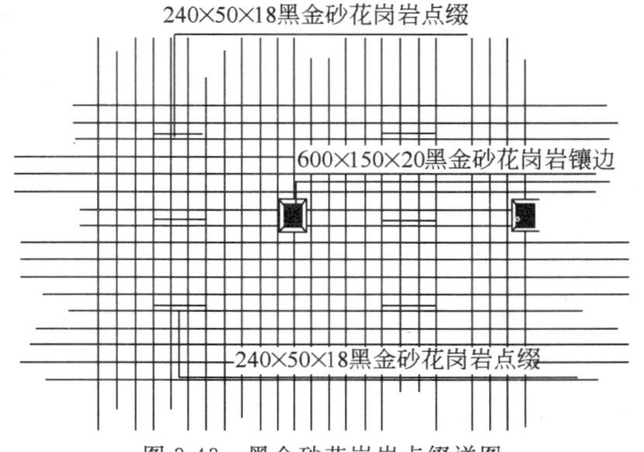

图 3-43　黑金砂花岗岩点缀详图

【解】 根据计算规则，工程量计算如下：

黑金砂点缀工程量＝6 个

7. 栏杆、拦板、扶手、弯头

1)计算规则

栏杆、拦板、扶手均按其中心线长度以延长米计算，计算扶手时不扣除弯头所占长度。弯头按个计算，如图 3-44 所示。

2)计算规则说明

(1)定额中规定的不同材质的“栏杆、拦板、扶手”的截面积已定，长度上发生变化，因此以延长米计算。

(2)弯头是楼梯转弯处的结构构件，计算扶手时其长度不需扣除，弯头工程量另算。

3)计算公式

(1)栏杆、拦板、扶手工程量＝栏杆、拦板、扶手中心线的实际长度

(2)弯头按个计算，一个转弯一般有一个或两个弯头，根据设计图纸确定。

4)计算实例

【例 3-16】 如图 3-44 所示，计算楼梯扶手及弯头的工程量。（最上层弯头不计）

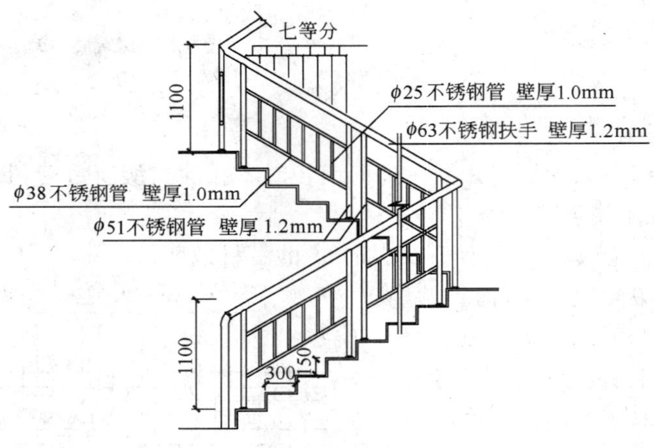

图 3-44 楼梯栏杆立面

【解】 根据计算规则，工程量计算如下：

$$楼梯扶手工程量=\sqrt{0.3^2+0.15^2}\times 8\times 2=2.68\times 2=5.36\text{m}$$

弯头工程量＝3 个

8. *石材底面*

1)计算规则

石材底面刷养护液按底面面积加 4 个侧面面积，以平方米计算。

2)计算公式

$$石材底面刷养护液面积=a\times b+(a+b)\times 2\times 石材厚度$$

式中：a——石材长度；

b——石材宽度。

三 墙柱面工程量计算

(一)墙柱面工程列项

1. 墙柱面工程分项内容

墙柱面工程分项内容是墙柱面工程量计算时列项的依据,《装饰定额》对分项工程的内容和项目划分给予了明确的规定,共列出了281个子目,具有实际的指导意义。《装饰定额》是从结构部位、装饰材料和施工工艺等方面进行划分的,我们可以根据下面图表进行系统地认知和学习,掌握列项方法和技巧。

1)装饰抹灰项目划分。

(1)水刷石(m^2):根据材料种类、结构部位及施工工艺划分。

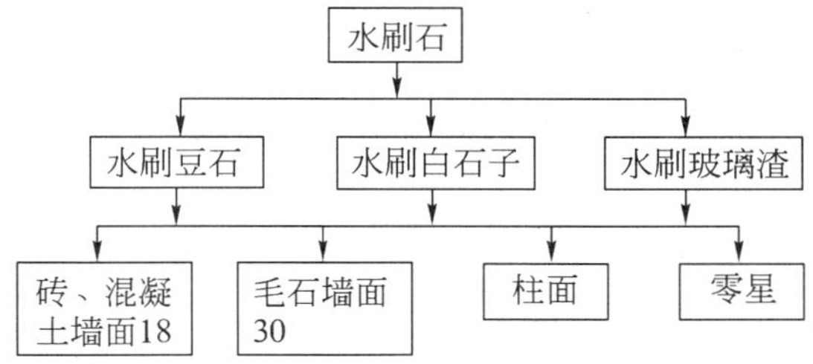

(2)干粘石(m^2):根据材料种类、结构部分及施工工艺划分。

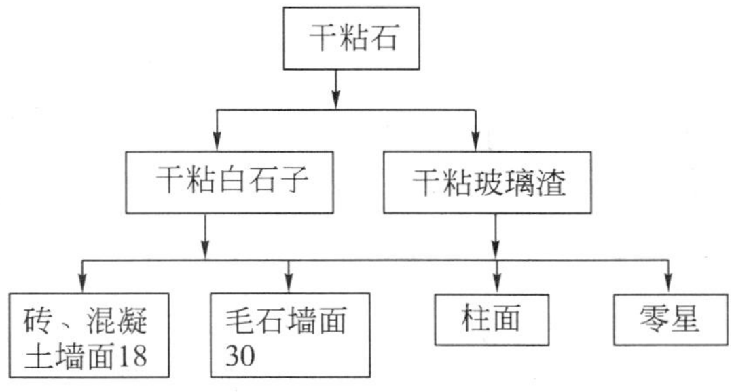

(3)斩假石(m^2):根据结构部位及施工工艺划分。

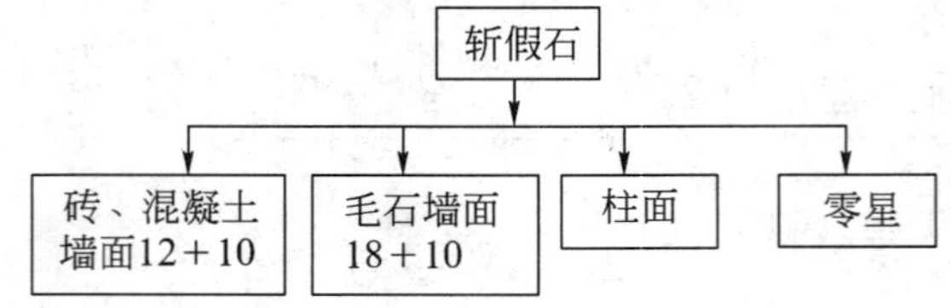

(4)拉条灰、甩毛灰(m^2):根据结构部分及施工工艺划分。

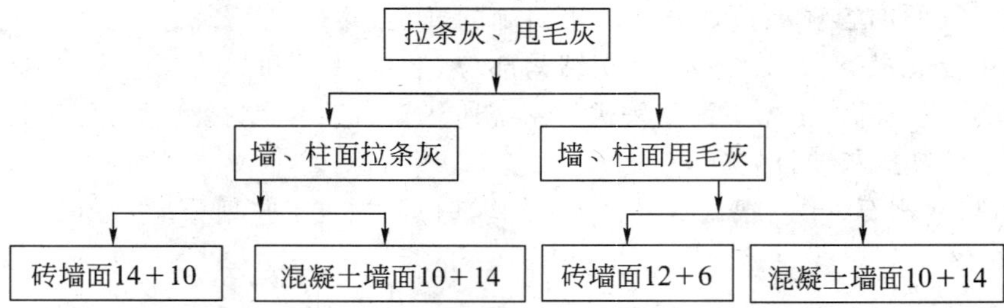

(5)装饰抹灰分格嵌缝(m^2):根据施工工艺划分。

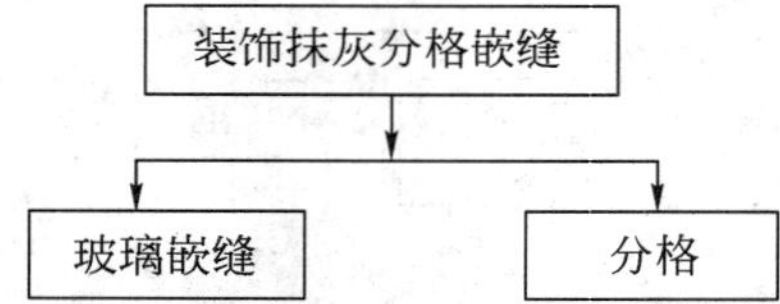

2)镶贴块料面层项目划分。

(1)大理石(m^2):根据构造部位及施工工艺划分。

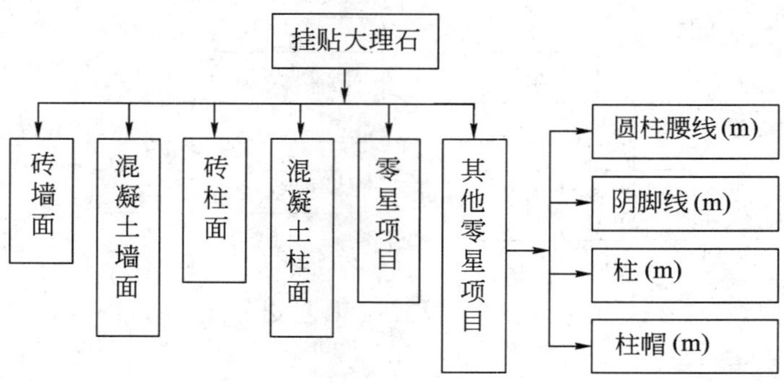

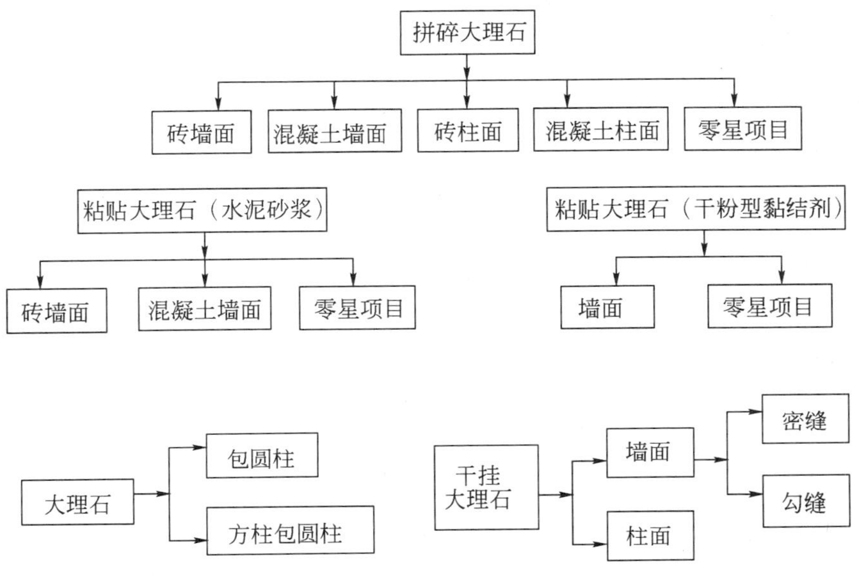

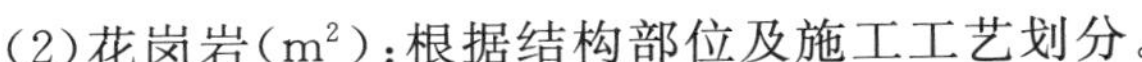

(2)花岗岩(m^2)：根据结构部位及施工工艺划分。

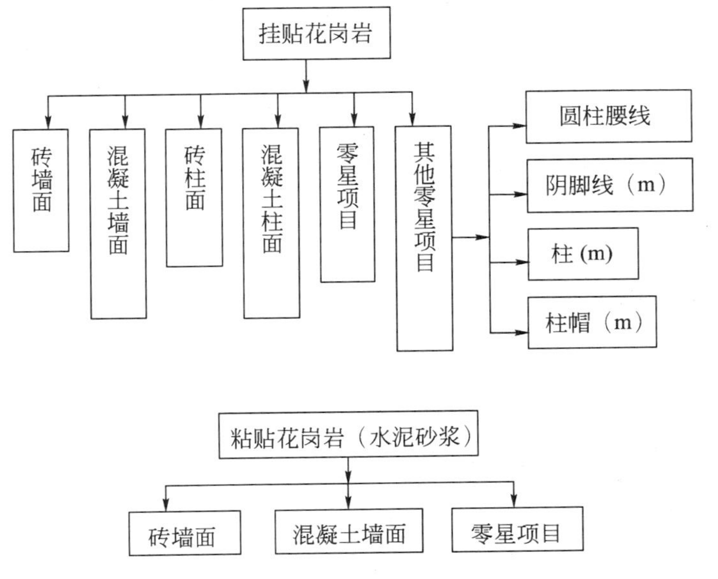

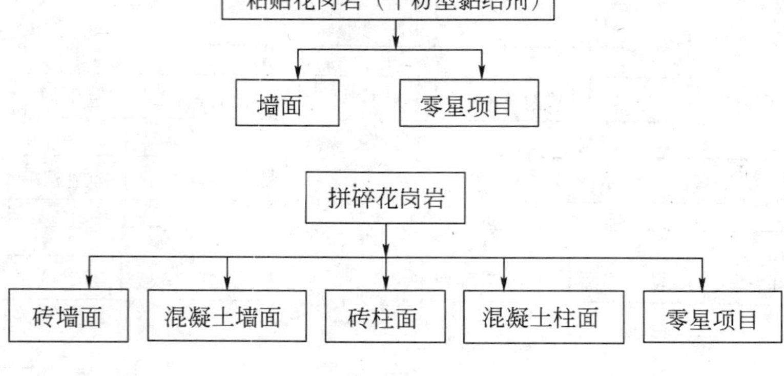

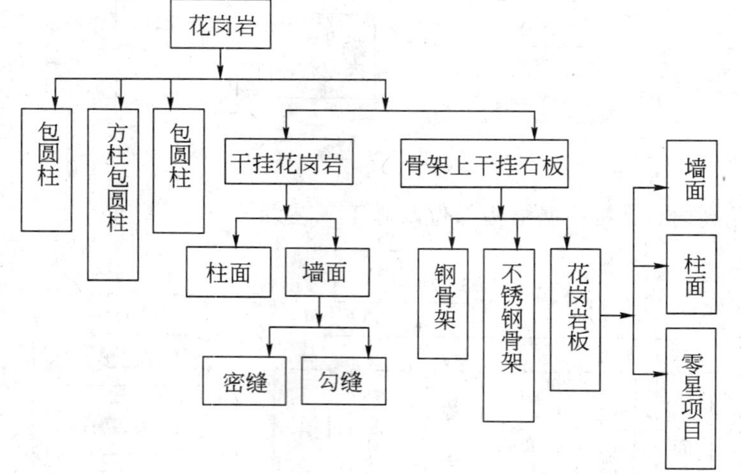

(3)凹凸假麻石(m^2):根据结构部位及施工工艺划分。

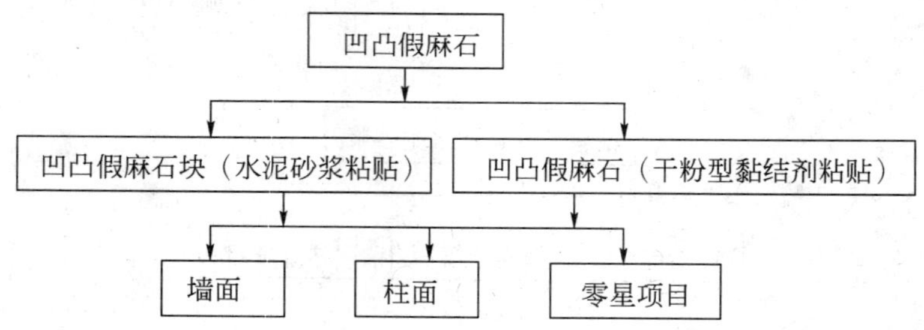

(4)陶瓷锦砖(m^2):根据结构部位及施工工艺划分。

陶瓷锦砖
陶瓷锦砖
玻璃马赛克
水泥砂浆粘贴
干粉型黏结剂粘贴
墙面
方柱(梁)面
零星项目

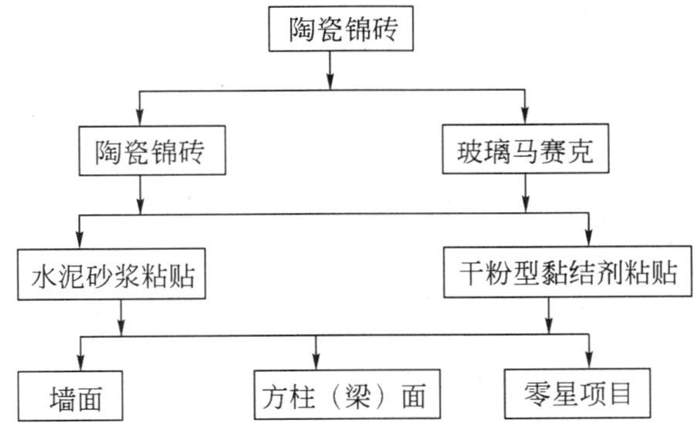

(5)瓷板、文化石(m^2):根据结构部位、施工工艺材料规格和种类划分。

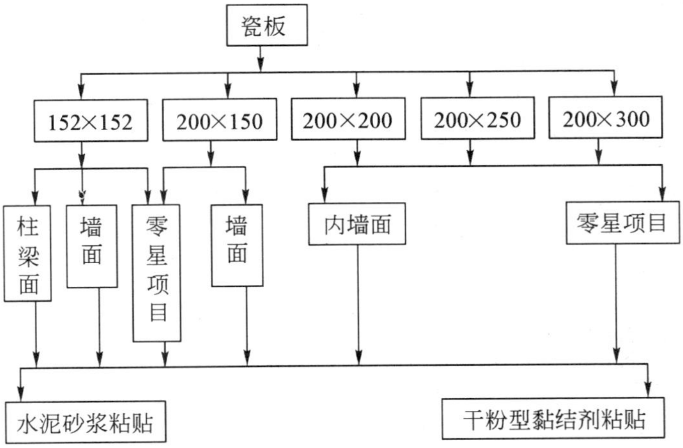

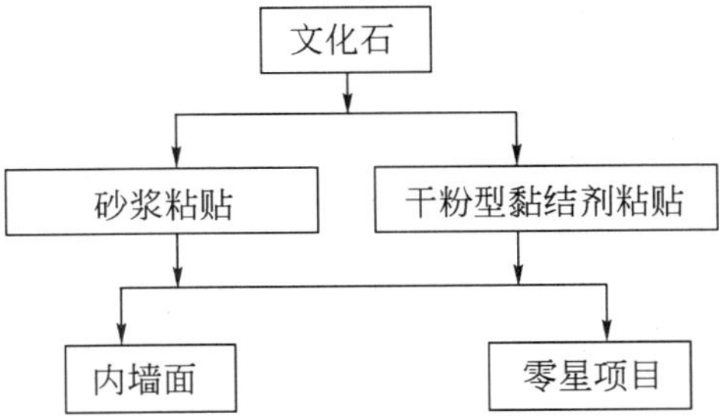

瓷板
152×152
200×150
200×200
200×250
200×300
柱梁面
墙面
零星项目
墙面
内墙面
零星项目
水泥砂浆粘贴
干粉型黏结剂粘贴

文化石
砂浆粘贴
干粉型黏结剂粘贴
内墙面
零星项目

(6)面砖(m^2):根据规格、周长、施工工艺划分。

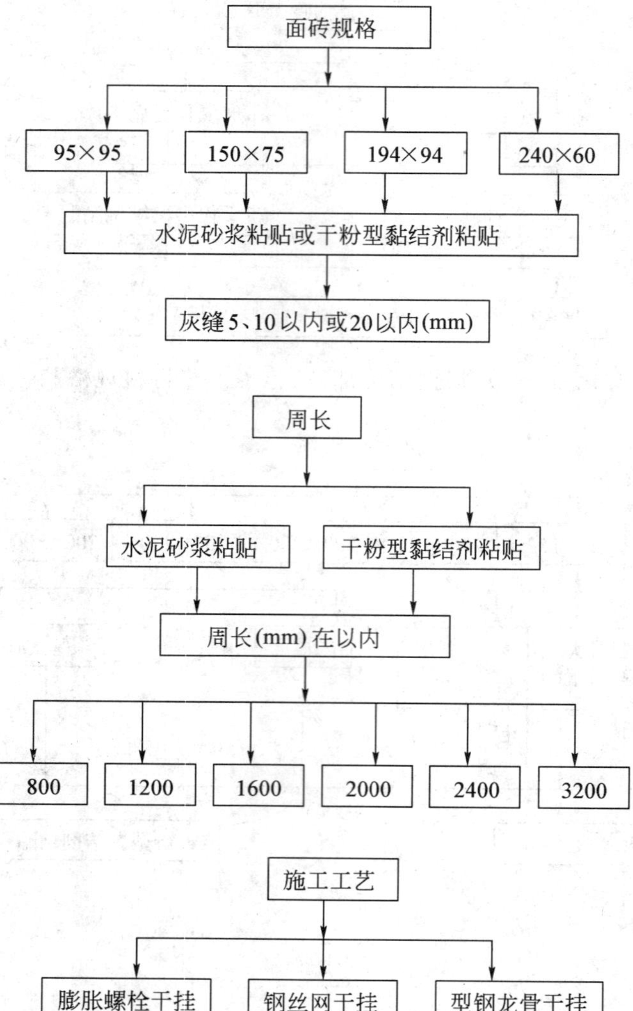

3)墙柱面装饰项目划分(m^2)。

(1)龙骨基层(m^2):根据材料种类、规格和施工工艺划分。

木龙骨基层
木龙骨
断面在7.5cm² 以内
断面在13cm² 以内
断面在20cm² 以内
断面在30cm² 以内
断面在45cm² 以内
30 或 40
30、40 或 50
30、40、45 或 50
40、45、50 或 55
50、60 或 60
轻钢龙骨
竖 600、横 1500
铝合金龙
单向 500
型钢龙骨
单向1500
石膏龙骨
木龙骨平均中距（cm）以内

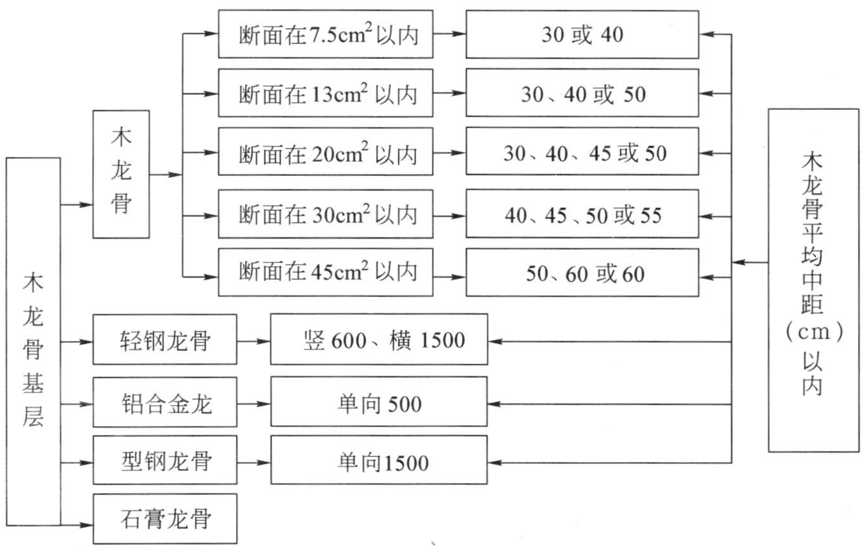

(2)面层(m^2)：根据不同材质、施工部位划分。

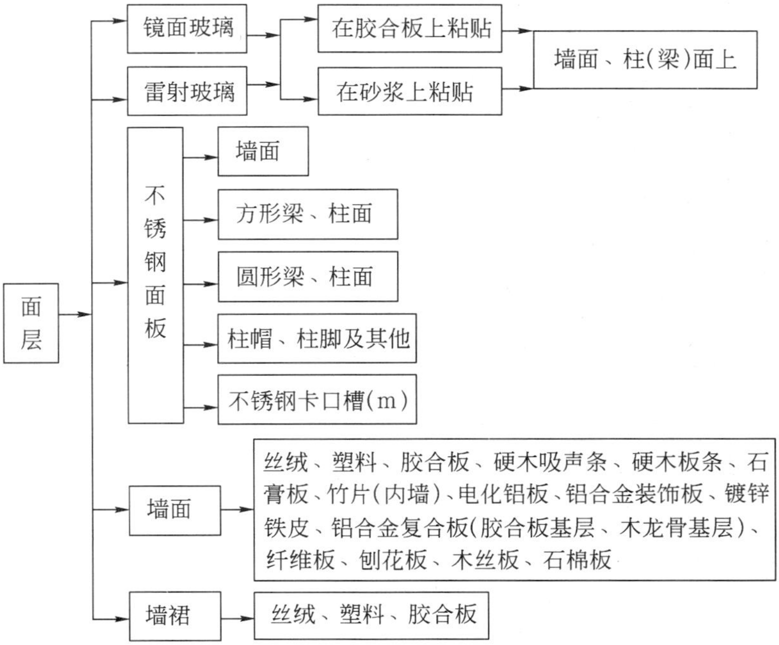

面层
镜面玻璃
雷射玻璃
在胶合板上粘贴
在砂浆上粘贴
墙面、柱(梁)面上
不锈钢面板
墙面
方形梁、柱面
圆形梁、柱面
柱帽、柱脚及其他
不锈钢卡口槽(m)
墙面
丝绒、塑料、胶合板、硬木吸声条、硬木板条、石膏板、竹片(内墙)、电化铝板、铝合金装饰板、镀锌铁皮、铝合金复合板(胶合板基层、木龙骨基层)、纤维板、刨花板、木丝板、石棉板
墙裙
丝绒、塑料、胶合板

(3)夹板、卷材基层(m^2):根据材料和规格划分。

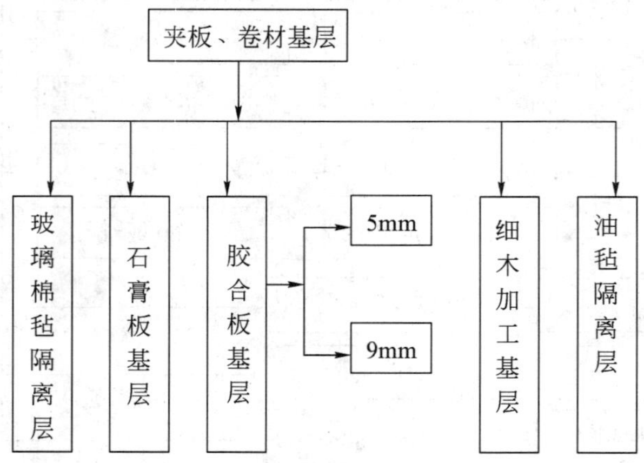

(4)隔断(m^2):根据材料、规格、构造划分。

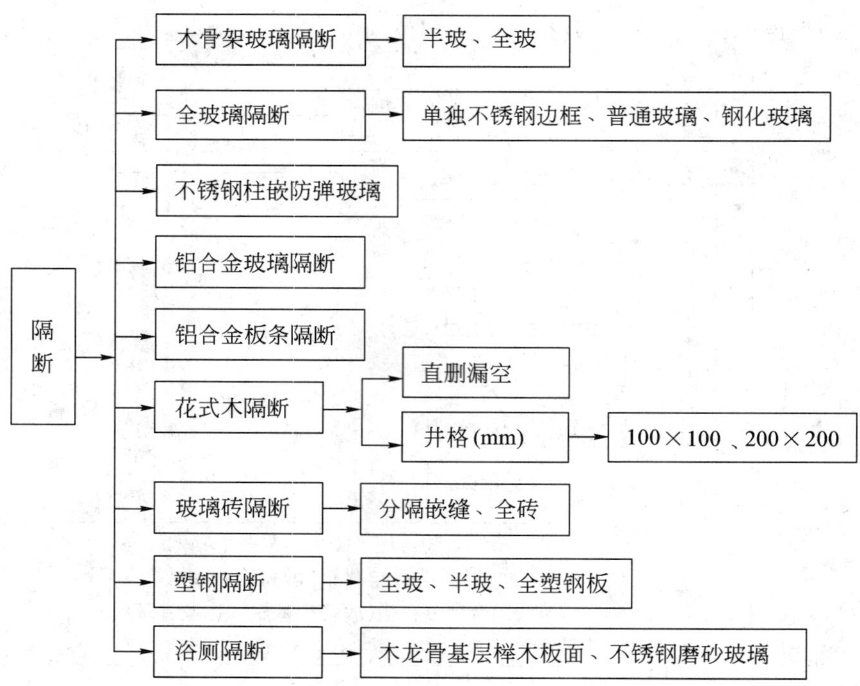

(5)柱龙骨基层及饰面(m^2):根据不同材料和构件造型划分。

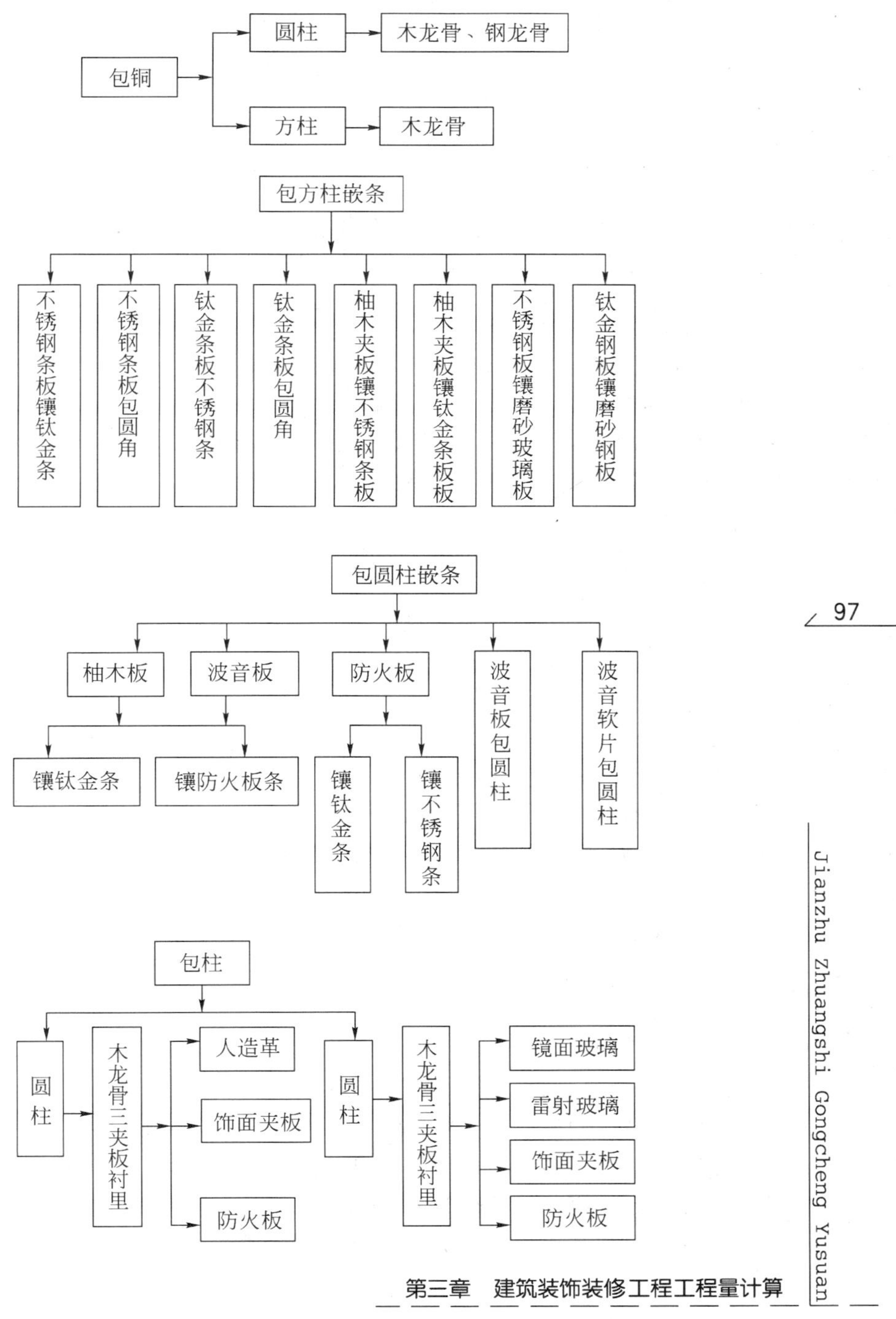
包铜
圆柱
木龙骨、钢龙骨
方柱
木龙骨
包方柱嵌条
不锈钢条板镶钛金条
不锈钢条板包圆角
钛金条板不锈钢条
钛金条板包圆角
柚木夹板镶不锈钢条板
柚木夹板镶钛金条板
不锈钢板镶磨砂玻璃板
钛金钢板镶磨砂钢板
包圆柱嵌条
柚木板
波音板
防火板
波音板包圆柱
波音软片包圆柱
镶钛金条
镶防火板条
镶钛金条
镶不锈钢条
包柱
圆柱
木龙骨三夹板衬里
人造革
饰面夹板
防火板
圆柱
木龙骨三夹板衬里
镜面玻璃
雷射玻璃
饰面夹板
防火板

4)幕墙项目划分(m²):根据构造做法和玻璃规格划分。

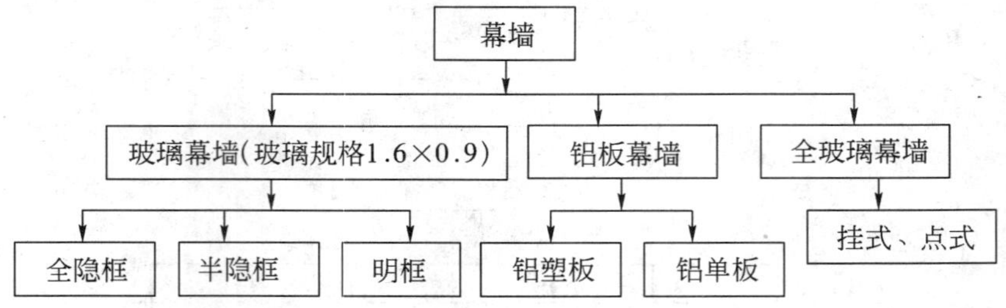

2.墙柱面项目列项参考

列项是装饰装修工程预算的一个关键步骤,墙柱面项目列项正确与否直接影响装饰装修工程的总造价,下面举例供大家参考学习。

【例 3-17】 根据图 3-45 所示,列出需要计算工程量的项目名称。

【解】 根据图 3-45 所提供的工程内容,可列出以下需要计算工程量的工程项目(窗除外):

(1)外墙面水刷石。(柱垛并入墙面)

(2)外墙面花岗岩。

(二)墙柱面工程量计算规则及应用

1.外墙面装饰抹灰面积

1)计算规则

按垂直投影面积计算,扣除门窗洞口和 0.3m² 以上的孔洞所占的面积,门窗洞口及孔洞侧壁面积亦不增加。附墙柱侧面抹灰面积并入外墙抹灰面积工程量内。

2)计算规则说明

(1)"外墙面装饰抹灰的垂直投影面积"是指外墙的外边线与檐高的乘积。

(2)"扣除门窗洞口和 0.3m² 以上的孔洞所占的面积,门窗洞口及孔洞侧壁面积亦不增加"是指为了简化计算,小于(包括等于)0.3m² 的孔洞所占的面积、门窗洞口及孔洞侧壁的人料机耗用量已综合考虑在定额分项中,因此不需增加计算这部分面积。其中"门窗洞口及孔洞侧壁"是指做法与外墙相同,沿墙的厚度方向的一半的部分,如图 3-46 所示。

(3)"附墙柱侧面抹灰面积"是指部分嵌在墙中并有一部分突出墙面的柱的

两侧的面积。

3)计算公式

外墙面装饰抹灰面积＝外墙外边线×檐高－门窗洞口和 0.3m² 以上的孔洞所占的面积＋附墙柱侧面抹灰面积

外墙裙装饰抹灰面积＝外墙外边线×墙裙高度－门窗洞口和 0.3m² 以上的孔洞所占的面积＋附墙柱侧面抹灰面积

4)计算实例

【例 3-18】 如图 3-45 所示，计算外墙面水刷石装饰抹灰的工程量(柱垛侧面宽 140mm)。

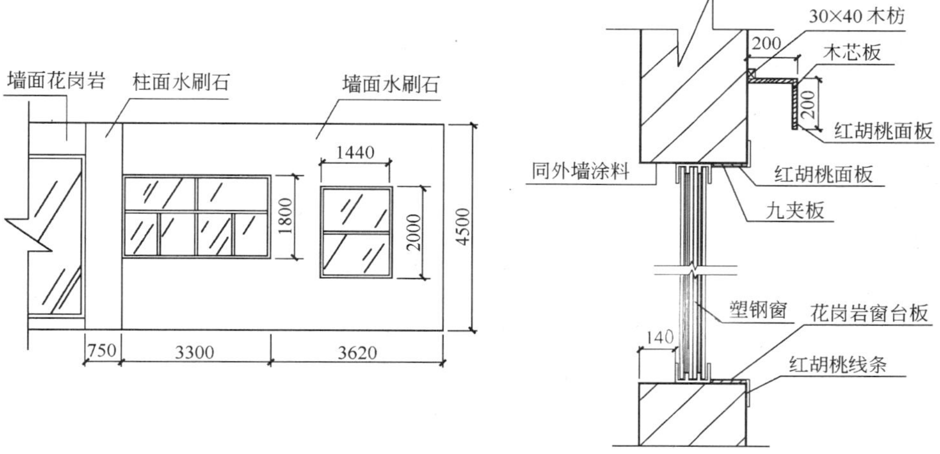

图 3-45 外墙面水刷石立面图

图 3-46 窗洞口侧壁装饰大样图

【解】 根据计算规则，工程量计算如下：

水刷石抹灰工程量＝4.5×(3.3＋3.62)－3.3×1.8－1.44×2.0＋(0.75＋0.14×2)×4.5
＝26.96 m²

2.柱面装饰

1)计算规则

柱抹灰按结构断面周长乘以高度计算，柱饰面面积按外围饰面尺寸乘以高度计算。

2)计算规则说明

(1)“结构断面周长”是指建筑施工图纸所标注的图示尺寸，如图 3-47 所示。

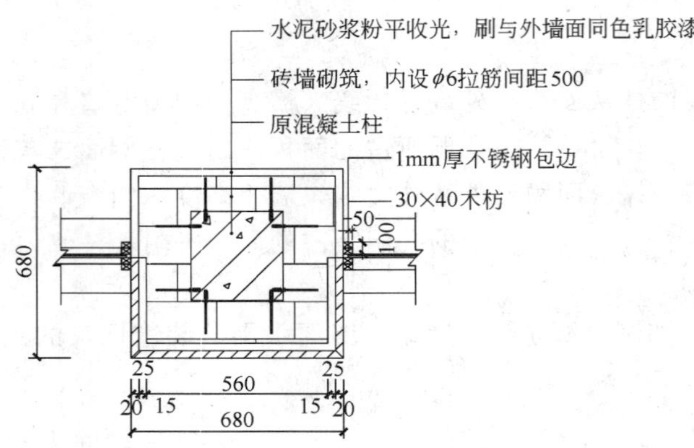

图 3-47　砖结构加大柱子方案

(2)"柱饰面外围饰面尺寸"是指装饰装修施工图纸所标注的尺寸,即装饰饰面成活尺寸。如图 3-48 所示。

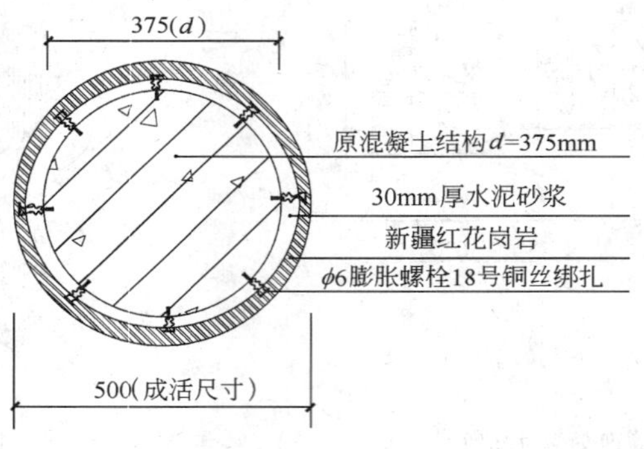

图 3-48　柱外围饰面大样图

(3)除零星项目的柱墩、柱帽项目外,其他项目的柱墩、柱帽工程量按设计图示尺寸以展开面积计算,并入相应柱面积内。"零星项目的柱墩、柱帽项目"是指挂贴大理石、花岗岩项目中的零星项目,是按米计算的。

(4)按实贴面积计算。比如与梁交接处面积应予扣除。

3)计算公式

$$柱抹灰工程量=(a+b)\times 2\times h$$

$$图柱抹灰工程量=\pi D\cdot h$$

式中:a、b——分别表示柱结构长、宽尺寸;

h——柱高。

D——表示圆柱结构图示直径。

$$柱装饰饰面工程量=(a+b)\times 2\times h$$

$$圆柱装饰饰面工程量=\pi D\cdot h$$

式中：a、b——分别表示柱饰面长、宽成活尺寸；

h——柱高。

D——表示圆柱成活直径。

(4)计算实例

【例 3-19】 如图 3-47 所示，已知柱高为 3m，求柱面水泥砂浆的工程量。

【解】 根据计算规则，工程量计算如下：

$$柱面水泥砂浆的工程量=0.68\times 4\times 3=8.16\text{m}^2$$

【例 3-20】 如图 3-49 所示，已知柱高为 3m，计算挂贴柱面花岗岩及成品花岗岩线条工程量。

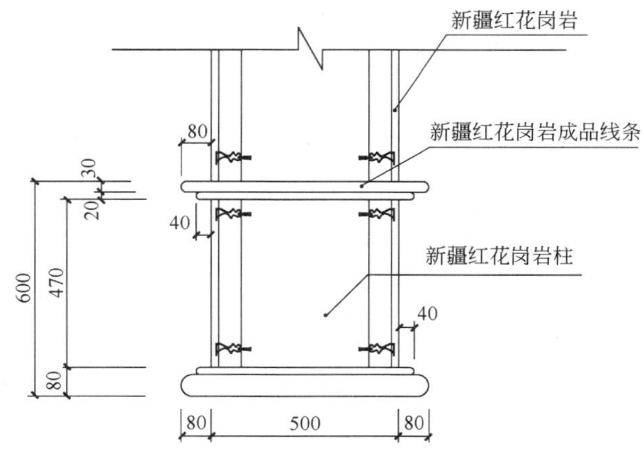

图 3-49 挂贴花岗岩柱成品花岗岩线条大样图

【解】 根据计算规则，工程量计算如下：

$$挂贴花岗岩柱的工程量=\pi\times 0.5\times 3=4.71\text{m}^2$$

$$挂贴花岗岩零星项目=\pi\times(0.5+0.08\times 2)\times 2根+\pi\times(0.5+0.04\times 2)\times 2根=7.79\text{m}$$

3. 女儿墙、阳台栏板内侧装饰抹灰

(1)计算规则

女儿墙(包括泛水、挑砖)、阳台栏板(不扣除花格所占孔洞面积)内侧抹灰按垂直投影面积乘以系数 1.30 按墙面定额执行。

(2)计算规则说明

(1)“女儿墙内侧垂直投影面积”是指女儿墙内墙长和墙高的乘积，泛水、挑砖部分不展开，压顶部分需另列项计算，如图 3-50 所示。

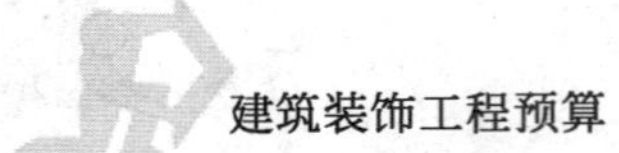

(2)“阳台栏板内侧垂直投影面积”是指阳台栏板内侧长与栏板高度的乘积，花格所占孔洞面积已由系数综合考虑了，不予扣除，压顶或扶手需另列项计算。

3)计算公式

$$女儿墙装饰抹灰工程量=L\times h\times 1.3$$

式中：L——女儿墙内墙周长；

h——女儿墙高。

$$阳台栏板饰抹灰工程量=L\times h\times 1.3$$

式中：L——阳台栏板内侧周长；

h——栏板高。

4)计算实例

【例 3-21】 如图 3-50，某建筑物女儿墙内侧长 30m，高为 0.8m，试计算该女儿墙的抹灰工程量。

【解】 根据计算规则，工程量计算如下：

女儿墙的抹灰工程量 $=30\times0.8\times1.3=31.2\text{m}^2$

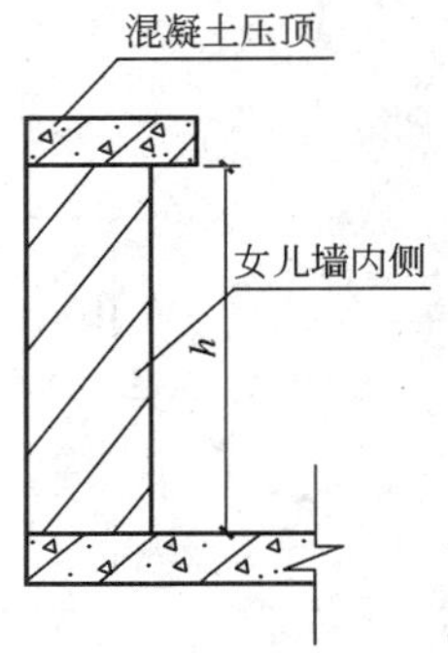

图 3-50 女儿墙内侧示意图

4. 装饰抹灰分格、嵌缝

1)计算规则

装饰抹灰分格、嵌缝按装饰抹灰面面积计算。

2)计算规则说明

装饰抹灰分格、嵌缝是为了达到施工质量要求及美化墙面而做的构造，以装饰抹灰面积进行计算。

3)计算公式

装饰抹灰分格、嵌缝工程量＝墙长× 墙高

4)计算实例

【例 3-22】 如图 3-51 所示，试计算某建筑物外墙装饰嵌缝工程量。

【解】 根据计算规则，工程量计算如下：

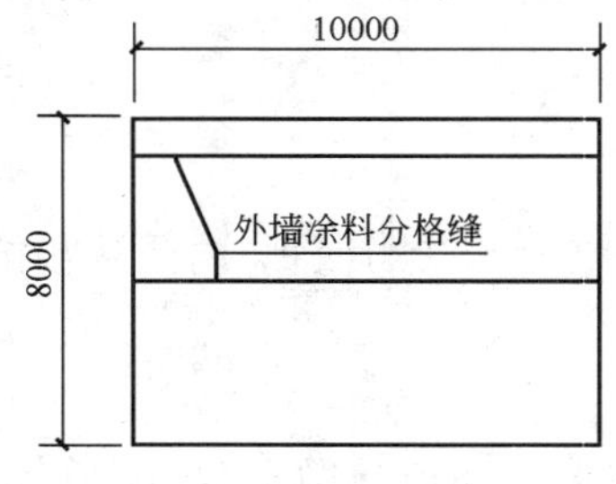

图 3-51 外墙涂料分格缝示意图

外墙装饰嵌缝工程量 $=10\times8=80\text{m}^2$

5. 墙面贴块料面层

1)计算规则

墙面贴块料面层，按实贴面积计算。

2)计算规则说明

(1)“实贴面积”是指按图示尺寸，扣除门窗洞口和 0.3m^2 以上的孔洞所占的面积，增加门窗洞口及孔洞侧壁面积。

(2)墙面贴块料、饰面高度在300mm以内者，按楼地面工程中踢脚板定额执行。

(3)本条规则适用于外墙和内墙。

3)计算公式

外墙块料面层工程量＝外墙外边线×檐高－门窗洞口和0.3m²以上的孔洞所占的面积＋附墙柱侧面实贴面积＋门窗洞口侧面面积

外墙裙块料面层工程量＝外墙外边线×墙裙高－门窗洞口和0.3m²以上的孔洞所占的面积＋附墙柱侧面实贴面积＋门窗洞口侧面面积

内墙块料面层工程量＝内墙净长线×室内净高－门窗洞口和0.3m²以上的孔洞所占的面积＋附墙柱侧面实贴面积＋门窗洞口侧面面积

内墙裙块料面层工程量＝内墙净长线×墙裙高－门窗洞口和0.3m²以上的孔洞所占的面积＋附墙柱侧面实贴面积＋门窗洞口侧面面积

4)计算实例

【例3-23】 如图3-52所示，计算墙面挂贴花岗岩的工程量。

【解】根据计算规则，工程量计算如下：

墙面挂贴花岗岩的工程量＝2.152×3.5＝7.53m²

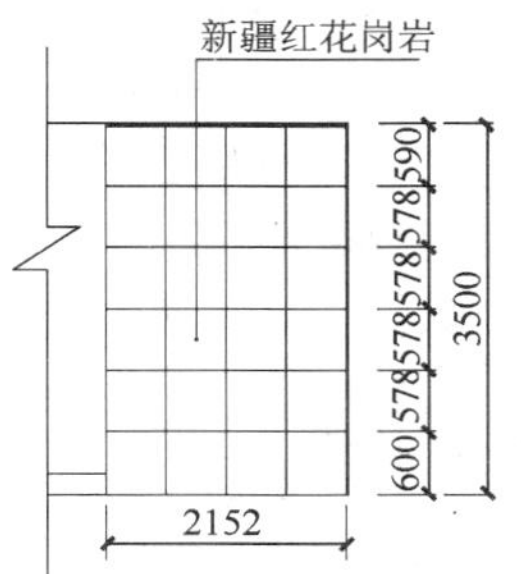

图3-52 墙面挂贴花岗岩立面图

6.零星项目

1)计算规则

零星项目按设计图示尺寸以展开面积计算，但属其他零星项目的挂贴花岗岩、大理石柱墩、柱帽按最大外径周长计算。

2)计算规则说明

(1)镶贴块料和装饰抹灰的“零星项目”适用于挑檐、天沟、腰线、窗台线、门窗套、压顶、扶手、雨篷周边等。

(2)装饰抹灰设计图示尺寸是指建筑施工图的结构图所示构件尺寸。

(3)镶贴块料设计图示尺寸是指装饰施工图的构件的外围尺寸，即成活尺寸。

(4)挂贴大理石、花岗岩中其他零星项目的花岗岩、大理石是按成品考虑的。如阴、阳脚线，圆柱腰线等，按图示长度计算。

3)计算公式

镶贴块料零星项目工程量＝装饰施工图图示成活尺寸计算出来的实贴面积

装饰抹灰零星项目工程量＝装饰抹灰图示结构尺寸所计算出来的面积

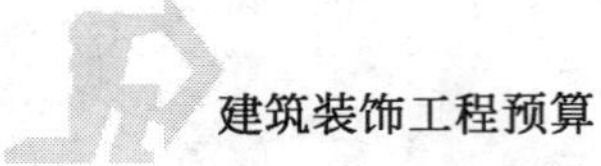

阴、阳脚线，圆柱腰线＝图示长度

4)计算实例

【例 3-24】 计算图 3-53 所示墙面 80×36mm 英国棕花岗岩线条的工程量。

【解】 根据计算规则，工程量计算如下：

墙面英国棕花岗岩线条工程量＝1.5m

【例 3-25】 如图 3-46 所示，花岗岩窗台板宽为 200mm，计算长为 1.5m 的花岗岩窗台板的工程量。

【解】 根据计算规则，工程量计算如下：

花岗岩窗台板工程量＝0.20×1.5＝0.3m^2

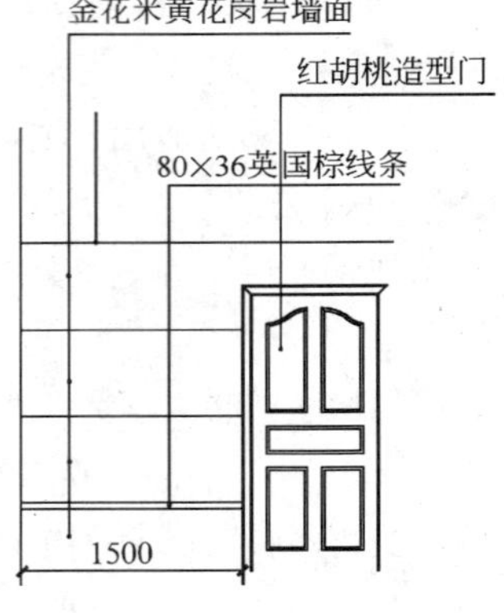

图 3-53 英国棕线条大样图

7. 隔断

1)计算规则

隔断按墙的净长乘净高计算，扣除门窗洞口及 0.3m^2 以上的孔洞所占的面积。全玻隔断的不锈钢边框工程量按展开面积计算。全玻隔断、全玻幕墙如有加强肋者，工程量按展开面积计算；玻璃幕墙、铝板幕墙以框外围面积计算。

2)计算规则说明

(1)隔断按墙的净长乘净高计算，小于或等于 0.3m^2 的孔洞所占的面积不予扣除。

(2)隔断上的门窗另外列项计算工程量，厕所木隔断除外。

(3)全玻隔断边框按展开面积另外列项计算工程量。

(4)"玻璃幕墙、铝板幕墙框外围面积"是指玻璃幕墙、铝板幕墙装饰施工图图示成活尺寸，如图 3-54 所示。

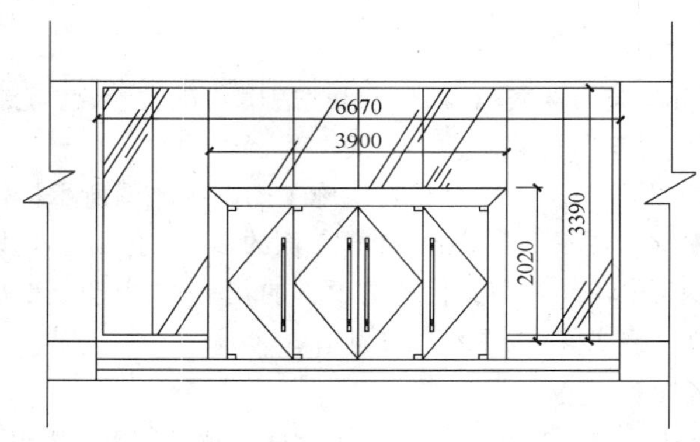

图 3-54 玻璃幕墙示意图

3)计算公式

隔断工程量＝净长×净高－门窗洞口及 0.3m² 以上的孔洞所占的面积

玻璃幕墙、铝板幕墙工程量＝框外围长×框外围高

4)计算实例

【例 3-26】 计算图 3-54 所示的玻璃幕墙的工程量。

【解】 根据计算规则,工程量计算如下:

玻璃幕墙工程量＝6.67×3.39－3.9×2.02＝14.73m²

四 天棚工程量计算

(一)天棚工程列项

1. 天棚工程分项内容

装饰定额中的天棚工程分部共列出了 278 个子目。这些子目主要从两个方面划分。一是按天棚的造型划分,例如,平面跌级天棚、艺术造型天棚、其他天棚等;二是按天棚的构造划分,例如,天棚龙骨、天棚基层、天棚面层、天棚灯槽等。

装饰定额中天棚分部的主要子目构成及列项见下列图表。

1)平面、跌级天棚项目划分。

(1)天棚龙骨(m²):按材料类型、施工部位、面层规格划分。

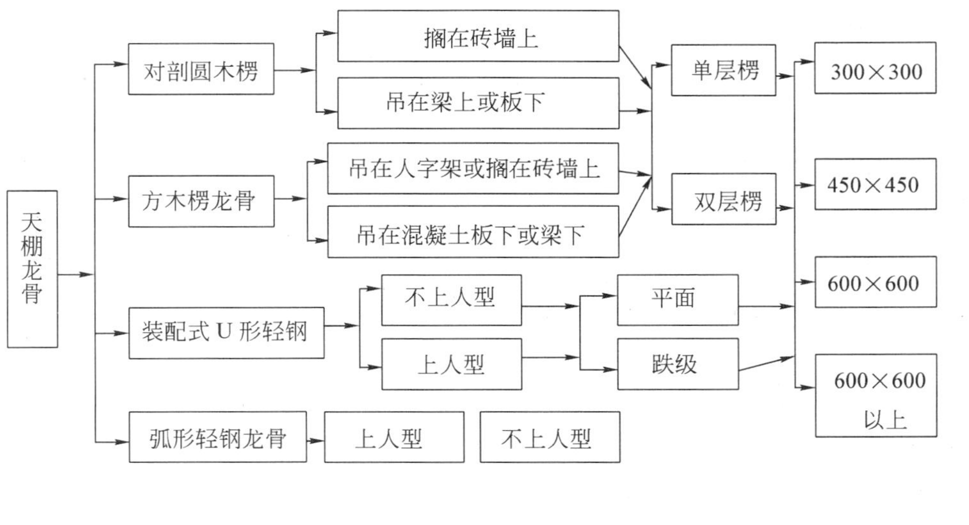

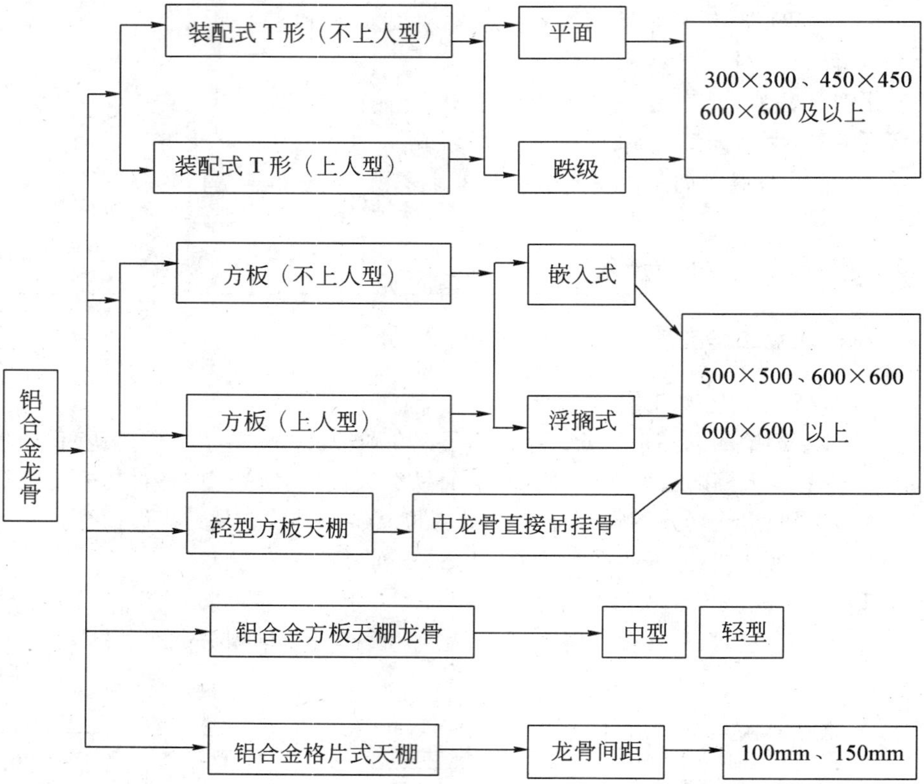

- 铝合金龙骨
  - 装配式T形（不上人型）→ 平面 / 跌级 → 300×300、450×450、600×600及以上
  - 装配式T形（上人型）→ 平面 / 跌级 → 300×300、450×450、600×600及以上
  - 方板（不上人型）→ 嵌入式 / 浮搁式 → 500×500、600×600、600×600 以上
  - 方板（上人型）→ 嵌入式 / 浮搁式 → 500×500、600×600、600×600 以上
  - 轻型方板天棚 → 中龙骨直接吊挂骨 → 500×500、600×600、600×600 以上
  - 铝合金方板天棚龙骨 → 中型 / 轻型
  - 铝合金格片式天棚 → 龙骨间距 → 100mm、150mm

(2)天棚基层(m^2)：按材料类型及规格划分。

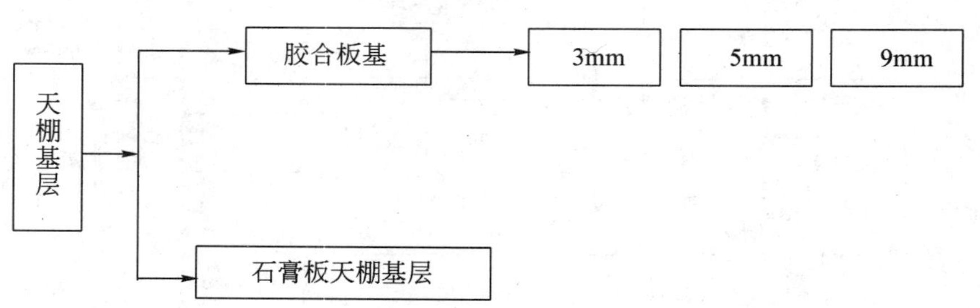

(3)天棚面层(m^2):按材料种类和规格、施工工艺及结构部位划分。

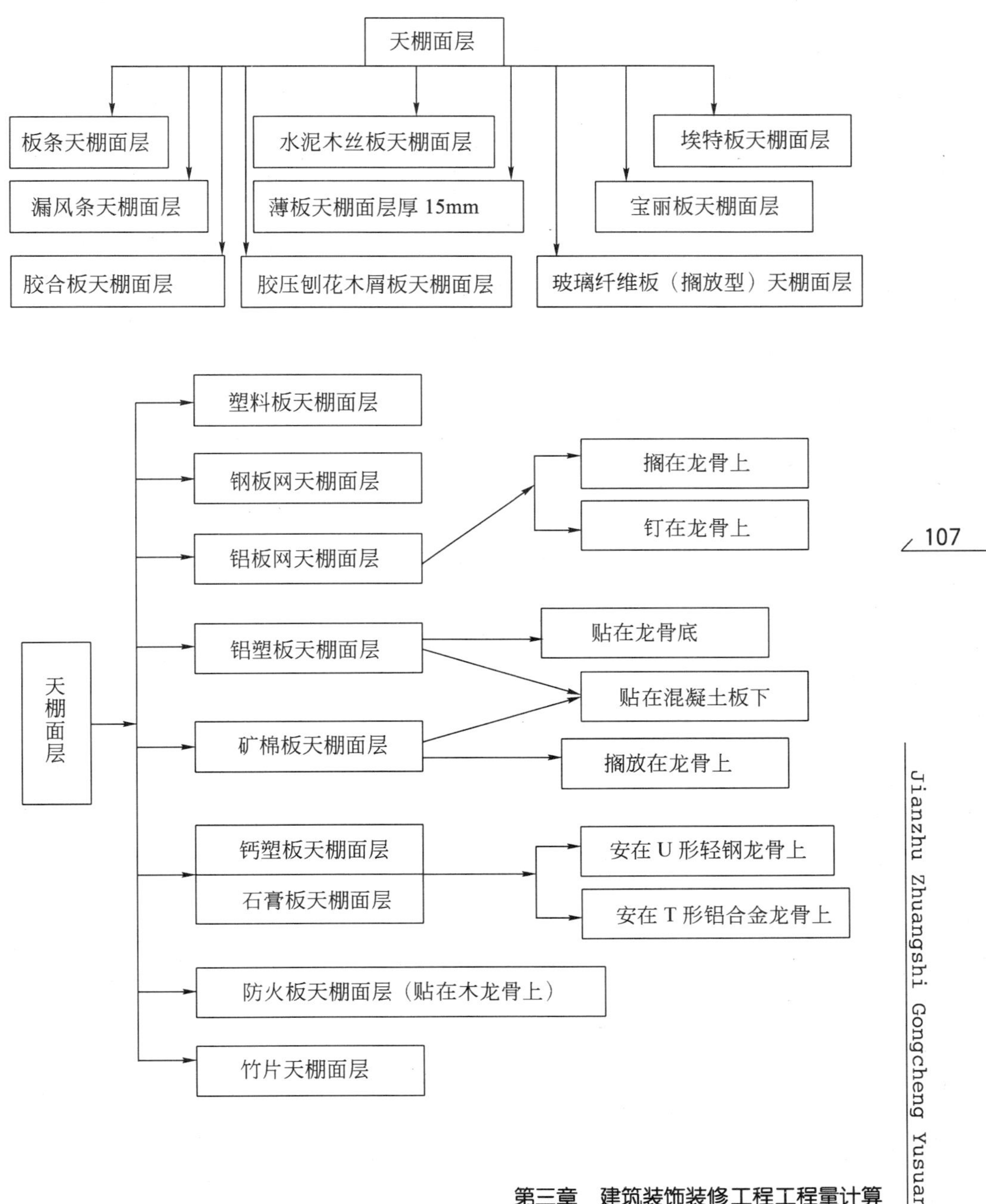

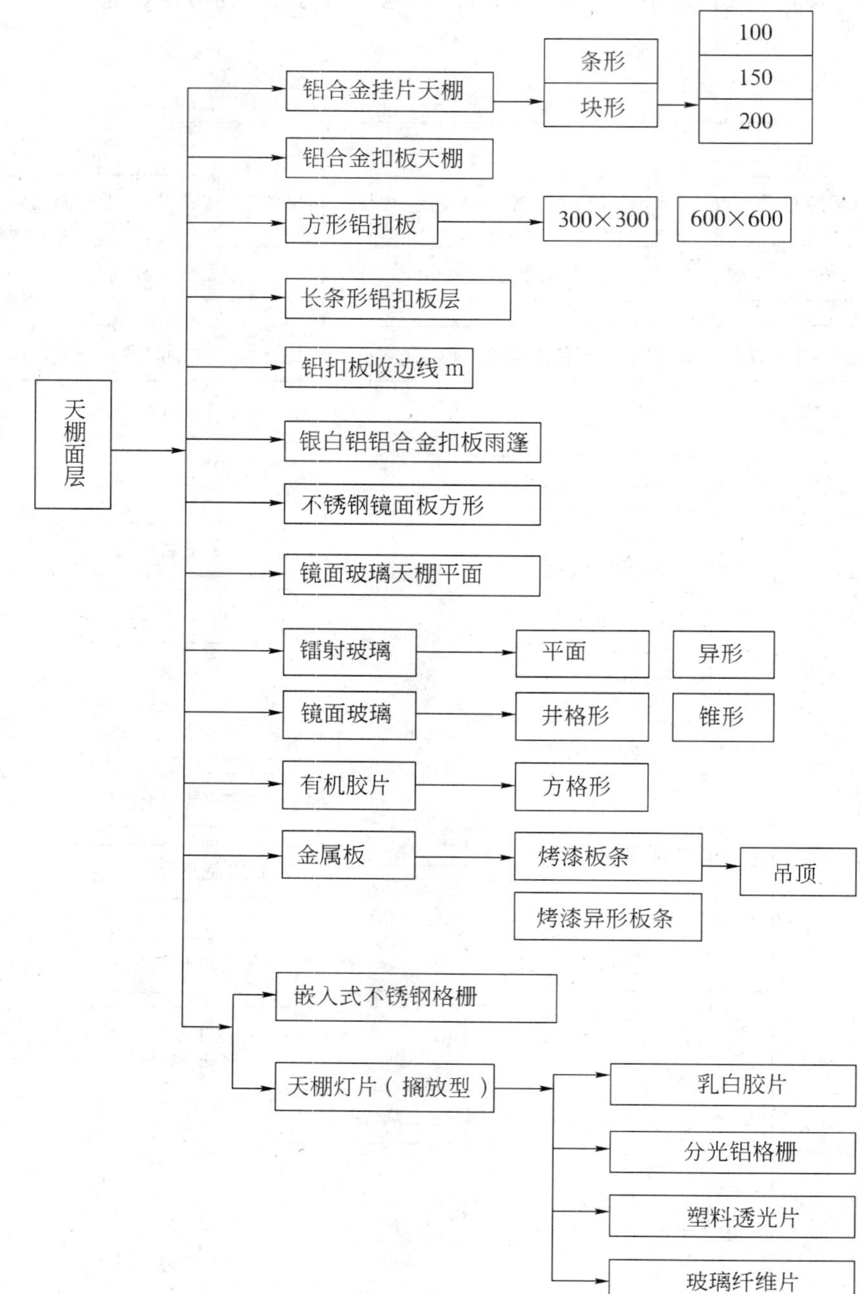
天棚面层
铝合金挂片天棚
条形
块形
100
150
200
铝合金扣板天棚
方形铝扣板
300×300
600×600
长条形铝扣板层
铝扣板收边线 m
银白铝铝合金扣板雨篷
不锈钢镜面板方形
镜面玻璃天棚平面
镭射玻璃
平面
异形
镜面玻璃
井格形
锥形
有机胶片
方格形
金属板
烤漆板条
吊顶
烤漆异形板条
嵌入式不锈钢格栅
天棚灯片（搁放型）
乳白胶片
分光铝格栅
塑料透光片
玻璃纤维片

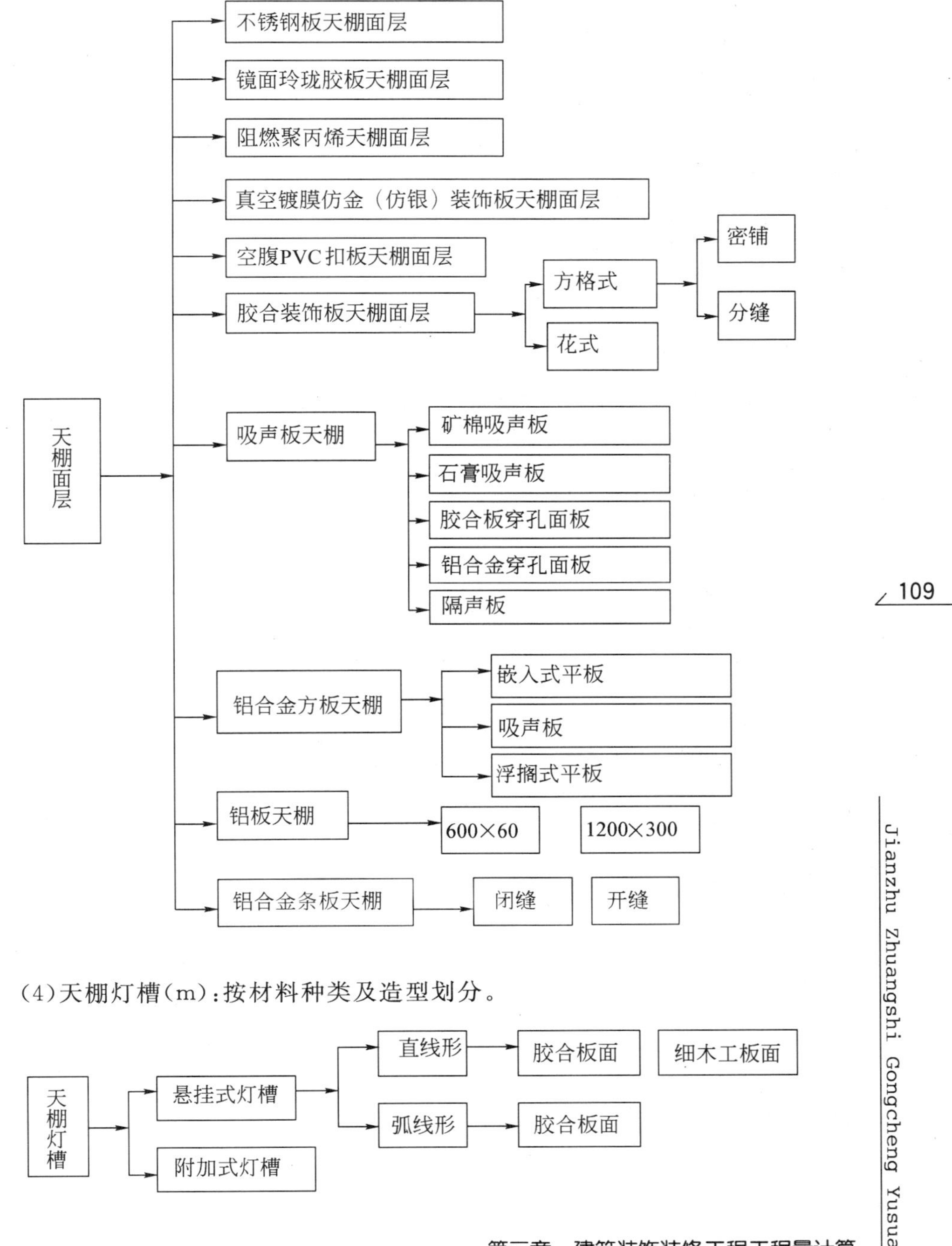

(4)天棚灯槽(m)：按材料种类及造型划分。

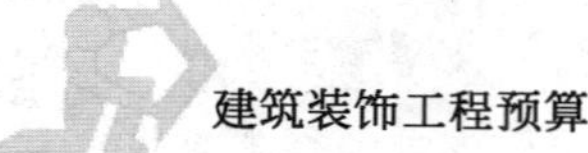

2)艺术造型天棚项目划分。

(1)轻钢龙骨(m^2):按造型划分。

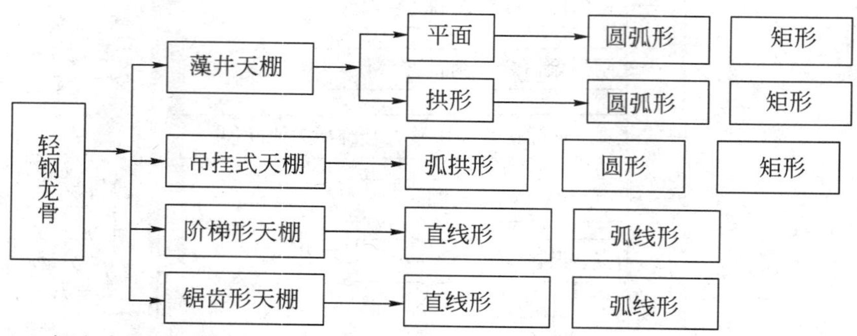

(2)方木龙骨(m^2):按造型划分。

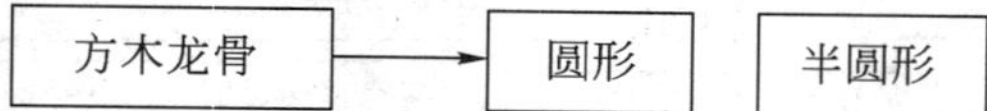

(3)基层(m^2):按材料种类及造型划分。

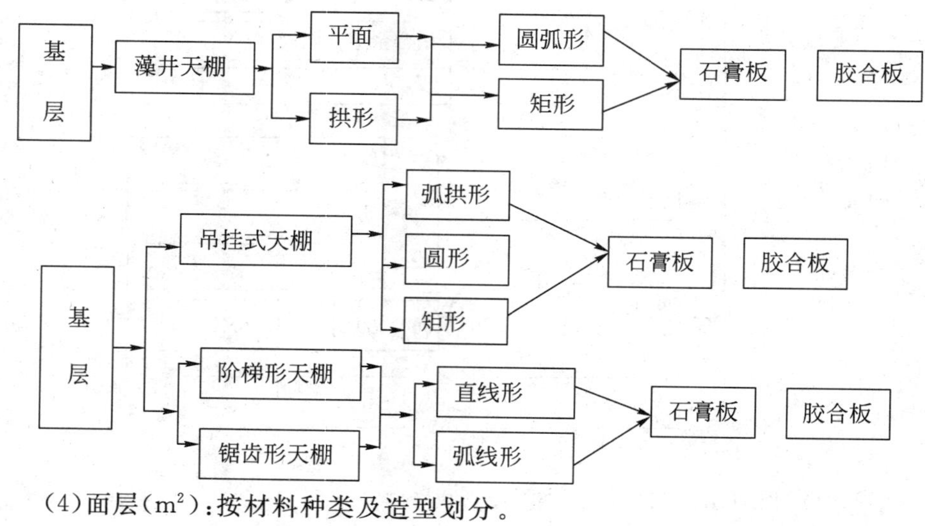

(4)面层(m^2):按材料种类及造型划分。

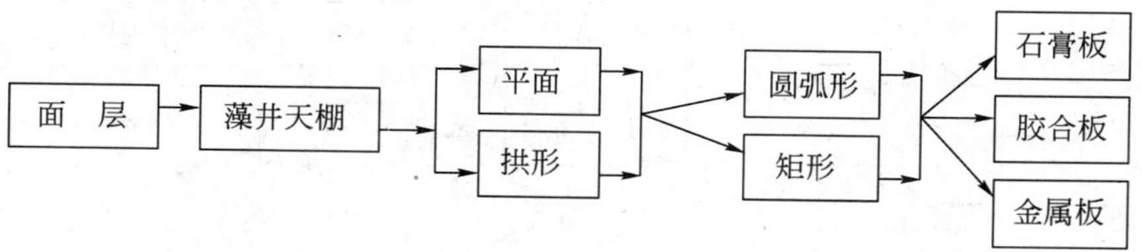

面　层
吊挂式天棚
弧拱形
圆形
矩形
石膏板
胶合饰面板
金属板

面　层
阶梯型天棚
锯齿型天棚
直线形
弧线形
石膏板
胶合饰面板
金属板

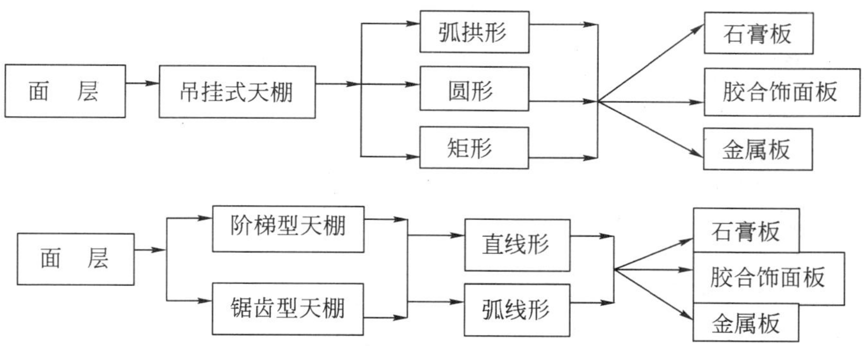

3）其他天棚（龙骨和面层）项目划分。

（1）烤漆龙骨天棚（m^2）：按构造要求划分。

烤漆龙骨天棚
复合式烤漆T形龙骨吊顶
H形矿棉吸声板轻钢吊顶
明架式吊顶
暗架式吊顶

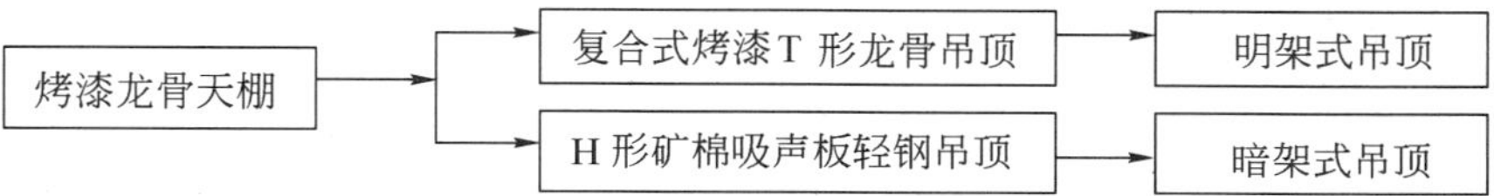

（2）铝合金格栅天棚（m^2）：按材料种类、规格、造型划分。

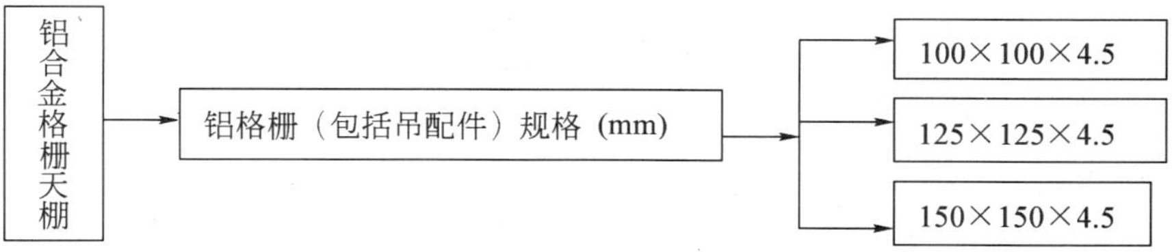

铝合金格栅天棚
铝格栅（包括吊配件）规格（mm）
100×100×4.5
125×125×4.5
150×150×4.5

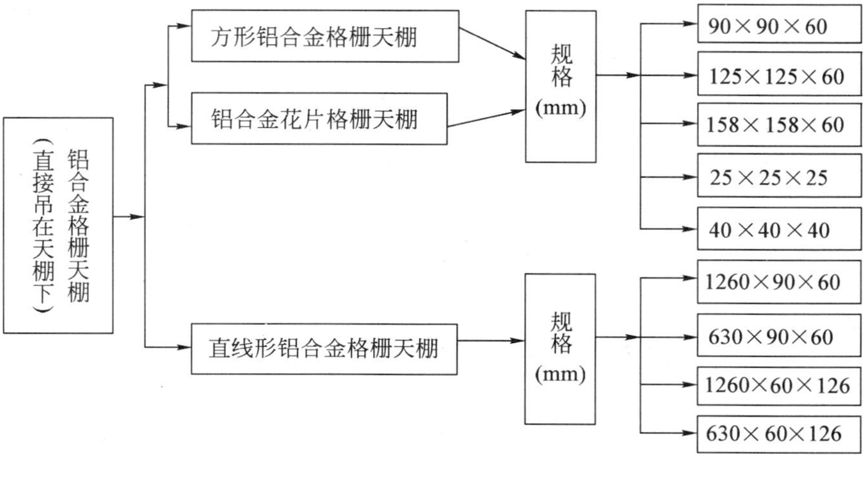

铝合金格栅天棚（直接吊在天棚下）
方形铝合金格栅天棚
铝合金花片格栅天棚
直线形铝合金格栅天棚
规格（mm）
90×90×60
125×125×60
158×158×60
25×25×25
40×40×40
规格（mm）
1260×90×60
630×90×60
1260×60×126
630×60×126

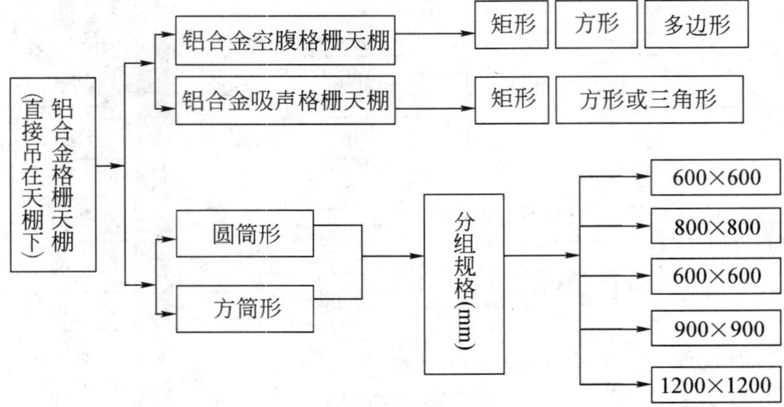

(3)玻璃采光天棚(m^2):按材料种类及构造要求划分。

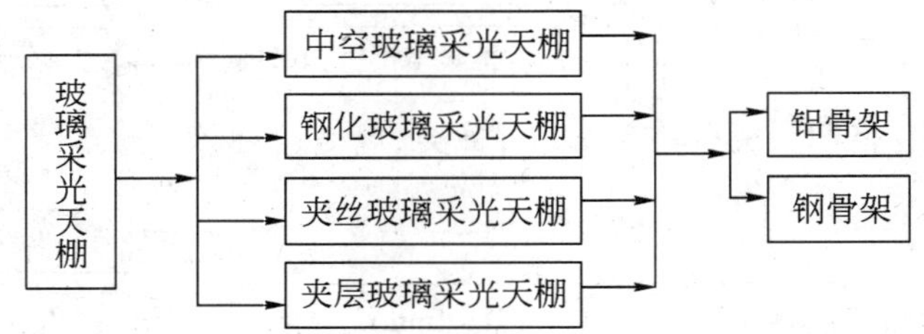

(4)木格栅天棚(m^2):按材料种类及规格划分。

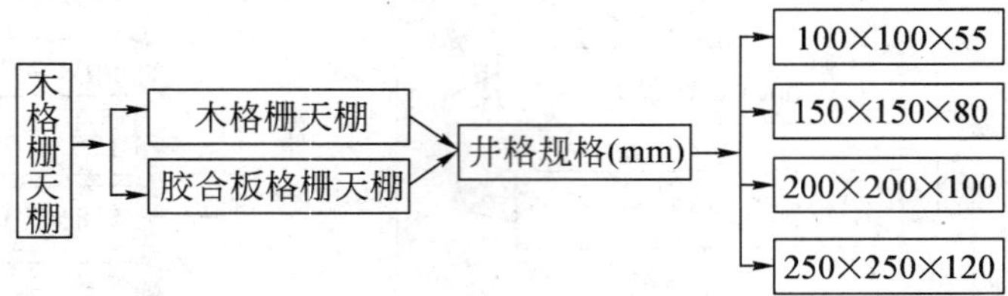

(5)网架及其他天棚(m^2):按材料种类及构造要求划分。

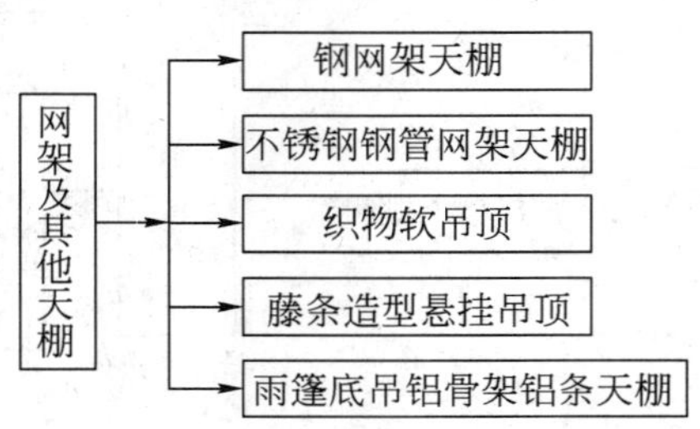

4)其他:按构造要求、材料种类、规划等划分。

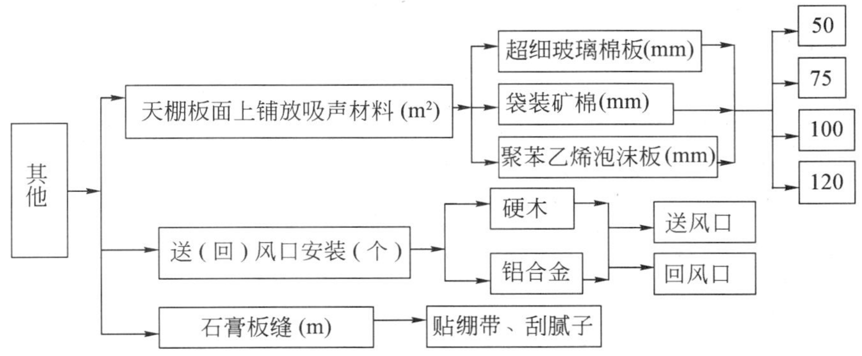

2. 天棚面项目列项举例

根据定额的相关规定,仔细读图后正确列项,下面举例供大家参考学习。

【例 3-27】 根据图 3-55 铝合金轻钢龙骨造型吊顶列出需要计算工程量的项目名称。(灯槽、筒灯孔、窗帘盒暂不列)。

【解】 根据图 3-55 所提供的信息,可列出以下需要计算工程量的工程项目:

(1)铝合金轻钢龙骨。

(2)木芯板天棚基层。

(3)九夹板天棚基层。

(4)面层白色乳胶漆。

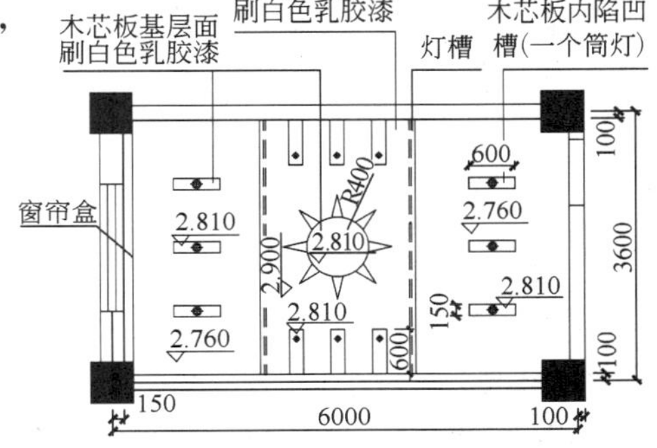

图 3-55 天棚造型吊顶

(二)天棚工程量的计算规则及应用

1. 天棚龙骨

1)计算规则

各种吊顶天棚龙骨按主墙间净面积计算,不扣除间壁墙、检查洞、附墙烟囱、柱、垛和管道所占面积。

2)计算规则说明

(1)"按主墙间净面积计算","主墙"是指砖墙,砌块墙厚 120mm 以上(不含 120mm 本身)或超过 100mm 以上(不含 100mm 本身)的钢筋混凝土剪力墙(这是工程造价专业中的一个专门概念,适用于建筑、结构专业);"非主墙"是指其他非承重的间壁墙;"净面积"是指天棚面扣除主墙所占的面积。由天棚定额的制定中可以看出,天棚龙骨定额均是按天棚净投影面积计算的,故计算天棚龙骨工程量也按天棚净投影面积计算。

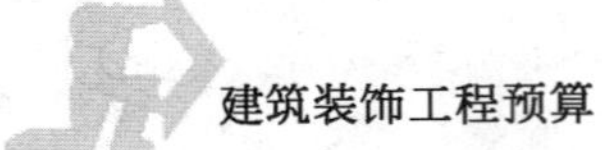

(2)"不扣除间壁墙、检查洞、附墙烟囱、柱、垛和管道所占面积。"其中：

①间壁墙：指隔开房间的内隔墙，常见尺寸为120mm宽。

②垛：指墙体向外突出的部分。

③柱：指建筑物中直立的起支撑作用的构件。常由木材、石材、型钢或钢筋混凝土等材料组成。

④附墙烟囱：指依墙而设的将室内的烟气排出室外的通道。

⑤检查口：指用砖或预制混凝土井筒砌成的井，设置在沟道断面、坡度的变更处或沟道相交处，或通长的直线管道上，供检修人员检查管道的状况，也可以称检查井。

⑥管道口：指建筑物中为节省空间及施工方便、美观的需要将许多管道集中安装在某一部分的空间管道。

由于龙骨制作有一定的间距，因此以上各结构部位对龙骨制作的影响相对较小，定额中已综合考虑了这部分的损耗，在计算时不需扣除。

(3)天棚面层在同一标高者为平面天棚，不在同一标高者为跌级天棚，龙骨工程量计算规则是相同的，皆按主墙间净投影面积计算，单价上有所区别。

3)计算公式

天棚龙骨工程量＝天棚净面积工程量

＝(房间长的轴线尺寸－主墙厚)×(房间宽的轴线尺寸－主墙厚)

4)计算实例

【例3-28】 某酒店包房天花平面图如图3-55所示，根据计算规则，试求其龙骨工程量。

【解】 根据计算规则，工程量计算如下：

$$\text{龙骨工程量} = (6-0.15-0.1)\times(3.6-0.1\times 2) = 19.55\text{m}^2$$

2.天棚基层

1)计算规则

天棚基层按展开面积计算。

2)计算规则说明

(1)预算中的"天棚基层"是指安装在主次龙骨面上作为面层底衬的胶合板或石膏板。

(2) 以"展开面积"计算是指把天棚凸凹面等展开后的全部面积合并计算。

(3) 天棚基层计算中需要扣除和不需要扣除的部分同天棚面层。

3)计算公式

天棚基层工程量＝(房间长的轴线尺寸－主墙厚)×(房间宽的轴线尺寸－主墙厚)＋凸凹面展开面积－0.3m² 以上的孔洞、独立柱、灯槽及与天棚相连的窗帘盒所占面积

4)计算实例

【例 3-29】 某酒店大包房天花图如图 3-56 所示，试根据计算规则，计算其九夹板基层工程量。

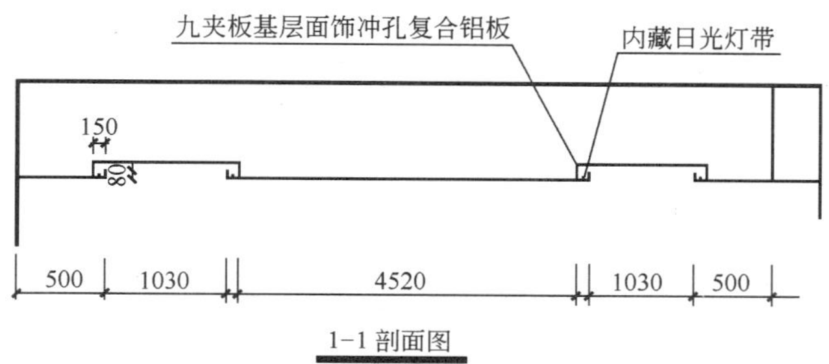

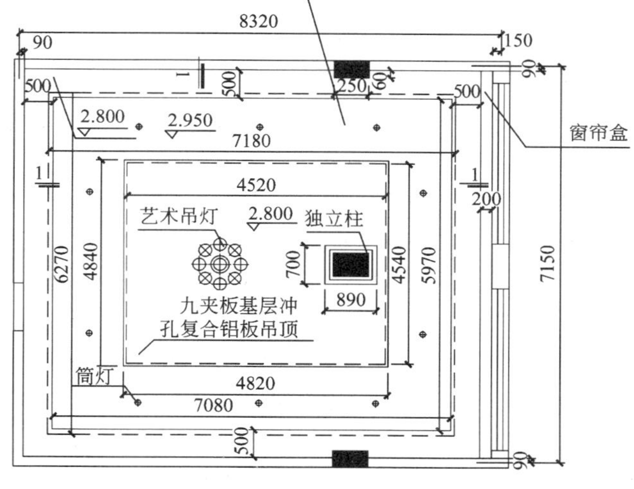

图 3-56　天棚造型吊顶

【解】 根据计算规则，天棚九夹板面积计算如下：

整个面积＝(8.32－0.09－0.15)×(7.15－0.09×2)

＝8.08×6.97

＝56.32m²

$$窗帘盒面积=0.2\times6.97=1.39\text{m}^2$$

筒灯面积小于 0.3m²,不扣除;柱垛面积不必扣除;独立柱必须扣除,故:

$$独立柱面积=0.89\times0.7=0.62\text{m}^2$$

$$\begin{aligned}九夹板立面展开部分面积&=(2.95-2.8)\times[(7.18+6.27)\times2+(4.52+4.54)\times2](虚线部位)+0.08\times[(7.08+5.97)\times2+(4.84+4.82)\times2](实线部位)+[(7.18\times6.27-7.08\times5.97)+(4.84\times4.82-4.52\times4.54)](虚实线间重叠部分)\\&=0.15\times45.02+0.08\times45.42+5.56\\&=15.94\text{m}^2\end{aligned}$$

$$天棚九夹板基层面积=56.32-1.39-0.62+15.94=70.25\text{m}^2$$

3. 天棚装饰面层

1)计算规则

天棚装饰面层,按主墙间实钉(胶)面积以平方米计算,不扣除间壁墙、检查口、附墙烟囱、垛和管道所占面积,但应扣除 0.3m² 以上的孔洞、独立柱、灯槽及与天棚相连的窗帘盒所占面积。

2)计算规则说明

(1)"天棚装饰面层按主墙间实钉(胶)面积以平方米计算"是指以天棚主墙间实际钉(胶)的各展开面的面积计算,如图 3-55 所示。

(2)"不扣除间壁墙、检查口、附墙烟囱、垛和管道所占面积"是指为了简化计算,无论面层做于间壁墙之外还是间壁墙之上,在定额中已经包含了这部分的消耗,因此计算时不需扣除。"检查口、附墙烟囱、垛和管道"所占面积很小,在 0.3m² 以内,定额中也已考虑其工料消耗,计算时不必扣除,也不必另算。

(3)"应扣除 0.3m² 以上的孔洞、独立柱、灯槽及与天棚相连的窗帘盒所占面积"是指这部分面积较大,计算天棚面层工程量时应予以扣除。需要注意的是如果窗帘盒做于面层之上,其所占面积不能扣除。天棚中的灯槽可按"其他工程"中的灯槽定额子目计算,但饰面层按展开面积合并在天棚面的饰面工程量中计算。天棚中的折线、迭落等圆弧形、拱形、艺术形式天棚的饰面,均按展开面积计算。

3)计算公式

天棚面层装饰面积＝(房间宽的尺寸－主墙厚)×(房间长的轴线尺寸－主墙厚)＋各展开面积－0.3m^2 以上的孔洞、独立柱、灯槽及与天棚相连的窗帘盒所占面积

(4)计算实例

【例 3-30】 某酒店包房吊顶图如图 3-57 所示，试根据计算规则，计算其吊顶面层工程量。

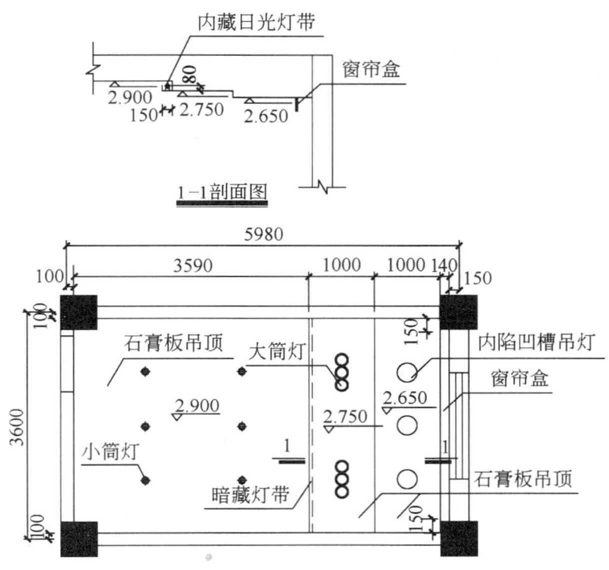

图 3-57　包工房天花图

【解】 根据计算规则，天棚面层实际工程量计算如下：

天棚面层工程量＝(5.98－0.1－0.15)×(3.6－0.1×2)

＝5.73×3.4

＝19.48m^2

窗帘盒面积＝0.14×(3.4－0.15×2)

＝0.43m^2

展开面积＝[(2.75－2.65)＋(2.9－2.75)＋0.15＋0.08]×3.4

＝1.63m^2

天棚面层实际工程量＝19.48－0.43＋1.63

＝20.68m^2

4.定额中龙骨、基层、面层合并列项的子目

1)计算规则

各种吊顶天棚龙骨、基层、面层合并列项的子目计算时,不扣除间壁墙、检查洞、附墙烟囱、柱、垛和管道所占面积。

2)计算规则说明

各种吊顶天棚龙骨、基层、面层合并列项的子目计算规则解释同天棚龙骨计算规则。

3)计算公式

天棚龙骨、基层、面层合并项目工程量=天棚净面积工程量

=(房间长的轴线尺寸-主墙厚)×(房间宽的轴线尺寸-主墙厚)

4)计算实例

【例 3-31】 某酒店包房房间天棚为铝垂片吊顶,如图 3-58 所示,试根据计算规则,计算其工程量。

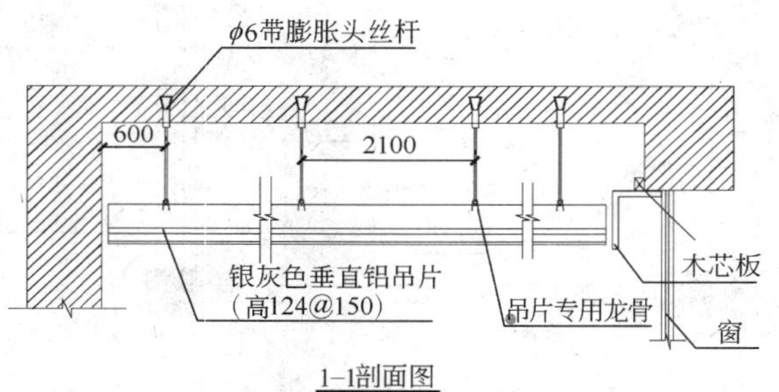

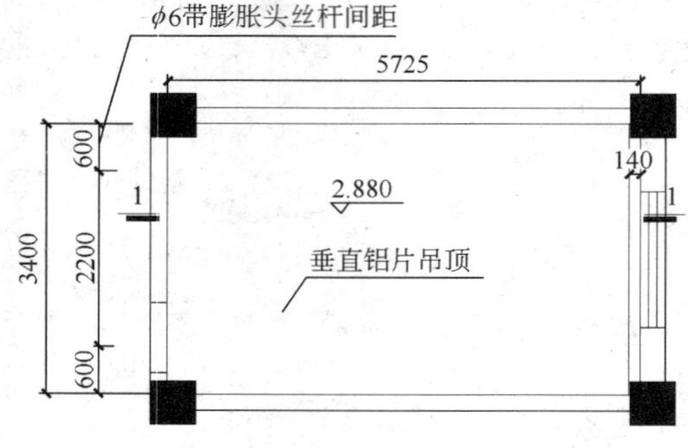

图 3-58 垂直铝片吊顶天棚

【解】 根据计算规则，工程量计算如下：

$$铝垂片天棚面层工程量=5.725\times3.4-0.14\times3.4=18.99m^2$$

5.板式楼梯底面的装饰工程量

1)计算规则

板式楼梯底面的装饰工程量按水平投影面积乘1.15系数计算，梁式楼梯底面按展开面积计算。

2)计算规则说明

(1)“楼梯底面的装饰工程量”包括楼梯段底面装饰和平台底面装饰两部分。

(2)“板式楼梯底面装饰”是斜面，为简化计算，其工程量按水平投影面积乘1.15的系数。如图3-59所示板式楼梯。

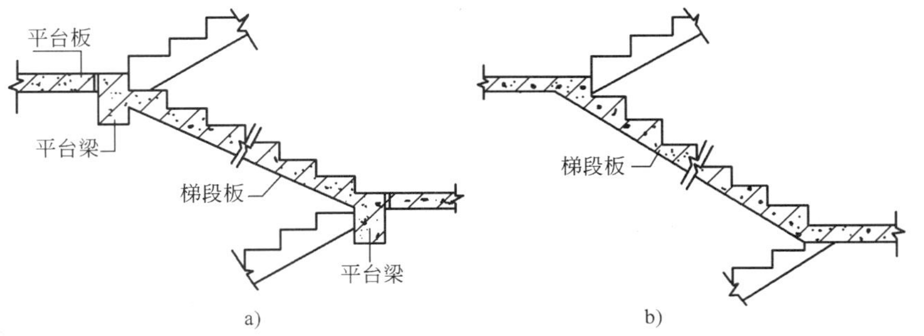

图3-59 板式楼梯计算示意图

(3)“梁式楼梯底面”如图3-60所示，其结构比较复杂，定额规定按展开面积计算。

3)计算公式

板式楼梯底面工程量=楼梯水平投影面积×1.15

梁式楼梯底面斜平顶工程量=按展开面积计算

梁式楼梯底面锯齿顶工程量=按展开面积计算

6.灯光槽工程量

1)计算规则

灯光槽按延长米算。

2)计算规则说明

(1)计算一般直线形天棚工程量时已将这部分面积扣除，因此灯光槽制作安装需要计算工程量，定额规定按延长米计算。

(2)艺术造型天棚项目中包括灯光槽的制作安装,不需另算。

3)计算公式

灯光槽工程量＝灯光槽图示长度

4)计算实例

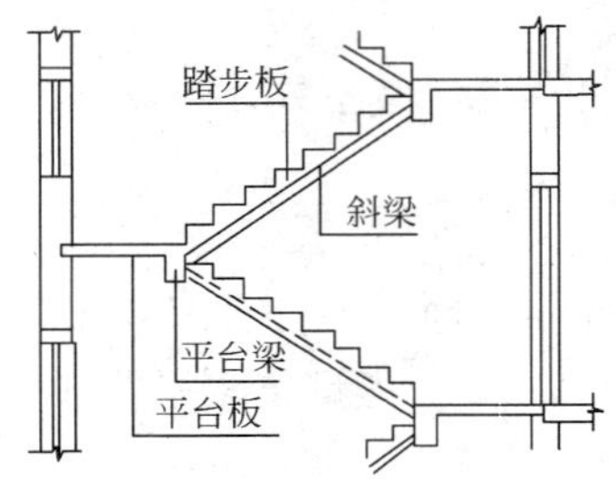

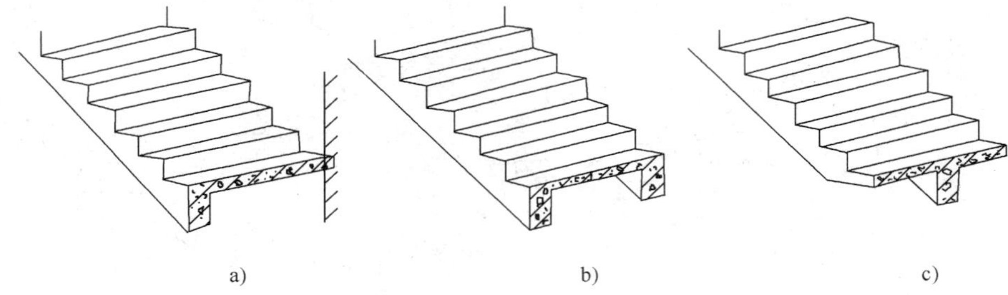

图 3-60　梁式楼梯计算示意图

a)梯段一侧设斜梁;b)梯段两侧设斜梁;c)梯段中间设斜梁

【例 3-32】 如图 3-61 所示,计算灯光槽工程量。

【解】 根据计算规则,工程量计算如下:

$$灯光槽工程量＝(3.4+1.5)\times 2 ＝9.8\text{m}$$

7.保温层、吸声层工程量

1)计算规则

保温层按实铺面积计算。

2)计算规则说明

“实铺面积”是指吊顶保温层实际铺设的面积,这里指水平投影面积。

3)计算公式

保温层工程量＝水平投影面积

4)计算实例

【例 3-33】 如图 3-61 所示，计算袋装矿棉工程量。

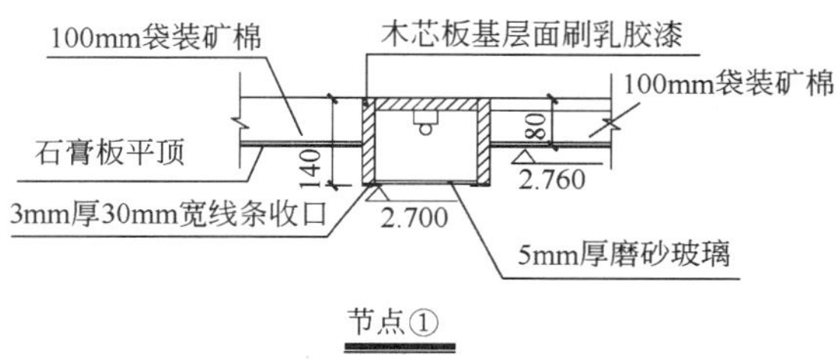

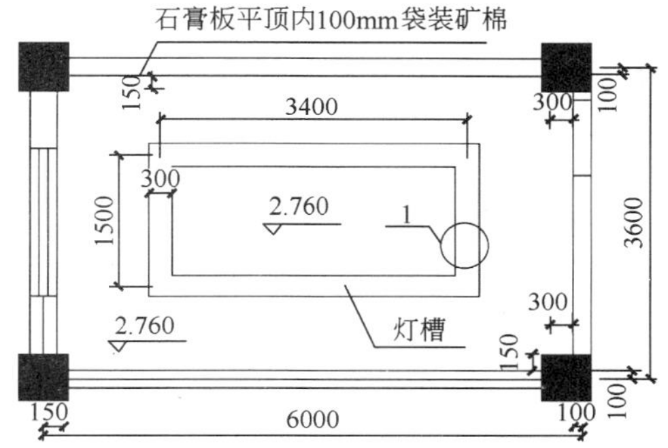

图 3-61 天棚吊顶灯槽布置图

【解】 根据计算规则，工程量计算如下：

袋装矿棉工程量=[(3.6−0.2)×(6.0−0.15−0.1)]−(3.4+1.5)×2×0.3

−0.15×0.3×2−0.15×0.1×2

$=16.49m^2$

8. 网架工程量

1)计算规则

网架按水平投影面积计算。

2)计算规则说明

网架结构构件繁多，按水平投影面积计算，不扣除镂空部分工程量。

3)计算公式

网架工程量=水平投影面积

4)工程量计算举例

【例 3-34】 如图 3-62 所示，计算钢网架工程量。

【解】根据计算规则，工程量计算如下：

$$网架工程量=4.5\times6.0$$
$$=27m^2$$

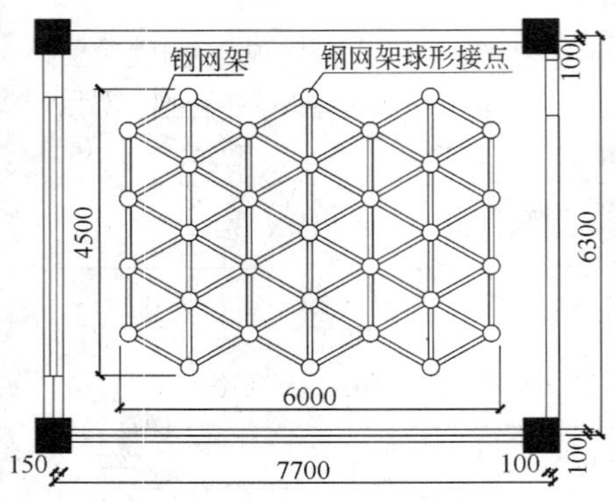

图 3-62　天棚钢网架投影图

9. 嵌缝工程量

1)计算规则

嵌缝按延长米计算。

2)计算规则说明

由于石膏板在拼接时存在缝隙，为了达到质量要求，使吊顶面层平整且不易裂缝，处理方法是在缝隙上沿长度方向贴绷带，故按米计算。

3)计算公式

$$嵌缝工程量=实贴长度$$

五 门窗工程量计算

(一)门窗工程列项

1. 门窗工程分项内容

装饰定额中的门窗工程分部共列出了 103 个子目。这些子目主要从两个方面划分。一是按门窗的材料。例如，铝合金门窗、卷闸门、采板组角刚门窗、防盗装饰门窗等。二是门窗的配件。例如，门窗套、门窗贴脸、门窗筒子板、窗帘盒、窗台板等。

本章工程量计算规则采用《全国统一装饰装修工程消耗定额》(GYD-901-2002)中的规定。主要子目构成如下：

1)铝合金门窗制作、安装(m^2):根据构造和门窗开启方式划分。

铝合金门窗制作、安装
单扇地弹门
无上亮
带上亮
双扇地弹门
无侧亮
有侧亮
无上亮
带上亮
四扇地弹门
单扇平开门
双扇平开门
无上亮
带上亮
单扇平开窗
双扇平开窗
无上亮
带上亮
带顶窗
推拉窗
双扇
三扇
四扇
不带亮
带亮
固定窗(矩形)
38 系列
25.4×101.5(1′×4′)方管
异型固定窗
纱扇制作安装
门
窗

2)铝合金门窗(成品)安装(m^2):根据构造和门窗开启方式划分。

铝合金门窗(成品)安装
地弹门
平开门
推拉门
推拉窗
固定窗
平开窗
防盗窗
百叶窗

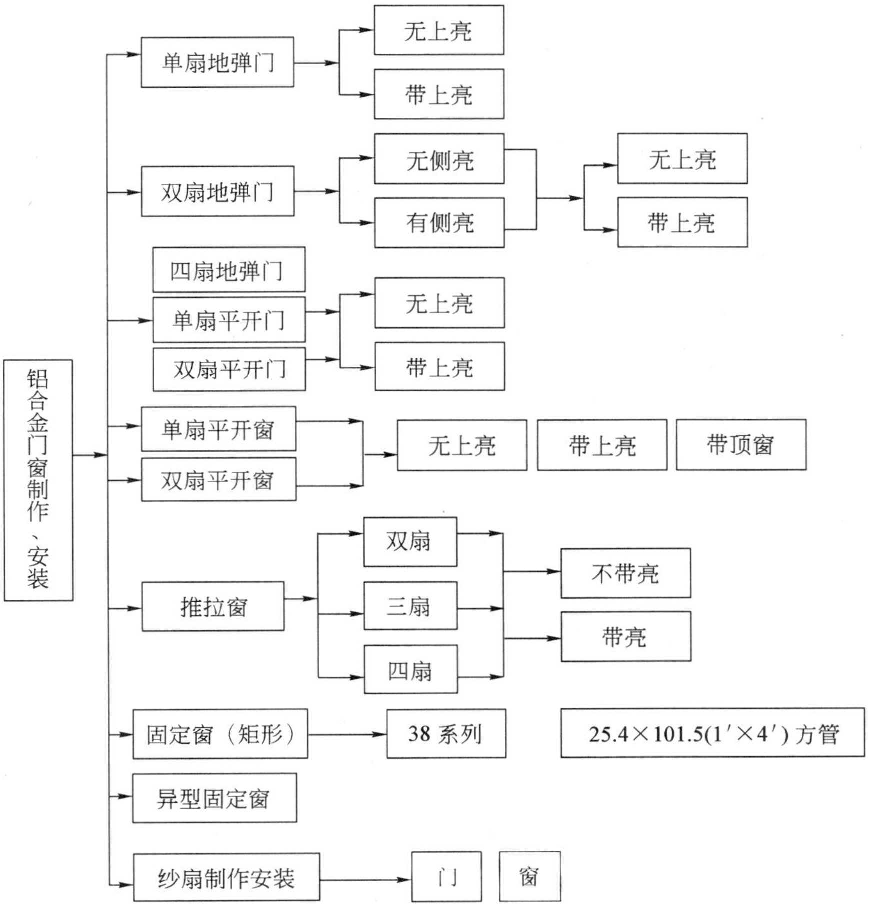

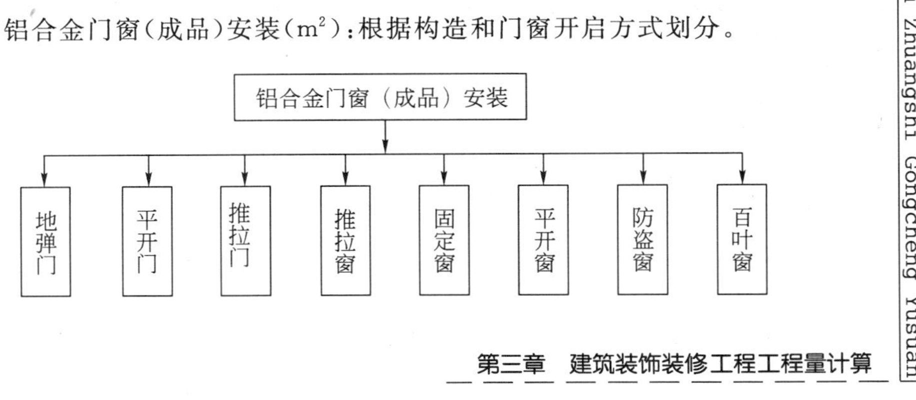

3)卷闸门安装:根据部位及配件划分。

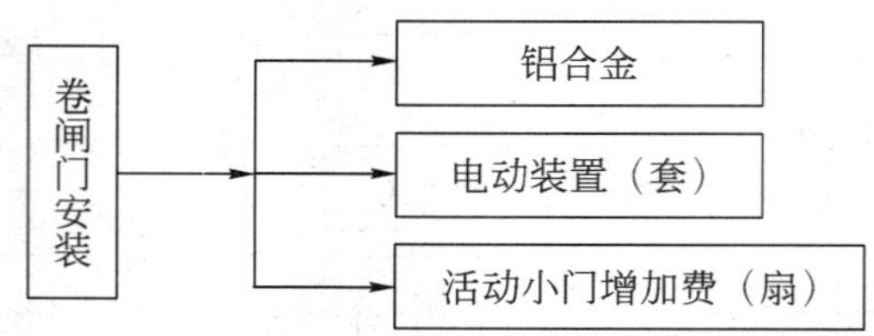

4)彩板组角钢门窗安装（m^2）。

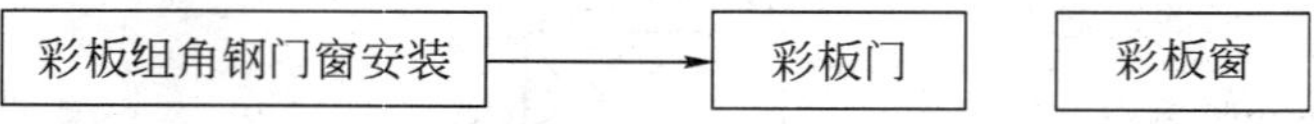

5)塑钢门窗安装(m^2):根据门窗构造划分。

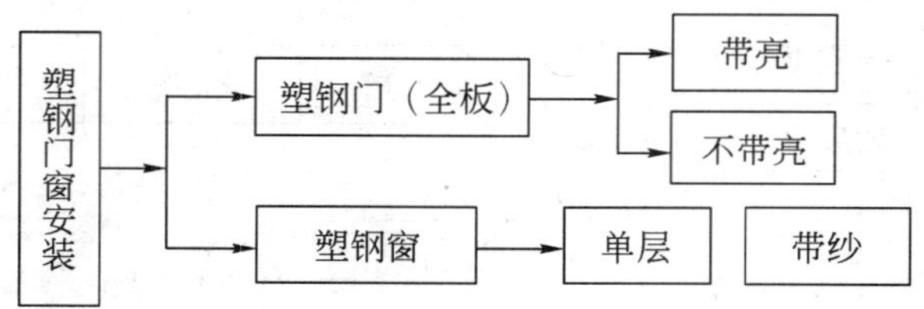

6)防盗装饰门窗安装(m^2):根据构造划分。

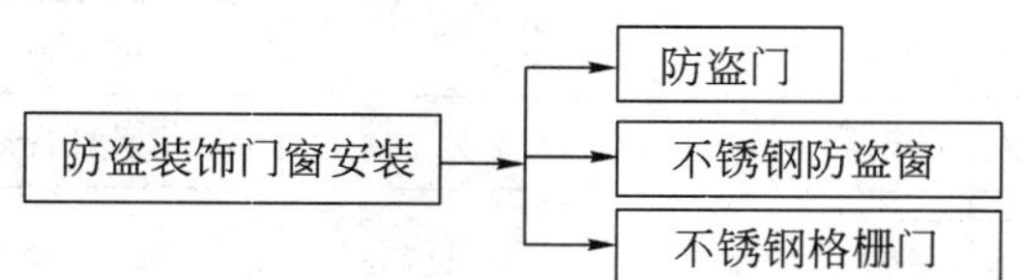

7)防火门、防火卷帘门安装(m^2):根据材质及配件划分。

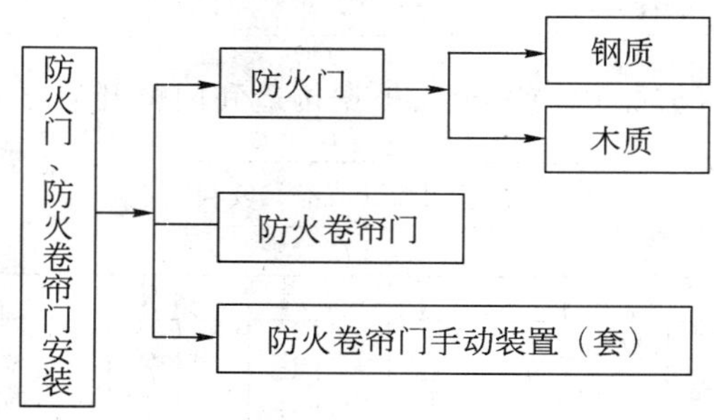

8)装饰门窗、门扇制作安装(m^2):根据构造做法及材质划分。

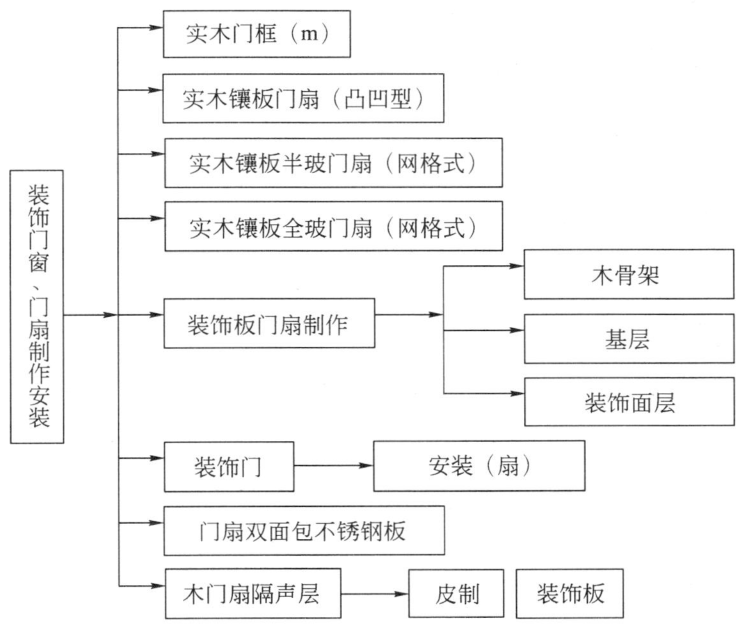

9）电子感应自动门及转门（樘）：根据材质、类型及配件划分。

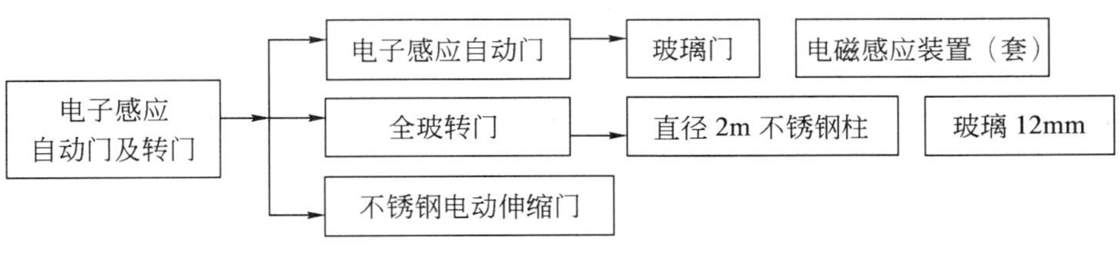

10）不锈钢电动伸缩门：以樘为单位计算工程量。

不锈钢电动伸缩门

11）不锈钢板包门框、无框全玻门（m^2）：根据构造及材质划分。

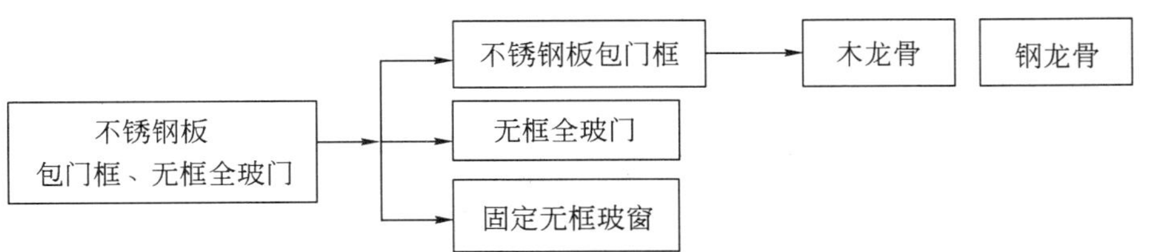

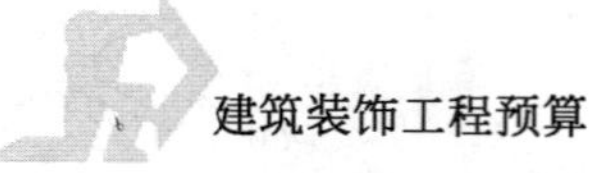

12)门窗套(m^2):根据构造和材质划分。

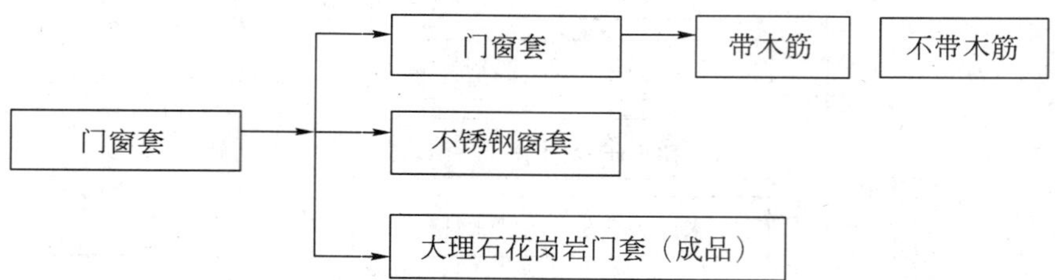

13)门窗贴脸(m^2):根据规格划分。

14)门窗筒子板(m^2):根据材质及构造划分。

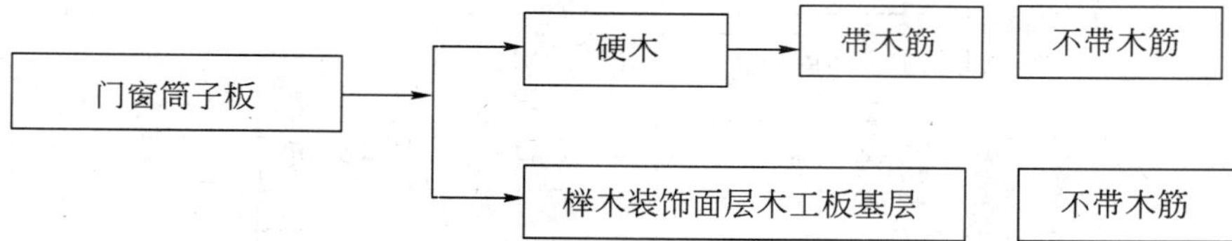

15)窗帘盒(m):根据材质及构造划分。

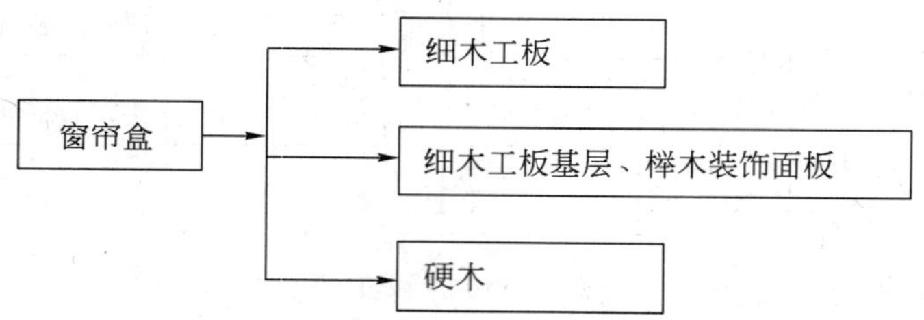

16)窗台板(m^2):根据材质及构造划分。

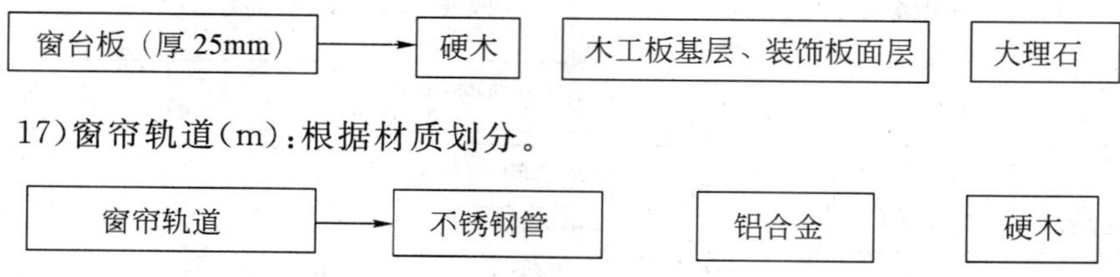

17)窗帘轨道(m):根据材质划分。

18)五金安装:按配件划分。

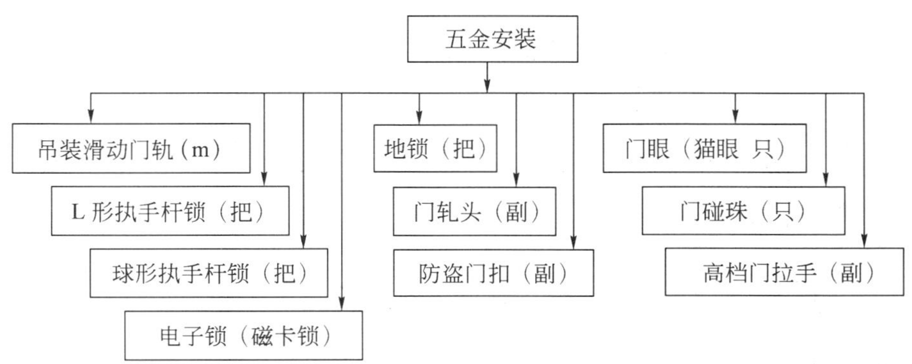

19)闭门器安装(副):按构造划分。

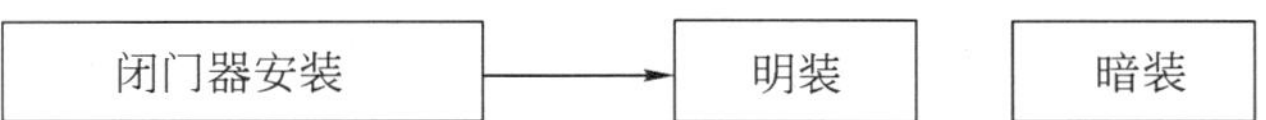

20)附录　铝合金门窗(制作)五金配件表(樘):按门窗类型划分。

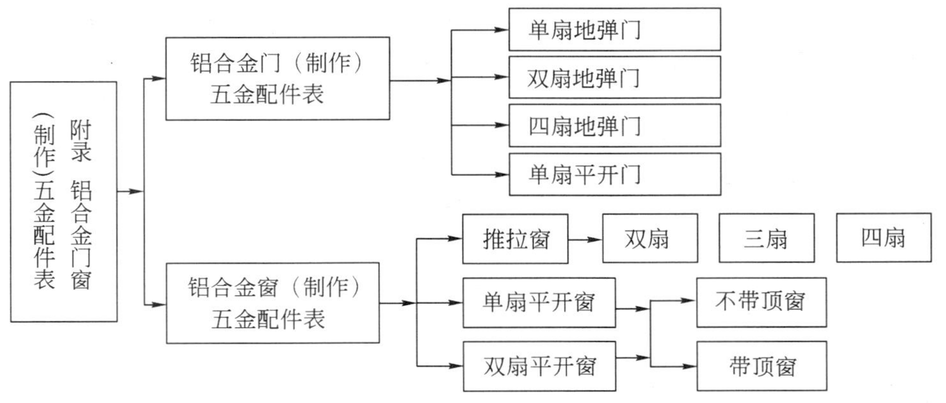

2. 门窗工程项目列项举例

根据定额的相关规定,仔细读图后正确列项,下面举例供大家参考学习。

【例 3-35】 根据图 3-33 平面图,已知 C1 为单层三扇矩形玻璃木窗、C2 为单层三扇矩形上带半圆玻璃木窗,试列出需要计算工程量的项目名称。(油漆工程暂不列项)

【解】 根据《装饰定额》列项如下:

(1)单层三扇矩形玻璃木窗制安。

(2)木半圆形玻璃窗制安。

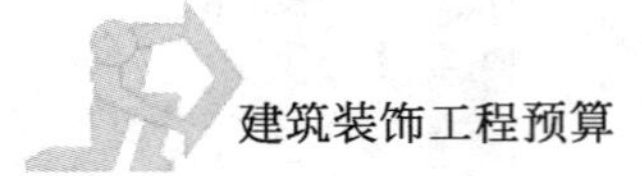

(二)门窗工程量的计算及应用

1. 铝合金门窗、彩板组角门窗、塑钢门窗

1)计算规则

铝合金门窗、彩板组角门窗、塑钢门窗安装均按洞口面积以平方米计算。纱扇制作按扇外围面积计算。

2)计算规则说明

(1)“按洞口面积计算”是指按设计洞口面积,即结构尺寸。

(2)“纱扇制作按扇外围面积”是指按门窗的设计图示尺寸。

3)计算公式

门窗工程量=门窗洞口图示长度×门窗洞口图示宽度×个数

4)计算实例

【例 3-36】 如图 3-63 所示,计算 C1 窗工程量。

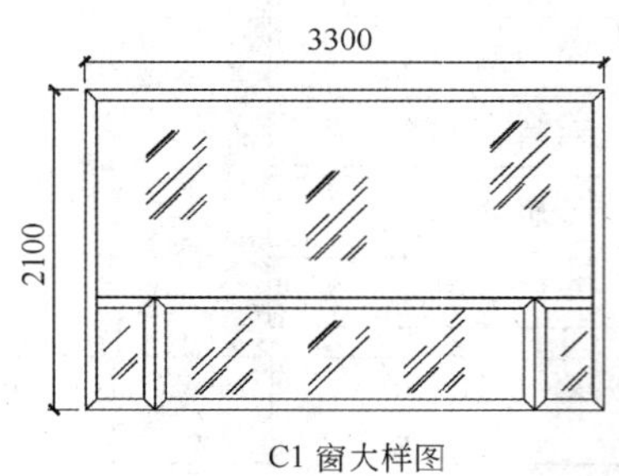

C1 窗大样图

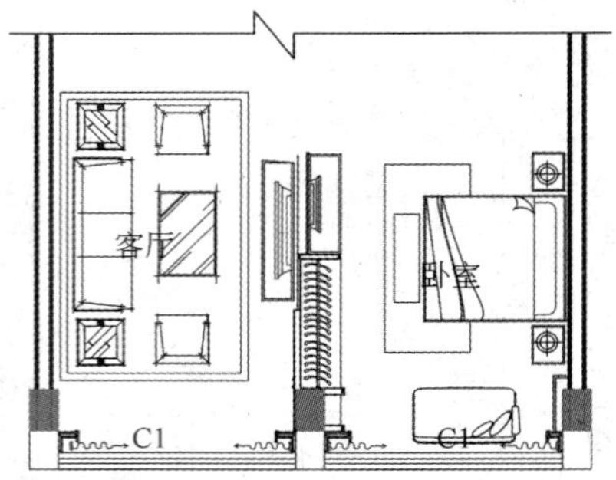

图 3-63 居室平面图

【解】 根据计算规则,工程量计算如下:

$$C1\text{ 窗工程量} = 2.1 \times 3.3 \times 2\text{ 樘} = 13.86\text{m}^2$$

2. 卷闸门

1)计算规则

卷闸门安装按其安装高度乘以门的实际宽度以平方米计算。安装高度算至滚筒顶点为准。带卷筒罩的按展开面积增加。电动装置安装以套计算,小门安装以个计算,小门面积不扣除。

2)计算规则说明

(1)卷闸门的卷筒或卷筒罩一般均安装在洞口上方,安装的实际面积要比洞口面积大,因此工程量应另行计算。

(2)在安装卷闸门时,卷闸门的宽度可以按门的实际宽度来取定,但高度必须比门的实际高度要高,根据实验测定一般卷闸门的高度要比门的高度高出600mm,有卷筒罩时,卷筒罩工程量还应展开计算合并于卷闸门中。

(3)电动装置安装需按“套”另行计算。

(4)卷闸门上安装的小门需另外以“个”计算工程量,计算卷闸门工程量时不需扣除小门所占面积,定额中已综合考虑了其工料消耗。

3)计算公式

$$S_{卷闸门}=门的宽度\times(门高度+600mm)+卷筒罩展开面积$$

4)计算实例

【例 3-37】 如图 3-64 所示,某汽车维修车间门为卷闸门,经安装时测量,卷筒罩展开面积为 $3m^2$,试根据计算规则,计算其工程量。

【解】 根据计算规则,工程量计算如下:

$$卷闸门工程量=5.1\times(2.8+0.6)+3=20.34m^2$$

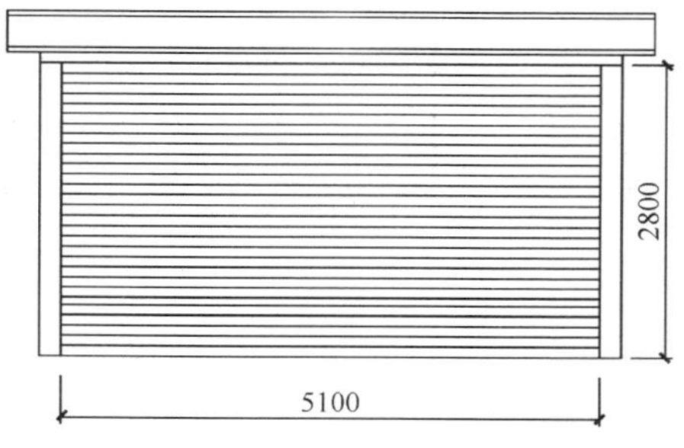

图 3-64 维修服务部卷闸门立面图

3. 防盗门、防盗窗、不锈钢格栅门工程量

1)计算规则

防盗门、防盗窗、不锈钢格栅门按框外围面积以平方米计算。

2)计算规则说明

“按框外围面积以平方米计算”是指防盗门、防盗窗、不锈钢格栅门按门框设计图示外围尺寸计算。

3)计算公式

防盗门、防盗窗、不锈钢格栅门工程量=门窗图示长度×门窗图示宽度×个数

4. 成品防火门、防火卷帘门工程量

1)计算规则

成品防火门以框外围面积计算,防火卷帘门从地(楼)面算至端板顶点乘设计宽度。

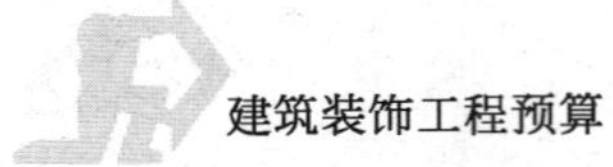

2)计算规则说明

(1)"以框外围面积计算"是指成品防火门工程量以设计门框外围图示尺寸计算。

(2)"端板顶点"如图 3-65 所示。

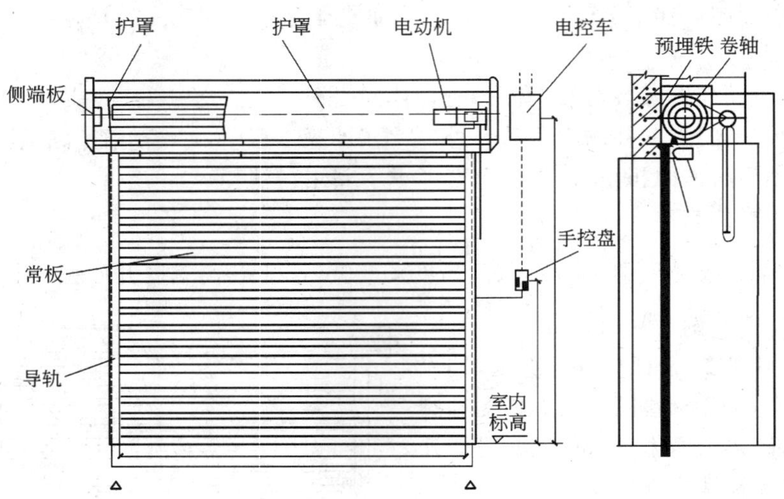

图 3-65 卷帘门构造图

3)计算公式

成品防火门工程量＝门窗图示长度×门窗图示宽度×个数

防火卷帘门工程量＝ 图示高度×设计宽度×个数

(4)计算实例

【例 3-38】 如图 3-66 所示,计算其防火门制作工程量。

【解】 根据计算规则,工程量计算如下:

防火门制作工程量＝2×1.5＝3m²

5. 实木门框、门扇制作安装

1)计算规则

实木门框制作安装以延长米计算。实木门扇制作安装及装饰门扇制作按扇外围面积计算。装饰门扇及成品门扇安装按扇计算。

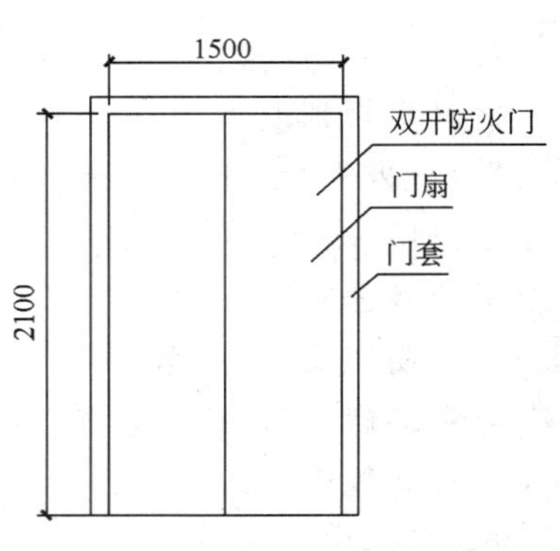

图 3-66 双开防火门立面图

2)规则说明

(1)框扇制作、安装分开计算,便于计算有关费用,将在第五章中学习。

(2)"按扇外围面积计算"是指按门扇图示尺寸计算,框尺寸除外。

(3)装饰门扇及成品门扇安装按"扇"计算是指计量单位。

3)计算公式

实木门框制作安装工程量=门框实际图示设计长度

门扇制作安装工程量= 图示高度×设计宽度×个数

装饰门扇及成品门扇工程量=门扇个数

4)计算实例

【例 3-39】 如图 3-67 所示,某酒店包房门为实木门扇及门框,试根据计算规则,分别计算其门框与门扇制安的工程量。

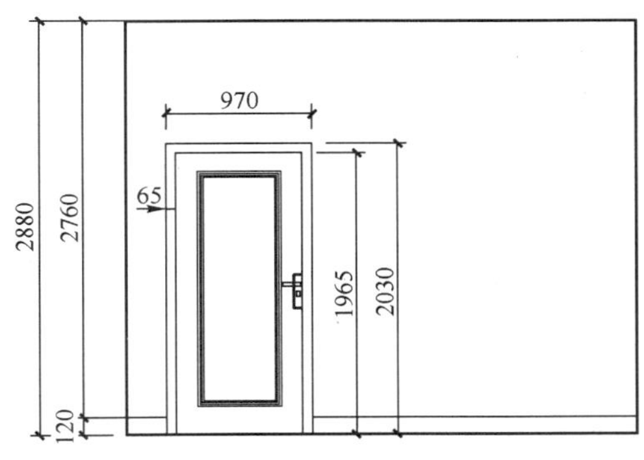

图 3-67 双开防火门立面图

【解】 根据计算规则,工程量计算如下:

实木门框制作安装工程量=2.03×2+(0.97−0.065×2)

=4.9m

门扇制作安装工程量=1.965×(0.97−0.065×2)

=1.65m²

6.木门扇皮制隔声面层和装饰板隔声面层工程量

1)计算规则

木门扇皮制隔声面层和装饰板隔声面层,按单面面积计算。

2)计算规则说明

木门扇皮制隔声面层和装饰板隔声面层虽然双面都有,在定额消耗量中已综合考虑了,因此只需计算单面面积。

3)计算公式

木门扇皮制隔声面层或装饰板隔声面层工程量＝门扇图示设计高度×图示设计宽度

4)计算实例

【例 3-40】 如图 3-68 所示，某酒店歌舞厅大门面层为隔声饰面板，试根据计算规则，计算其隔声面层工程量。

【解】 根据计算规则，工程量计算如下：

隔声面层工程量＝2.26×1.48

＝3.34m^2

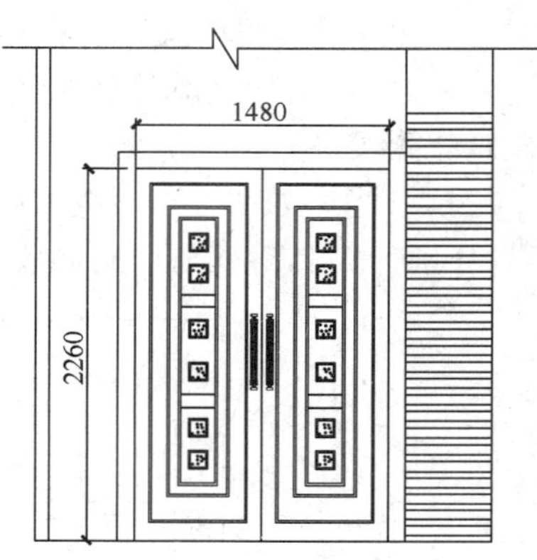

图 3-68 隔声门立面图

7.装饰材料包门窗套

1)计算规则

不锈钢板包门框、门窗套、花岗岩门套、门窗筒子板按展开面积计算。门窗贴脸、窗帘盒、窗帘轨按延长米计算。

2)规则说明

(1)“不锈钢板包门框、门窗套”指的是将门框的木材表面，用不锈钢片保护起来，增加门的美观，还可免受火种直接烧烤。

(2)注意不锈钢等装饰材料包门窗框，按展开面积计算，即实包面积。

3)计算公式

门窗套工程量＝门窗套展开面积

4)计算实例

【例 3-41】 如图 3-69 所示，某办公楼房间门贴脸及门套图，试根据计算规则，分别计算其工程量。

【解】 根据计算规则，工程量计算如下：

门贴脸工程量＝[(2.03＋0.08)×2＋0.8]×2

＝10.4m

门套工程量＝0.27×(2.03×2＋0.8)

＝1.31m^2

8.窗台板工程量

1)计算规则

窗台板按实铺面积计算。

2)计算公式

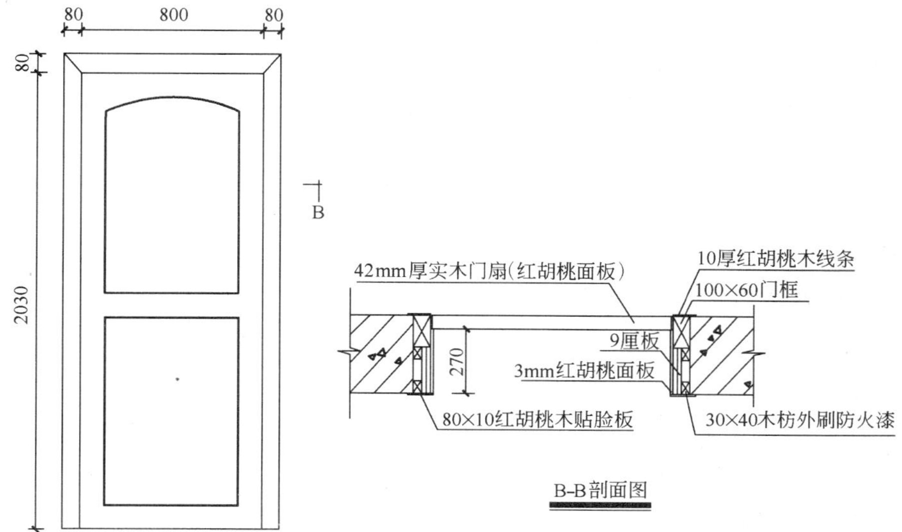

图 3-69　实木门大样图

窗台板工程量＝窗台板实铺面积

3)计算实例

【例 3-42】 如图 3-70 所示，某酒店窗台板为英国棕花岗岩，窗台长 3m，试根据计算规则，计算其窗台板的工程量。

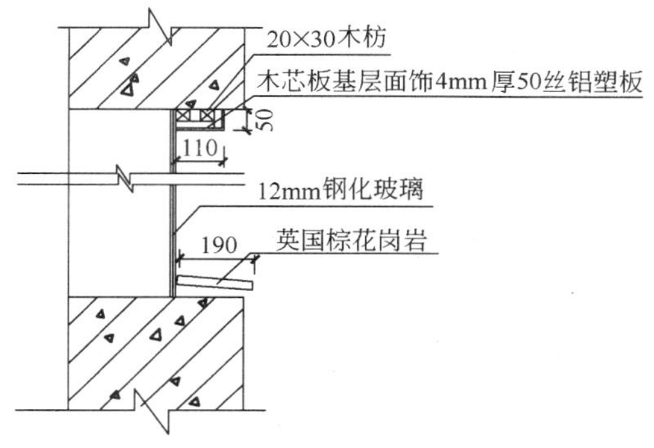

图 3-70　窗台板大样图

【解】 根据计算规则，工程量计算如下：

$$窗台板工程量=0.19\times3=0.57m^2$$

9. 电子感应门及转门工程量

电子感应门及转门按定额尺寸以樘计算。

10. 不锈钢电动伸缩门工程量

不锈钢电动伸缩门以樘计算。

六 油漆、涂料、裱糊工程量计算

(一)油漆、涂料、裱糊工程列项

1. 门窗工程分项内容

装饰定额中的油漆、涂料、裱糊工程分部共列出了295个子目。这些子目主要从三个方面划分。一是按所涂刷部位的不同列项,二是按所涂刷的遍数列项,三是按油漆、涂料的不同材质列项。

本章工程量计算规则采用《全国统一装饰装修工程量消耗定额》(GYD-901-2002)中的规定。主要子目构成如下:

1)木材面油漆(m^2):根据施工工艺及构造部位列项。

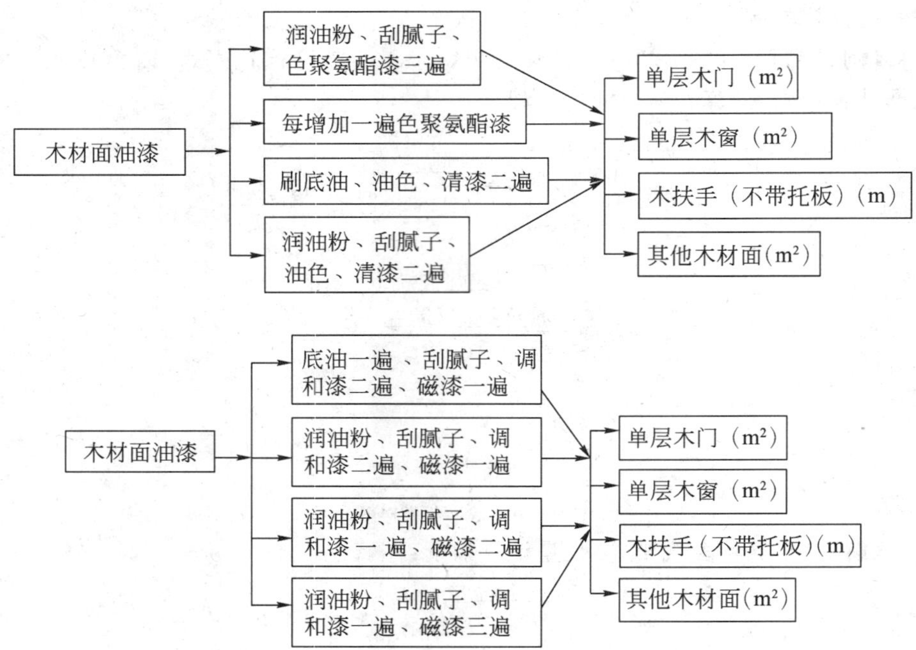

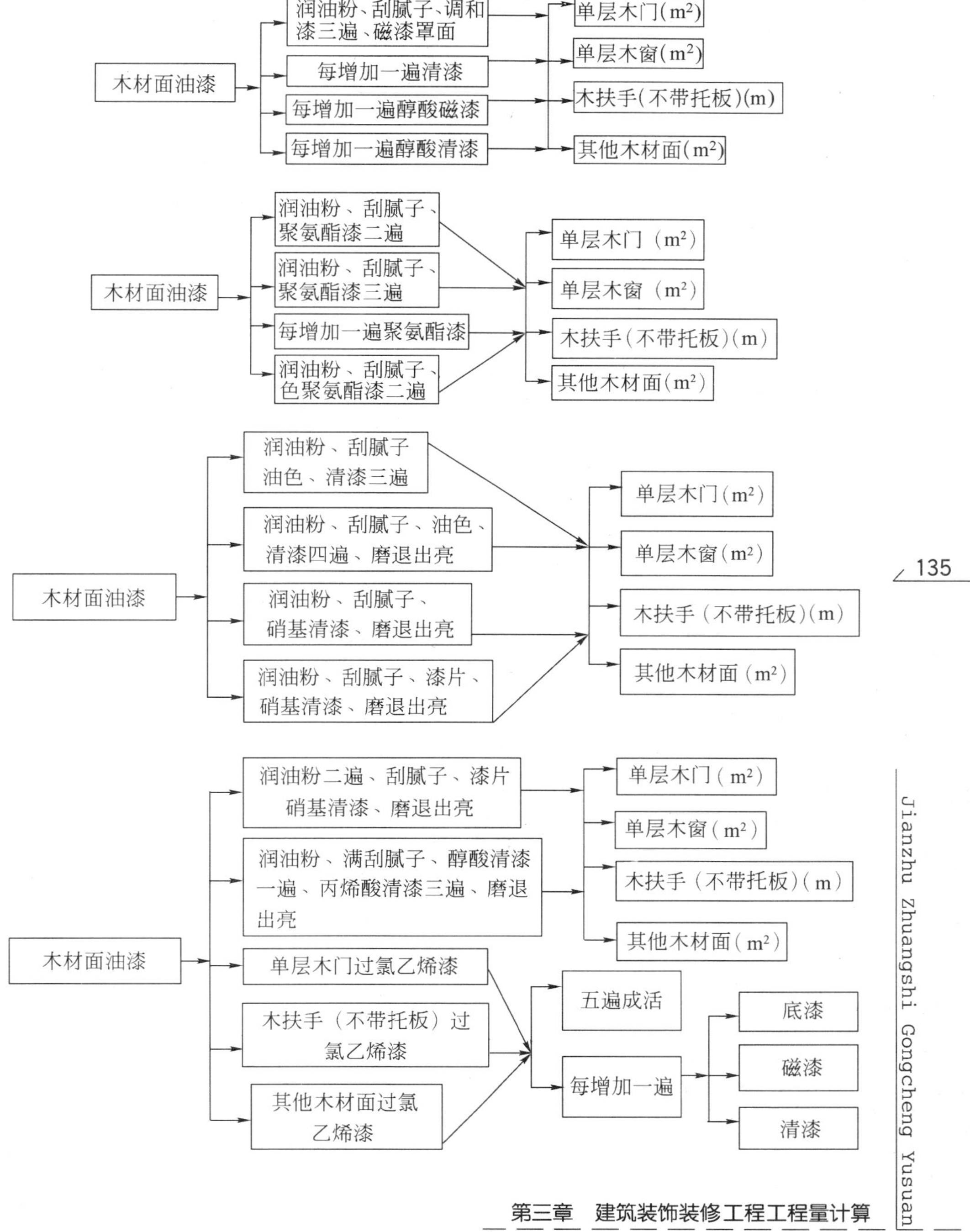
木材面油漆
润油粉、刮腻子、调和漆三遍、磁漆罩面
每增加一遍清漆
每增加一遍醇酸磁漆
每增加一遍醇酸清漆
单层木门(m²)
单层木窗(m²)
木扶手(不带托板)(m)
其他木材面(m²)
木材面油漆
润油粉、刮腻子、聚氨酯漆二遍
润油粉、刮腻子、聚氨酯漆三遍
每增加一遍聚氨酯漆
润油粉、刮腻子、色聚氨酯漆二遍
单层木门（m²）
单层木窗（m²）
木扶手（不带托板）(m)
其他木材面(m²)
木材面油漆
润油粉、刮腻子油色、清漆三遍
润油粉、刮腻子、油色、清漆四遍、磨退出亮
润油粉、刮腻子、硝基清漆、磨退出亮
润油粉、刮腻子、漆片、硝基清漆、磨退出亮
单层木门(m²)
单层木窗(m²)
木扶手（不带托板）(m)
其他木材面（m²）
木材面油漆
润油粉二遍、刮腻子、漆片硝基清漆、磨退出亮
润油粉、满刮腻子、醇酸清漆一遍、丙烯酸清漆三遍、磨退出亮
单层木门过氯乙烯漆
木扶手（不带托板）过氯乙烯漆
其他木材面过氯乙烯漆
单层木门（m²）
单层木窗（m²）
木扶手（不带托板）(m)
其他木材面（m²）
五遍成活
每增加一遍
底漆
磁漆
清漆

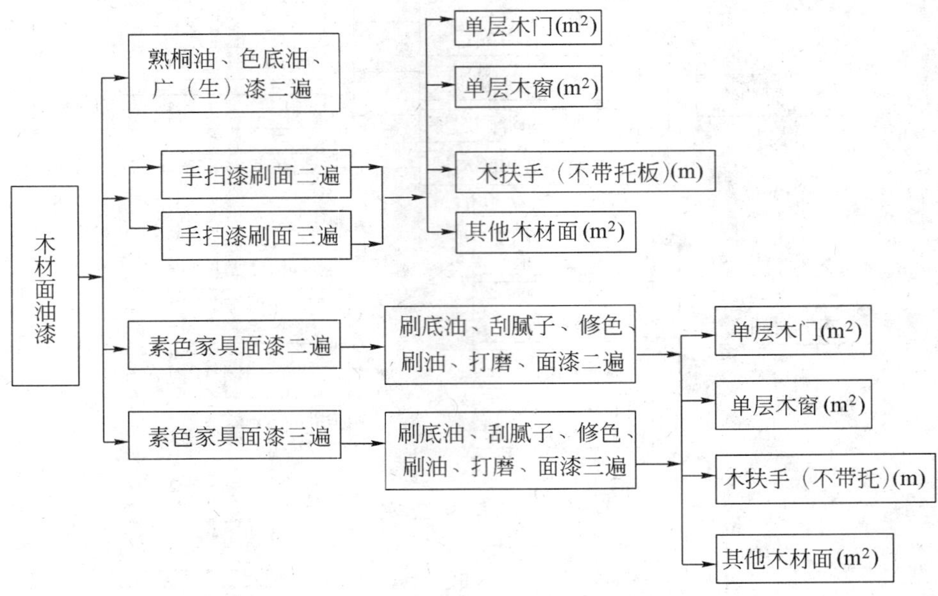
木材面油漆
熟桐油、色底油、广（生）漆二遍
手扫漆刷面二遍
手扫漆刷面三遍
素色家具面漆二遍
素色家具面漆三遍
单层木门(m²)
单层木窗(m²)
木扶手（不带托板)(m)
其他木材面(m²)
刷底油、刮腻子、修色、刷油、打磨、面漆二遍
刷底油、刮腻子、修色、刷油、打磨、面漆三遍
单层木门(m²)
单层木窗(m²)
木扶手（不带托)(m)
其他木材面(m²)

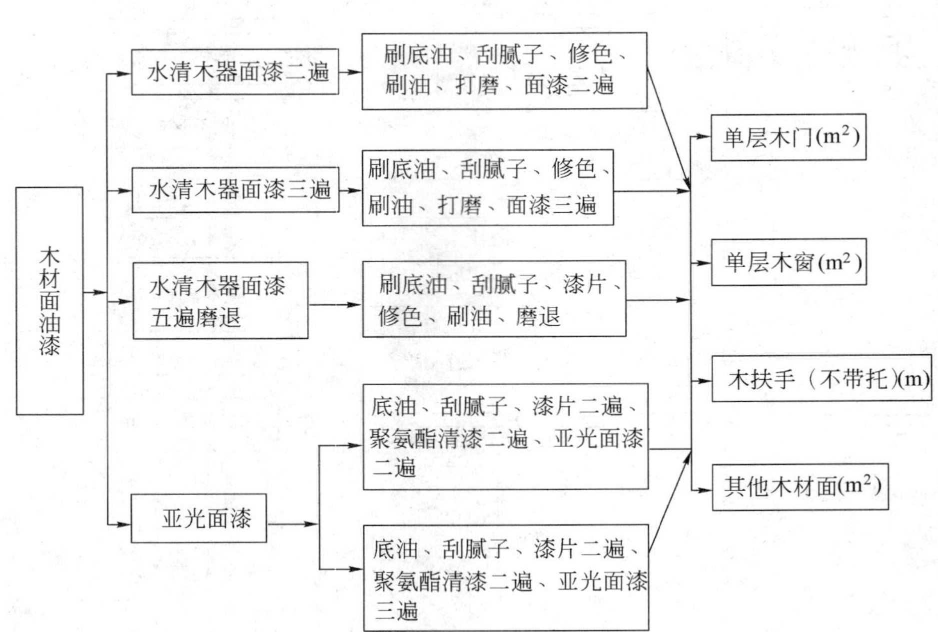
木材面油漆
水清木器面漆二遍
水清木器面漆三遍
水清木器面漆五遍磨退
亚光面漆
刷底油、刮腻子、修色、刷油、打磨、面漆二遍
刷底油、刮腻子、修色、刷油、打磨、面漆三遍
刷底油、刮腻子、漆片、修色、刷油、磨退
底油、刮腻子、漆片二遍、聚氨酯清漆二遍、亚光面漆二遍
底油、刮腻子、漆片二遍、聚氨酯清漆二遍、亚光面漆三遍
单层木门(m²)
单层木窗(m²)
木扶手（不带托)(m)
其他木材面(m²)

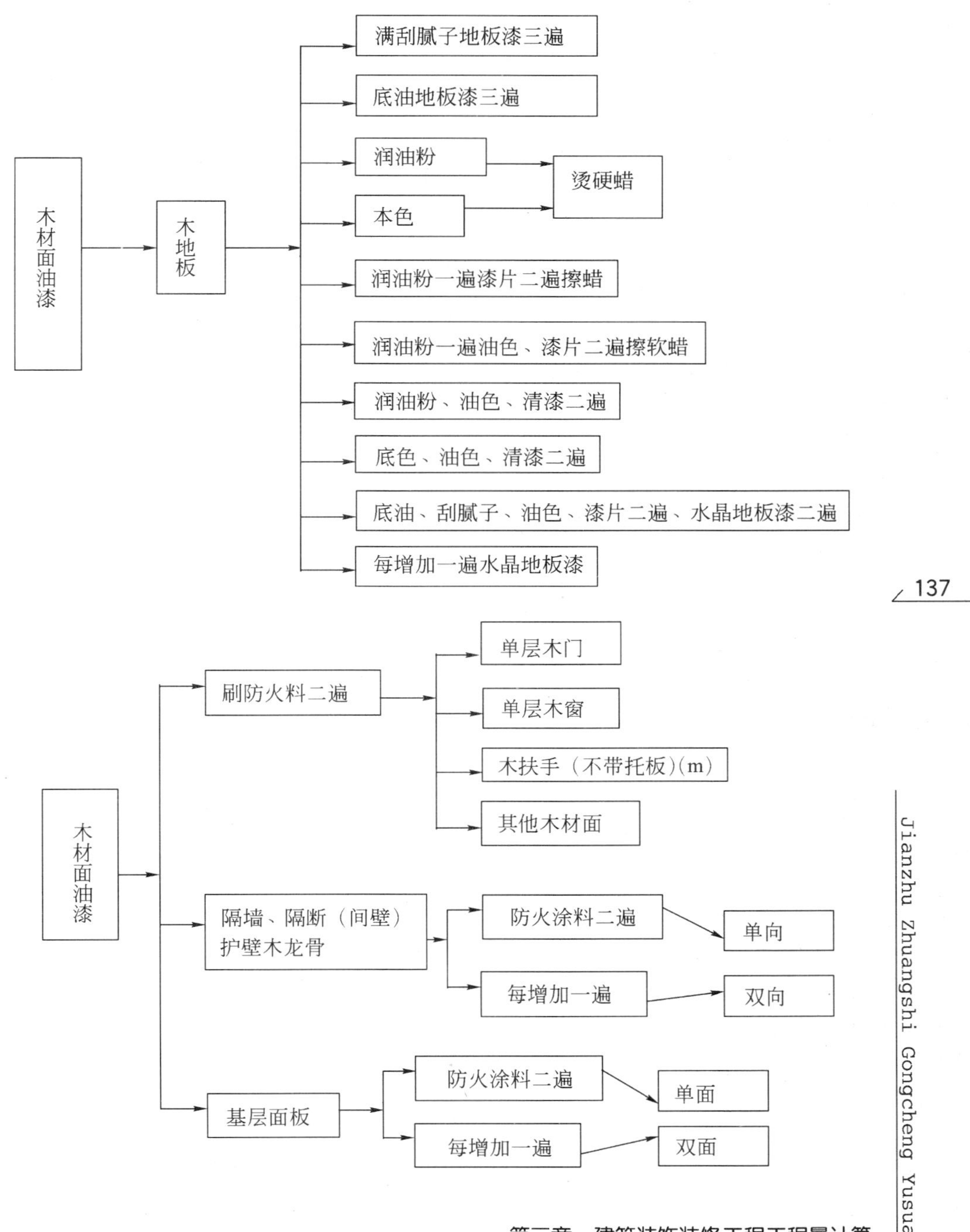
木材面油漆
木地板
满刮腻子地板漆三遍
底油地板漆三遍
润油粉
本色
烫硬蜡
润油粉一遍漆片二遍擦蜡
润油粉一遍油色、漆片二遍擦软蜡
润油粉、油色、清漆二遍
底色、油色、清漆二遍
底油、刮腻子、油色、漆片二遍、水晶地板漆二遍
每增加一遍水晶地板漆
木材面油漆
刷防火料二遍
单层木门
单层木窗
木扶手（不带托板）(m)
其他木材面
隔墙、隔断（间壁）护壁木龙骨
防火涂料二遍
每增加一遍
单向
双向
基层面板
防火涂料二遍
每增加一遍
单面
双面

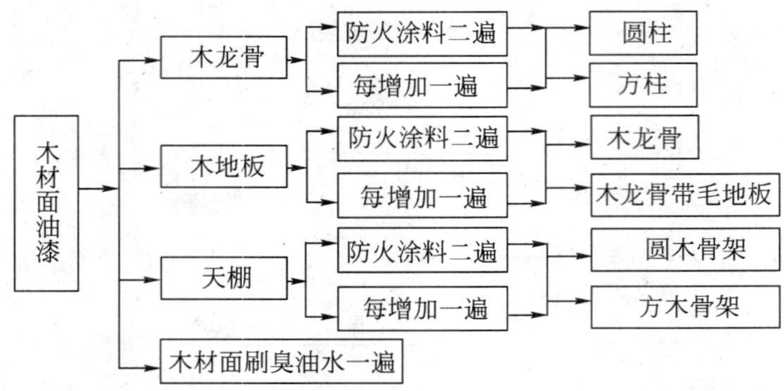

木材面油漆
木龙骨
防火涂料二遍
每增加一遍
圆柱
方柱
木地板
防火涂料二遍
每增加一遍
木龙骨
木龙骨带毛地板
天棚
防火涂料二遍
每增加一遍
圆木骨架
方木骨架
木材面刷臭油水一遍

2)金属面油漆(m^2):根据装饰构造、施工工艺和材料种类划分。

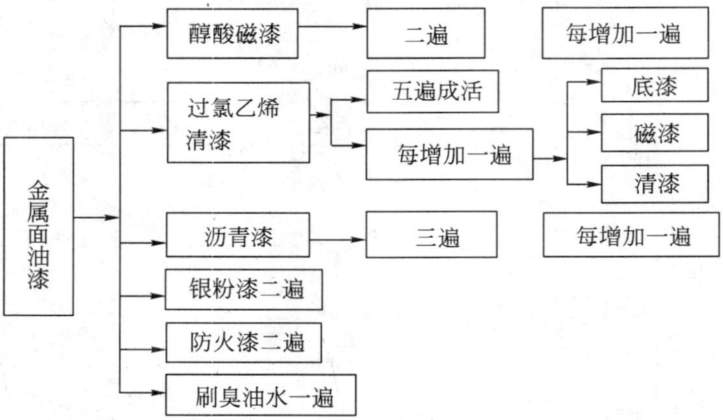

金属面油漆
醇酸磁漆
二遍
每增加一遍
过氯乙烯清漆
五遍成活
每增加一遍
底漆
磁漆
清漆
沥青漆
三遍
每增加一遍
银粉漆二遍
防火漆二遍
刷臭油水一遍

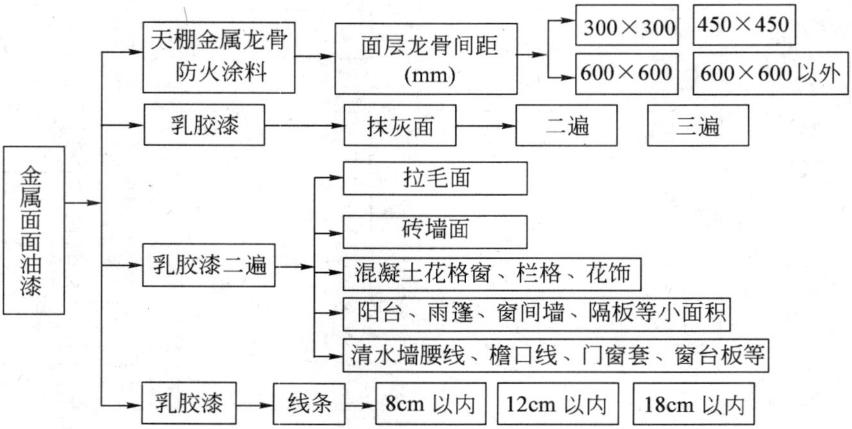

金属面面油漆
天棚金属龙骨防火涂料
面层龙骨间距(mm)
300×300
450×450
600×600
600×600以外
乳胶漆
抹灰面
二遍
三遍
乳胶漆二遍
拉毛面
砖墙面
混凝土花格窗、栏格、花饰
阳台、雨篷、窗间墙、隔板等小面积
清水墙腰线、檐口线、门窗套、窗台板等
乳胶漆
线条
8cm以内
12cm以内
18cm以内

金属面油漆

- 水性水泥漆二遍
- 油漆画石纹
- 抹灰面做假木纹
- 抹灰面过氯乙烯漆
  - 五遍成活
  - 每增减一遍
    - 底漆
    - 磁漆
    - 清漆
- 生漆黑板
- 外墙真石漆
  - 胶带条分格
  - 木嵌条分格
- 抹灰面刷墙漆王
  - 滚漆
  - 喷涂
  - 刷涂
- 墙、柱、梁面
- 天棚
  - 一塑三油
    - 大压花
    - 中压花
    - 喷中点、幼点
    - 平面

金属面油漆

- 墙面钙塑涂料（成品）
  - 内墙及天棚面
  - 外墙面
- 墙面抗碱封底涂料
- 外墙JH801涂料
  - 清水墙
  - 抹灰面
- 仿瓷涂料二遍
- 内墙多彩花纹涂料
- 内墙彩绒涂料
- 外墙多彩花纹涂料
  - 清水墙
  - 抹灰面

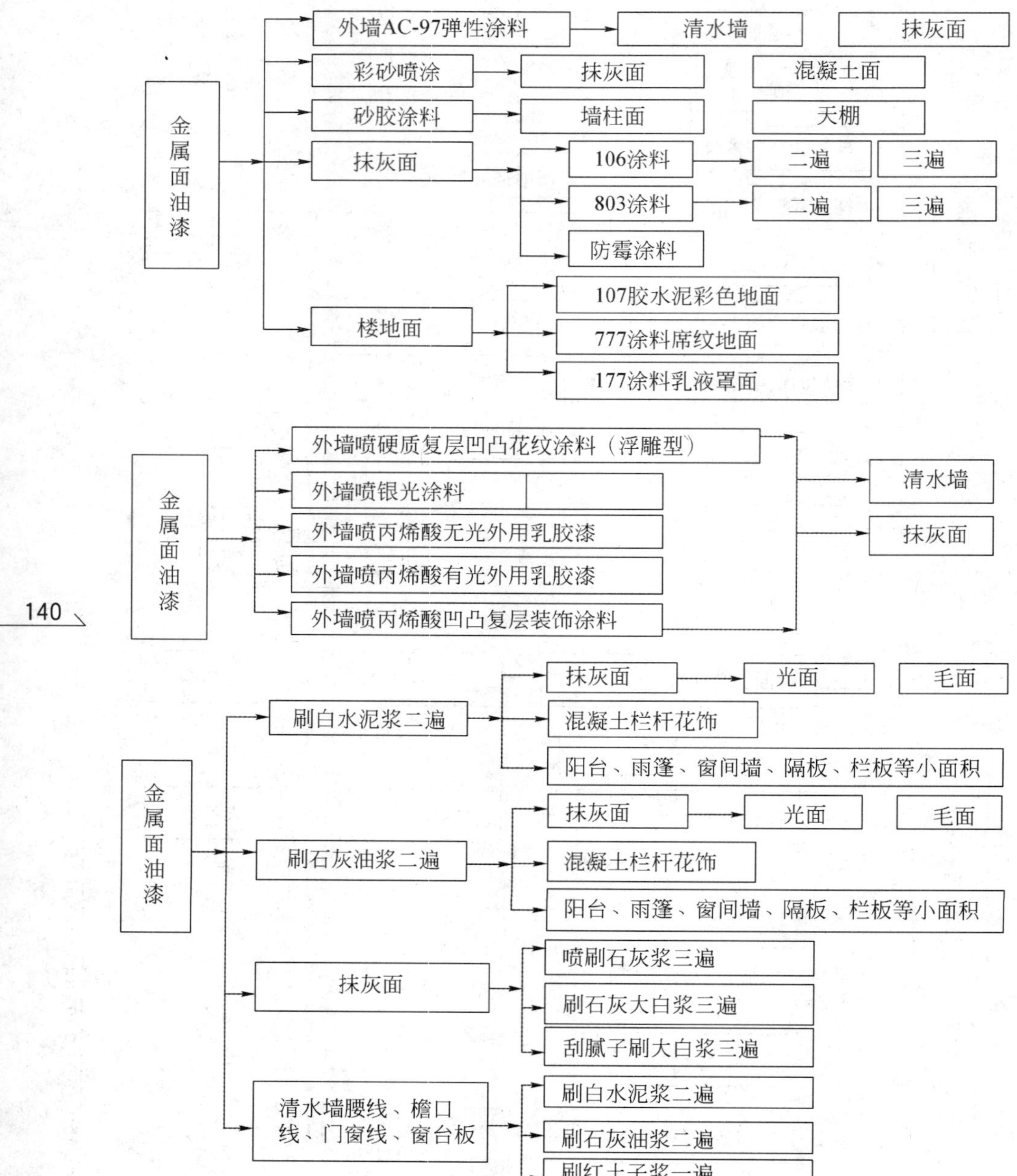
金属面油漆
外墙AC-97弹性涂料
清水墙
抹灰面
彩砂喷涂
抹灰面
混凝土面
砂胶涂料
墙柱面
天棚
抹灰面
106涂料
二遍
三遍
803涂料
二遍
三遍
防霉涂料
楼地面
107胶水泥彩色地面
777涂料席纹地面
177涂料乳液罩面
金属面油漆
外墙喷硬质复层凹凸花纹涂料（浮雕型）
外墙喷银光涂料
外墙喷丙烯酸无光外用乳胶漆
外墙喷丙烯酸有光外用乳胶漆
外墙喷丙烯酸凹凸复层装饰涂料
清水墙
抹灰面
金属面油漆
刷白水泥浆二遍
抹灰面
光面
毛面
混凝土栏杆花饰
阳台、雨篷、窗间墙、隔板、栏板等小面积
刷石灰油浆二遍
抹灰面
光面
毛面
混凝土栏杆花饰
阳台、雨篷、窗间墙、隔板、栏板等小面积
抹灰面
喷刷石灰浆三遍
刷石灰大白浆三遍
刮腻子刷大白浆三遍
清水墙腰线、檐口线、门窗线、窗台板
刷白水泥浆二遍
刷石灰油浆二遍
刷红土子浆一遍

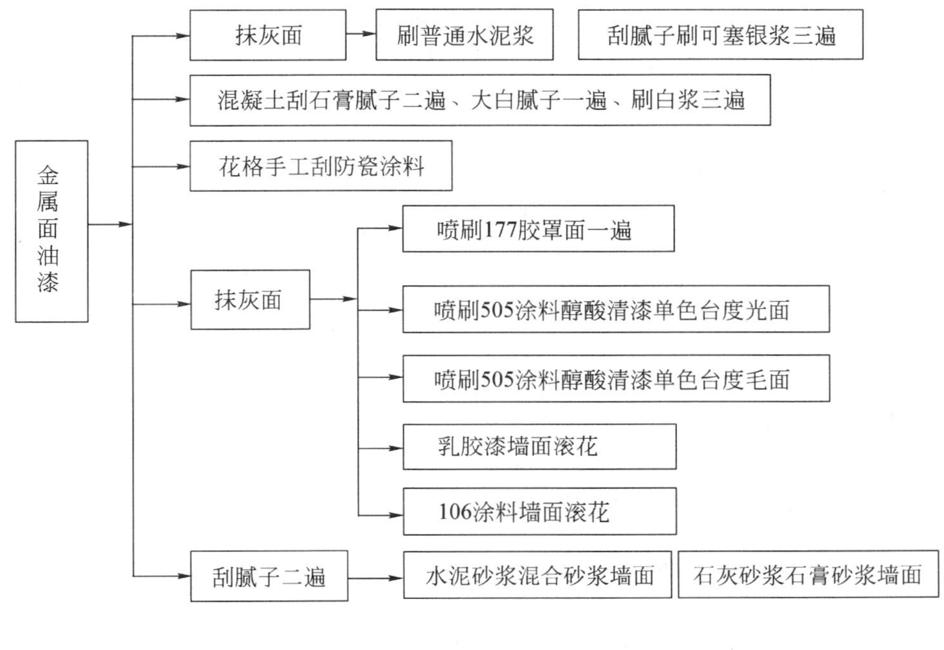

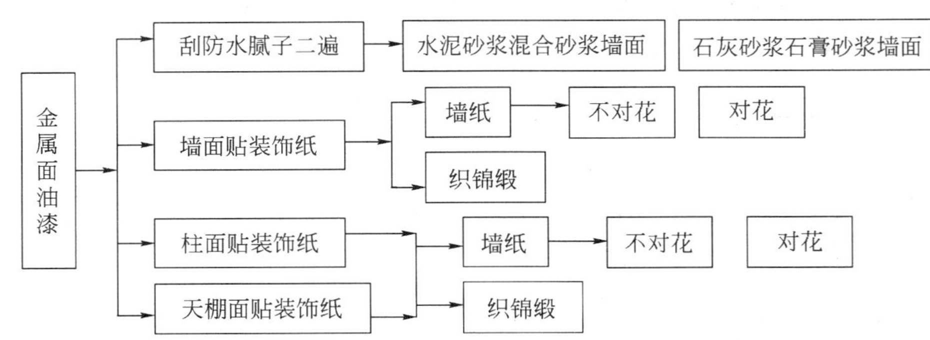

2. 油漆、涂料、裱糊工程项目列项举例

【例 3-43】 如图 3-71 所示为某酒店包房墙面装饰图，试根据《装饰定额》列出油漆、裱糊类工程项目名称。

【解】 根据《装饰定额》列项如下：

(1)墙面贴墙纸。

(2)墙面银色乳胶漆。

(3)踢脚线九厘板上刷乳胶漆。

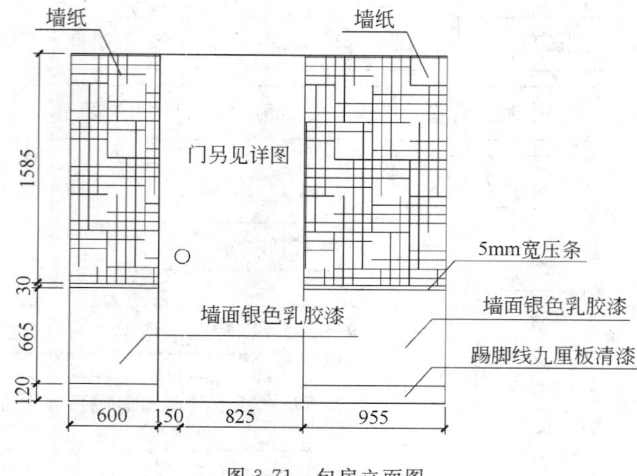

图 3-71　包房立面图

(二)油漆、涂料、裱糊工程量计算规则及应用

1. 抹灰面油漆、涂料、裱糊工程量计算

1)计算规则

楼地面、天棚、墙、柱、梁面的喷(刷)涂料、抹灰面油漆及裱糊工程,均按附表相应的计算规则计算。如表 3-1 所示。

抹灰面油漆、涂料、裱糊　　表 3-1

项目名称	系　　数	工程量计算方法
混凝土楼梯底(板式)	1.15	水平投影面积
混凝土楼梯底(梁式)	1.00	展开面积
混凝土花格窗、栏杆花饰	1.82	单面外围面积
楼地面、天棚、墙、柱、梁面	1.00	展开面积

2)计算规则说明

(1)混凝土板式楼梯底、混凝土梁式楼梯底油漆、涂料、裱糊工程量计算与天棚底面装饰工程量计算规则一致。

(2)混凝土花格窗、栏杆花饰不扣除空花部分,按单面外围面积计算工程量,由于空花部分也要刷涂料等,为简化计算,故按单面面积乘以 1.82 的系数。

(3)楼地面、天棚、墙、柱、梁面所有部位均需展开按实际施工面积计算。

3)计算公式

混凝土板式楼梯底、混凝土梁式楼梯底油漆、涂料、裱糊工程量计算公式同天棚底面装饰，见本节天棚装饰工程量计算。

混凝土花格窗、栏杆花饰工程量＝花格窗、栏杆花饰单面外围面积×1.82

楼地面、天棚、墙、柱、梁面工程量＝展开面积

4)计算实例

【例 3-44】 如图 3-72 所示，某办公楼一楼楼梯间窗户为混凝土花格窗，试根据计算规则，计算其涂料工程量。

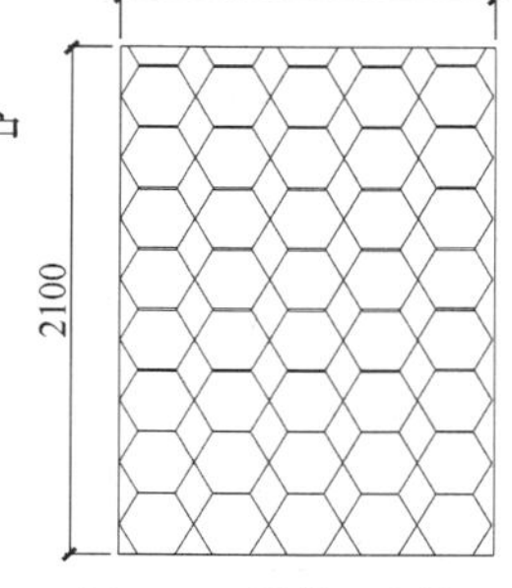

图 3-72 混凝土花格窗立面图

【解】 根据计算规则，工程量计算如下：

混凝土花格窗工程量＝1.5×2.1×1.82

＝5.733m^2。

2.木材面的油漆工程量计算

1)计算规则

木材面油漆的工程量分别按附表相应的计算规则计算。如表 3-2 所示。

木材面油漆 表 3-2

表 3-2(1)执行木门定额工程量系数表

项目名称	系数	工程量计算方法
单层木门	1.00	按单面洞口面积计算
双层(一玻一纱)木门	1.36	
双层(单裁口)木门	2.00	
单层全玻门	0.83	
木百叶门	1.25	

表 3-2(2)执行木窗定额工程量系数表

项目名称	系数	工程量计算方法
单层玻璃窗	1.00	按单面洞口面积计算
双层(一玻一纱)木窗	1.36	
双层框扇(单裁口)木窗	2.00	
双层框三层(二玻一纱)木窗	2.60	
单层组合窗	0.83	
双层组合窗	1.13	
木百叶门	1.50	

表 3-2(3)执行木扶手定额工程量系数表

项目名称	系数	工程量计算方法
木扶手(不带托板)	1.00	按延长米计算
木扶手(带托板)	2.00	
窗帘盒	2.04	
封檐板、顺水板	1.74	
挂衣板、黑板框、单独木线条 100mm 以外	0.52	
挂镜线、窗帘棍、单独木线条 100mm 以内	0.35	

表 3-2(4)执行其他木材面定额工程量系数表

项目名称	系数	工程量计算方法
木板、纤维板、胶合板天棚	1.00	长×宽
木护墙、木墙裙	1.00	
窗台板、筒子板、盖板、门窗套、踢脚线	1.00	
清水板条天棚、檐口	1.74	
木方格吊顶天棚	1.20	
吸音板墙面、天棚面	0.35	
暖气罩	1.28	
木间壁、木隔断	1.90	单面外围面积
玻璃间壁露明墙筋	1.65	
木栏杆、木栏杆(带扶手)	1.82	
衣柜、壁柜	1.00	按实刷展开面积
零星木装修	1.10	展开面积
梁柱饰面	1.00	展开面积

表 3-2(5)执行木地板定额工程量系数表

项目名称	系数	工程量计算方法
木地板、踢脚线	1.00	长×宽
木楼梯(不包括底面)	2.30	水平投影面积

2)计算规则说明

木材面构件类型很多,定额中无法一一列出,只选取几种典型构件作为计算基础,分别执行单层木门定额、单层木窗定额、木扶手定额和其他木材面定额,规定其余构件经过与典型构件的制作消耗比较后乘以合适的系数获取工程量。比如图纸上设计了双层(一玻一纱)木门需做油漆,而定额中只列出了单层木门项目,并且已知单层木门工程量等于木门单面洞口面积(即门窗表上所给定的长和高的乘积),因此可以根据定额规定,双层木门执行单层木门定额,其油漆工程量按单层木门的工程量乘以 1.36 的系数即可。如表 3-2(1)所示。

3)计算公式

木材面的工程量按照表 3-2 的相应的工程量计算方法乘以附表的系数。

4)计算实例

【例 3-45】 如图 3-73 所示某办公楼会议室双开门节点图,门洞尺寸为宽 1.2m×高 2.1m,墙厚 240mm,试根据计算规则,分别计算其门套、门贴脸、门扇、门线条的油漆工程量。

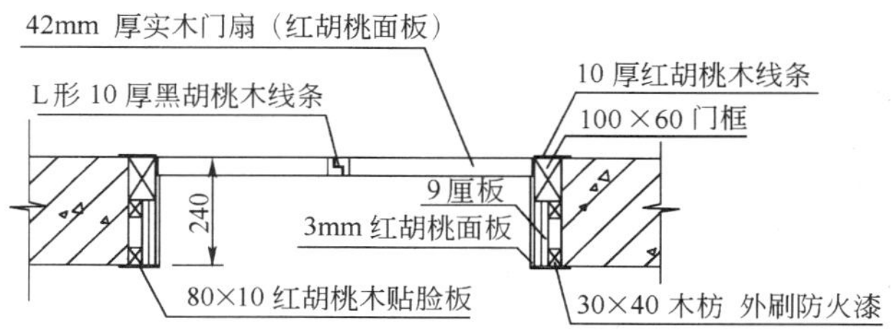

图 3-73 会议室双开门节点图

【解】 根据计算规则,工程量计算如下:

$$门扇油漆工程量=1.2\times2.1=2.52m^2$$

$$门套油漆工程量=0.24\times(1.2+2.1\times2)=1.30m^2$$

贴脸油漆工程量＝(1.2＋2.1×2)×2×0.35(系数)
＝3.78m

企口条　　L形木线条

胡桃木油漆工程量＝[(1.2＋2.1×2)＋2.1×2]×0.35(系数)
＝3.36m

3.金属构件油漆的工程量计算

1)计算规则

金属构件油漆的工程量按构件重量计算。

2)计算规则说明

装饰装修工程中金属构件油漆的工程量是按设计图示构件的长度与其质量的乘积得到构件重量或工程项目的各种面积来计算的。很多省市根据建筑工程定额的制定原则确定了金属构件油漆相应的计算方法及工程量系数表,参考表3-3。

金属面油漆　　表3-3

表3-3(1)单层钢门窗工程量系数表

项目名称	系数	工程量计算方法
单层钢门窗	1.00	洞口面积
双层(一玻一纱)钢门窗	1.48	
钢百叶钢门	2.74	
半截百叶门窗	2.22	
满钢门或包铁皮门	1.63	
钢折叠门	2.30	
射线防护门	2.96	框(扇)外围面积
厂库房平开、推拉门	1.70	
铁丝网大门	0.81	
间壁	1.85	长×宽
平屋面	0.74	斜长×宽
瓦垄板屋面	0.89	
排水、伸缩缝盖板	0.78	展开面积
暖气罩	1.63	水平投影面积

表 3-3(3)其他金属面工程量系数表

项 目 名 称	系　　数	工程量计算方法
钢屋架、天窗架、挡风架、屋架梁、支撑、檩条	1.00	重量(t)
墙架(空腹式)	1.48	
墙架(格板式)	0.82	
钢柱、吊车梁、花式梁、柱、空花构件	0.63	
操作台、走台、制动梁、钢梁车档	0.71	
钢栅拦门、栏杆、窗栅	1.71	
钢爬梯	1.18	
轻型屋架	1.42	
踏步式钢扶梯	1.05	
零星铁件	1.32	

表 3-3(3) 平板屋面涂刷磷化、锌黄底漆工程量系数表

项 目 名 称	系　　数	工程量计算方法
平板屋面	1.00	斜长×宽
瓦垄板屋面	1.20	
排水、伸缩缝盖板	1.05	展开面积
吸气罩	2.20	水平投影面积
包镀锌铁皮门	2.20	洞口面积

3)计算公式

金属面油漆的工程量按照表 3-3 所示的相应的工程量计算方法乘以附表的系数。

4)计算实例

【例 3-46】 如图 3-74 所示，某仓库窗扇装有防盗钢窗栅，四周外框及两横档为 30×30×2.5mm 角钢，角钢 1.18kg/m，中间为 $\phi8$ 钢筋，$\phi8$ 钢筋0.395kg/m，试根据计算规则，计算其油漆工程量。

【解】 根据计算规则，窗栅油漆工程量计算如下：

角钢长度＝2.1×2＋1.2×4
＝9m

ϕ8 钢筋长度＝2.1×26 根
＝54.6m

重量＝1.18kg/m×9m＋0.395kg/m×54.6
＝32.19kg

查表 3-3(2)，得

窗栅油漆工程量＝32.19kg×1.71
＝55.04kg
＝0.055t

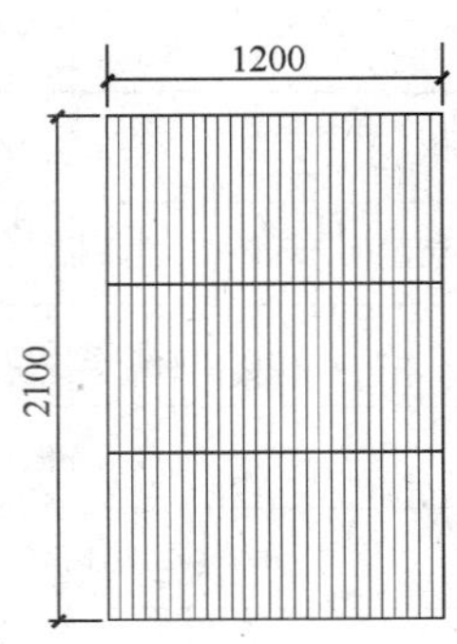

图 3-74　防盗窗窗栅立面图

4. 定额中的隔墙、护壁、柱、天棚木龙骨及木地板中木龙骨带毛地板刷防火漆涂料的工程量计算

1)计算规则

(1)隔墙、护壁木龙骨按其面层正立面投影面积计算。

(2)柱木龙骨按其面层外围面积计算。

(3)天棚木龙骨按其水平投影面积计算。

(4)木地板中木龙骨及木龙骨带毛地板按面积计算。

2)计算规则说明

这部分计算方法及规则解释同墙、柱面及天棚面装饰。

3)计算实例

【例 3-47】 如图 3-75 所示，计算某酒店装饰柱面木龙骨防火涂料工程量。

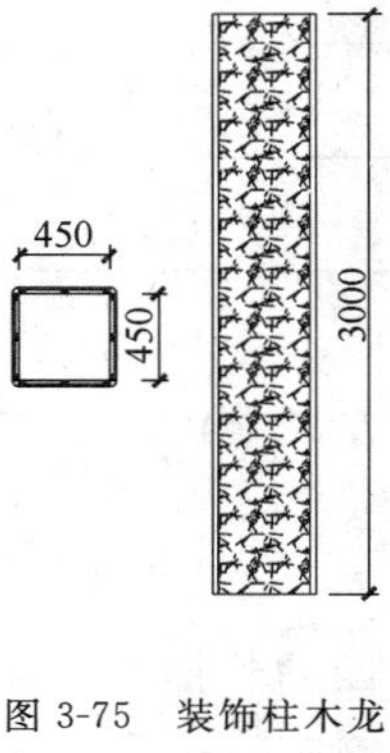

【解】 根据计算规则，工程量计算如下：

柱木龙骨工程量＝0.45×4×3
＝5.4m^2

图 3-75　装饰柱木龙骨大样图

5. 隔墙、护壁、柱、天棚面层及木地板刷防火涂料的工程量计算

隔墙、护壁、柱、天棚面层及木地板刷防火涂料，执行其他木材面刷防火涂料相应子目。

本条计算规则的工程量计算同楼地面、墙柱面、天棚面计算规则，执行其他木材面刷防火涂料相应子目，见表 3-2。

6. 木楼梯刷油漆的工程量

1)计算规则

木楼梯(不包括底面)刷油漆按水平投影面积乘以系数 2.3,如图 3-76 所示,执行木地板相应子目,见表 3-2(5)。

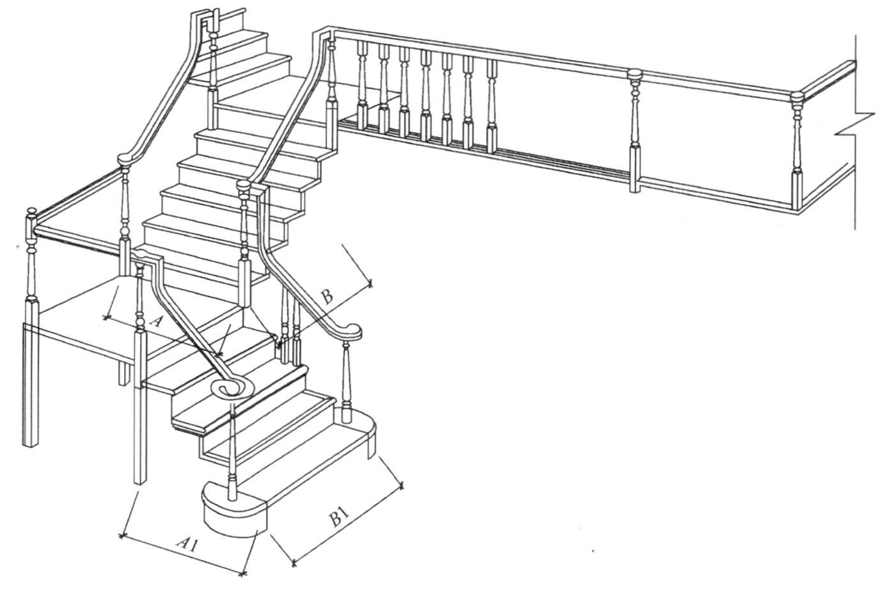

图 3-76 木楼梯底面油漆计算示意图

2)计算规则说明

(1)木楼梯刷油漆的工程量不包括楼梯底部,楼梯底部工程量按展开面积计算。

(2)木楼梯刷油漆的工程量包括楼梯踏面、梯面、休息平台、楼梯侧面等,为简化计算,定额规定其工程量的计算按楼梯水平投影面积乘以 2.3 的系数。

3)计算公式

木楼梯刷油漆的工程量=楼梯水平投影面积×2.3

木楼梯底面刷油漆的工程量= 楼梯底部展开面积

七 其他工程

(一)其他工程列项

1. 其他工程分项内容

装饰定额中的其他工程分部共列出了 211 个子目。这些子目一般应用于广告、展示、拆除工程等。

1）招牌、灯箱基层：按招牌造型，材料规格划分。

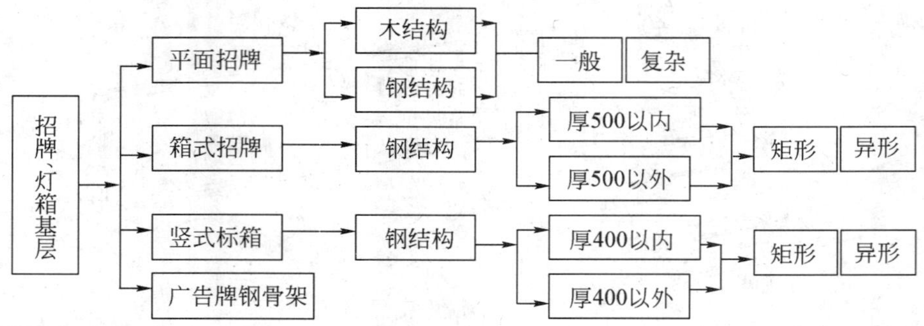

2）招牌、灯箱面层（m^2）：按材料划分。

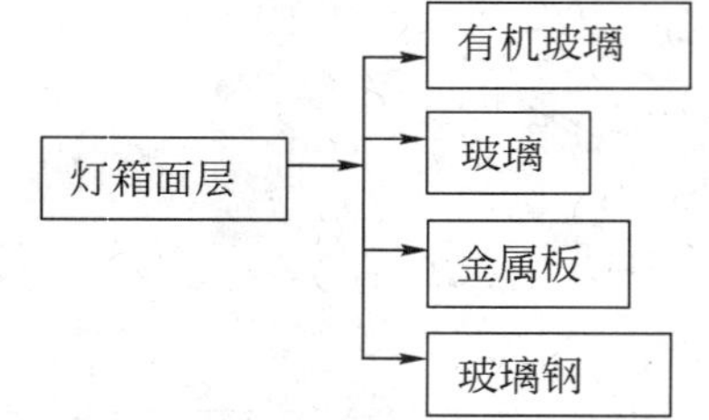

3）美术字安装（个）：按材质、规格、施工部位划分。

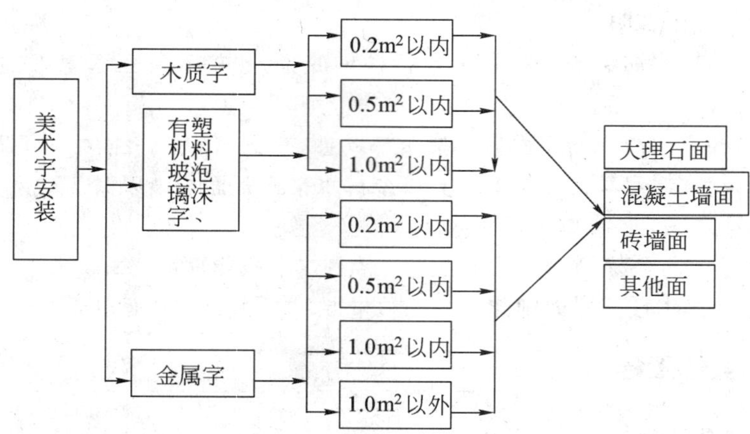

4）压条、装饰线条（m）：按不同材质、规格、施工部位划分。

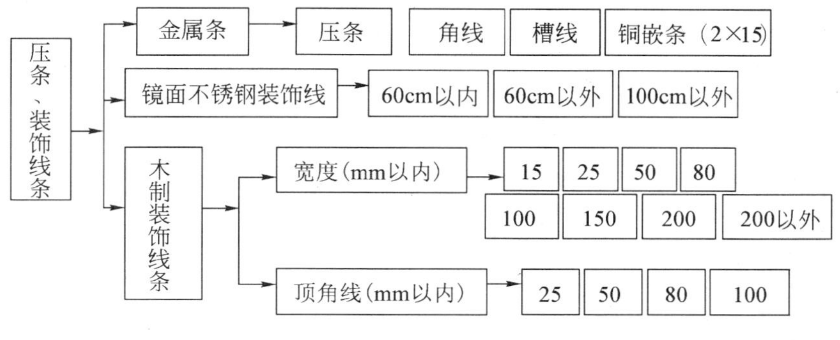

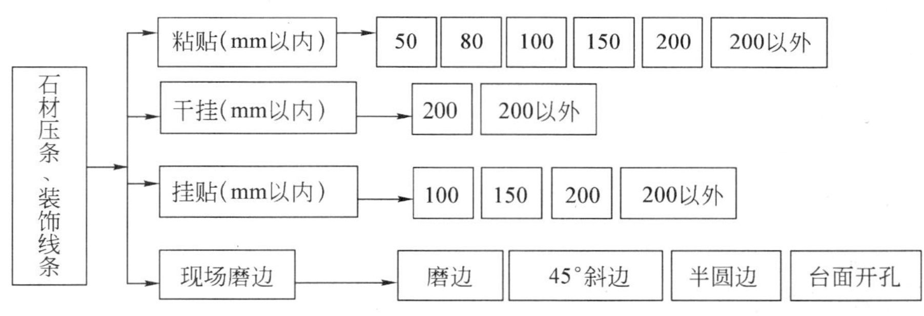

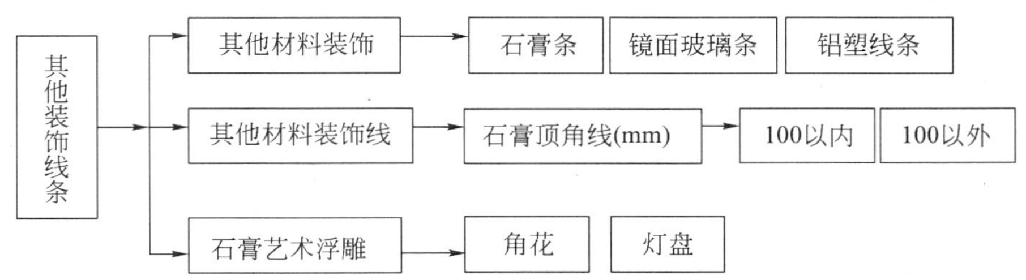

2.其他工程项目列项举例

【例 3-48】 如图 3-77 所示为某服务台背景图，试根据《装饰定额》列出装饰线条工程项目名称。

【解】 根据《装饰定额》列项如下：

(1)80×36 英国棕线条；

(2)20 不锈钢装饰条。

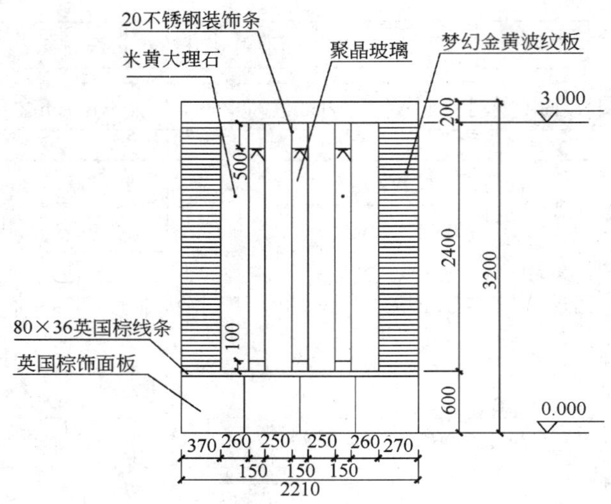

图 3-77　某服务台背景立面图

(二)其他工程工程量计算规则及应用

1. 招牌、灯箱工程量

1)计算规则

(1)平面招牌基层按正立面面积计算,复杂形的凹凸造型部分亦不增减。如图 3-78 所示。

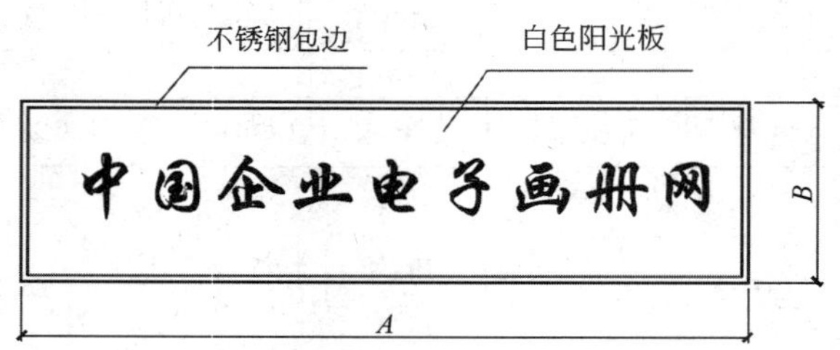

图 3-78　平面招牌计算示意图

(2)沿雨篷、檐口或阳台走向的立式招牌基层,按平面招牌复杂形执行时,应按展开面积计算。如图 3-79 所示。

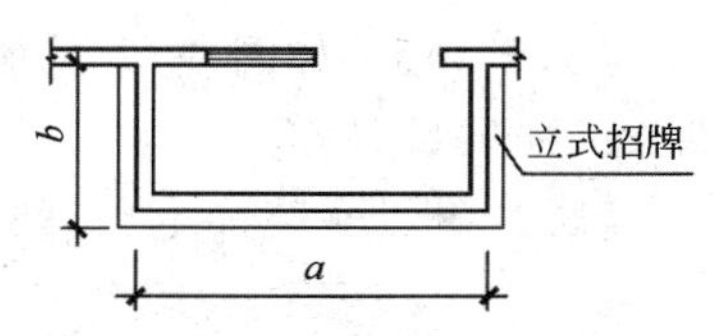

图 3-79　沿阳台周边的立式招牌计算示意图

(3)箱体招牌和竖式标箱的基层,按外围体积计算。突出箱外的灯饰、店徽及其他艺术装潢等均另行计算。如图 3-80 所示。

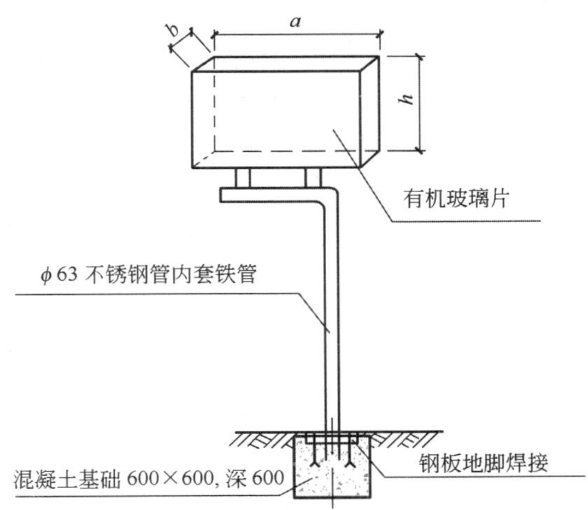

图 3-80 箱体招牌计算示意图

(4)灯箱的面层按展开面积以平方米计算。如图 3-80 所示。

(5)广告牌钢骨架以吨计算。如图 3-81 所示。

2)计算规则说明

(1)平面招牌是指安装在门前的墙面上；箱体招牌、竖式标箱是指六面体固定在墙面上；沿雨篷、檐口、阳台走向立式招牌，按平面招牌复杂形项目执行，计算工程量时应将招牌的各个面展开。

(2)定额项目是按一般招牌、矩形招牌、复杂招牌和异形招牌编制的，一般招牌和矩形招牌是指正立面平整无凸面的招牌，复杂招牌和异形招牌是指正立面有凹凸的造型，计算工程量时应分开。

(3)招牌的灯饰需另算。

3)计算公式

(1)平面招牌基层工程量＝正立面面积

(2)沿雨篷、檐口或阳台走向的立式招牌基层＝$(a+2b)\times h$

(3)箱体招牌和竖式标箱的基层＝$a\times b\times c$

(4)灯箱的面层＝$(a\times b+b\times c+a\times c)\times 2$

4)计算实例

【例 3-49】 如图 3-81 所示，已知钢管比重为 7.85g/cm^3，试计算以下各构件工程量(基础部分不予考虑)。

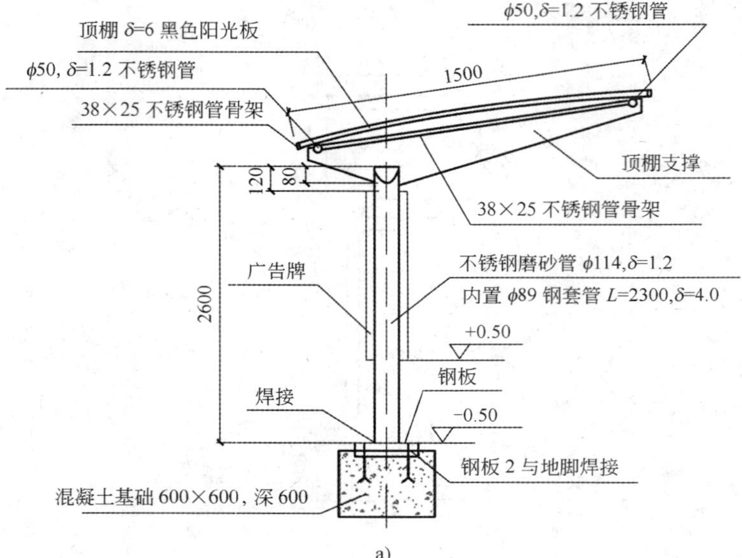

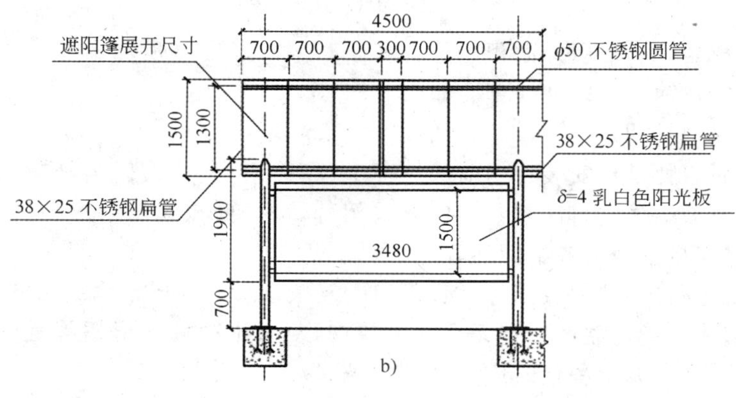

图 3-81　车站广告牌计算示意图

a)侧立面图；b)正投影图

(1)计算顶棚黑色阳光板工程量。

【解】 黑色阳光板的工程量＝1.5×4.5

＝6.75m²

(2)计算顶棚 φ50 不锈钢圆管工程量和 38×25 不锈钢扁管工程量。

【解】 钢管比重为 7.85g/cm³＝7850kg/m³

φ50 不锈钢圆管工程量＝4.5×2 根×3.14×0.05×0.0012×7850

＝13.31kg

38×25 不锈钢扁管工程量=(4.5×2 根+1.3×7 根)×(0.038+0.025)×2(方管周长)×0.0012 厚×7850

=9.252kg

(3)计算广告牌乳白色阳光板工程量。

【解】 乳白色阳光板工程量=1.5×3.48×2 面

=10.44m^2

(4)计算广告牌立柱 ϕ114,δ=1.2 的不锈钢磨砂管工程量。

【解】 立柱 ϕ114,δ=1.2 的不锈钢磨砂管工程量=2.6×2 根×3.14×0.114×0.0012×7850

=17.53kg

(5)计算广告牌 ϕ114 立柱内 ϕ98,δ=4.0 钢套管工程量。

【解】 ϕ89,δ =4.0 钢套管工程量=2.3×2 根×3.14×0.089×0.004×7850

=40.37kg

2.美术字安装工程量

1)计算规则

美术字安装按字的最大外围矩形面积以个计算。

2)计算规则说明

(1)字体的笔画长短不同,字体样式较多,为方便计算,美术字按字型的最大覆盖尺寸计算。如图 3-82 所示。

(2)美术字均以成品安装固定为准。

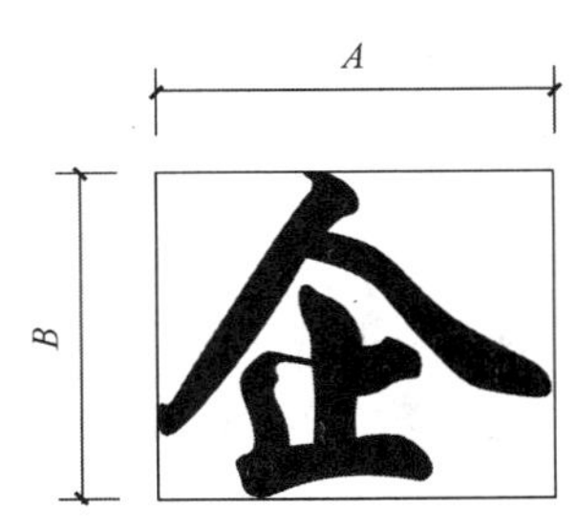

图 3-82 美术字最大外围尺寸示意图

3)计算公式

美术字安装工程量=字的个数

4)计算实例

【例 3-50】 如图 3-78 所示,计算墙面招牌上美术字工程量。

【解】 根据计算规则,工程量计算如下:

墙面招牌上美术字工程量=9 个

3.压条、装饰线条工程量

1)计算规则

压条、装饰线条均按延长米计算。

2)计算规则说明

(1)木装饰线、石膏装饰线均以成品安装为准。

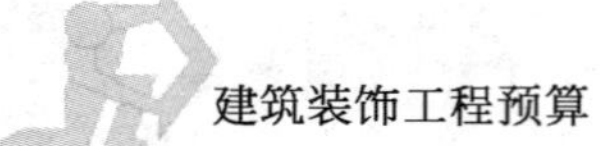

(2)石材装饰线条以成品安装为准。

3)计算公式

压条、装饰线条工程量=图示长度

4)计算实例

【例 3-51】 如图 3-77 所示,计算墙裙上英国棕木线条工程量。

【解】 根据计算规则,工程量计算如下:

80×36 英国棕木线条工程量=2.21m

4.暖气罩工程量

1)计算规则

暖气罩(包括脚的高度在内)按边框外围尺寸垂直投影面积计算。

2)规则说明

暖气罩有挂板式、平墙式、明式、半凸半凹式。挂板式是指钩挂在暖气片上;平墙式是指凹入墙内的暖气罩;明式是指凸出墙面暖气罩;半凸半凹式是指一部分在墙内、一部分在墙面外的暖气罩。无论哪种形式都是以暖气罩边框外围图示尺寸垂直投影面积计算。

3)计算公式

暖气罩工程量=$a\times b$(a、b 表示暖气罩的图示长宽尺寸)

4)计算实例

【例 3-52】 图 3-83 所示为某酒店豪华包房内墙面装饰,计算暖气罩工程量。

【解】 根据计算规则,工程量计算如下:

$$暖气罩工程量=0.78\times 0.84=0.66\text{m}^2$$

5.镜面玻璃安装、盥洗室木镜箱工程量

1)计算规则

镜面玻璃安装、盥洗室木镜箱以正立面面积计算。

2)计算公式

镜面玻璃安装、盥洗室木镜箱工程量=镜面长×镜面宽

3)计算实例

【例 3-53】 如图 3-84 所示,某宾馆卫生间立面图,试根据计算规则,计算其银镜工程量。

【解】 根据计算规则,工程量计算如下:

$$银镜玻璃安装工程量=0.8\times 1.8=1.44\text{m}^2$$

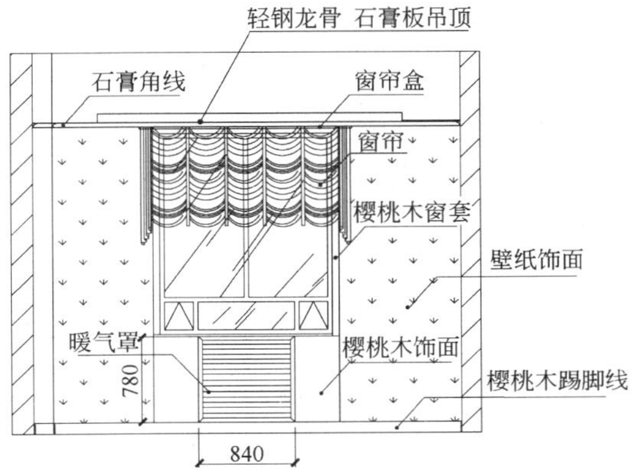

图 3-83 豪华套房立面图

6. 塑料镜箱、毛巾环、肥皂盒、金属帘子杆、浴缸拉手、毛巾杆安装；不锈钢旗杆；大理石盥洗台工程量

1)计算规则

塑料镜箱、毛巾环、肥皂盒、金属帘子杆、浴缸拉手、毛巾杆安装以只或副计算。不锈钢旗杆以延长米计算。大理石盥洗台以台面投影面积计算(不扣除孔洞面积)。

2)计算实例

【例 3-54】 如图 3-85 所示，某宾馆卫生间平面图，试根据计算规则，计算其盥洗台的工程量。

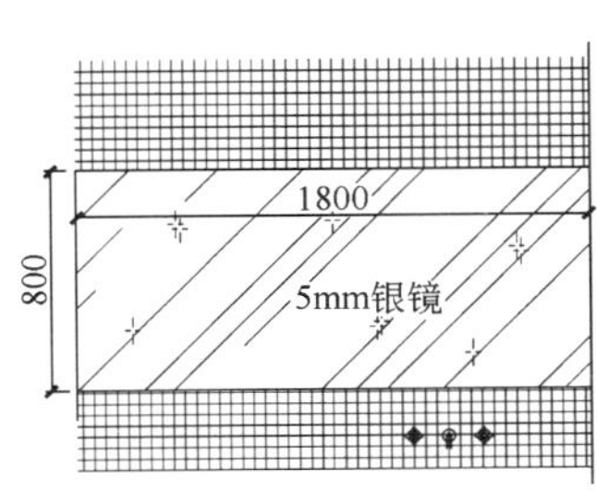

图 3-84 卫生间墙面银镜正立面图

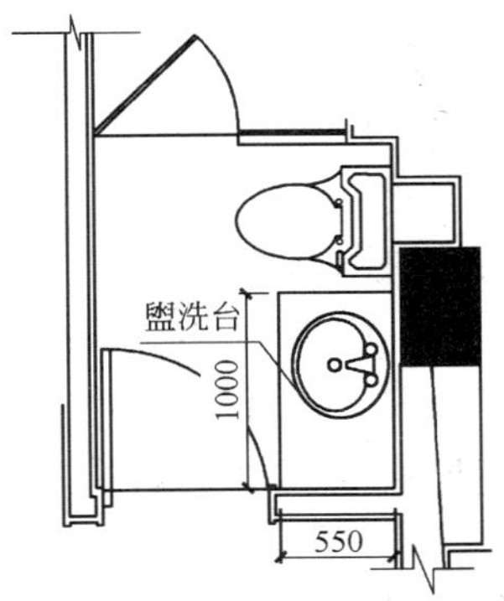

图 3-85 卫生间平面图

【解】 根据计算规则工程量计算如下：

大理石盥洗台工程量 $=0.55\times1=0.55\text{m}^2$

7. 货架、柜橱类工程量

1)计算规则

货架、柜橱类均以正立面的高(包括脚的高度在内)乘以宽以平方米计算。

2)计算公式

货架、柜橱工程量＝柜长×柜宽

3)计算实例

【例 3-55】 如图 3-86 所示某鞋柜,试根据计算规则计算鞋柜工程量。

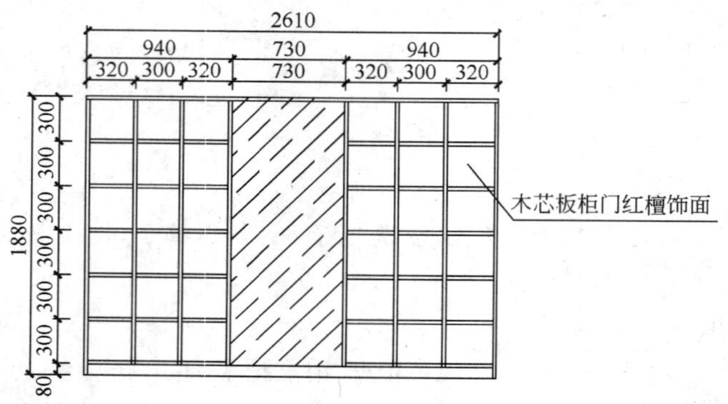

图 3-86 鞋柜样式图

【解】 根据计算规则工程量计算如下:

$$鞋柜制作工程量=1.88\times2.61=4.91m^2$$

8. 收银台、试衣间等工程量

1)计算规则

收银台、试衣间等以个计算,其他以延长米为单位计算。

2)计算规则说明

(1)规则中“收银台、试衣间”按定额规定为木制。

(2)规则中“其他”是指展台、酒吧台及酒店大堂收银台等。

(3)货架、柜类面板拼花及饰面板上贴其他材料的花饰、造型艺术品另算。

3)计算实例

【例 3-56】 图 3-87 为某酒店大堂收银台上视图、剖视图及立面图,计算收银台制作工程量。(面层暂不算)

【解】 根据计算规则,工程量计算如下:

$$收银台工程量=1.45+4.5=5.95m$$

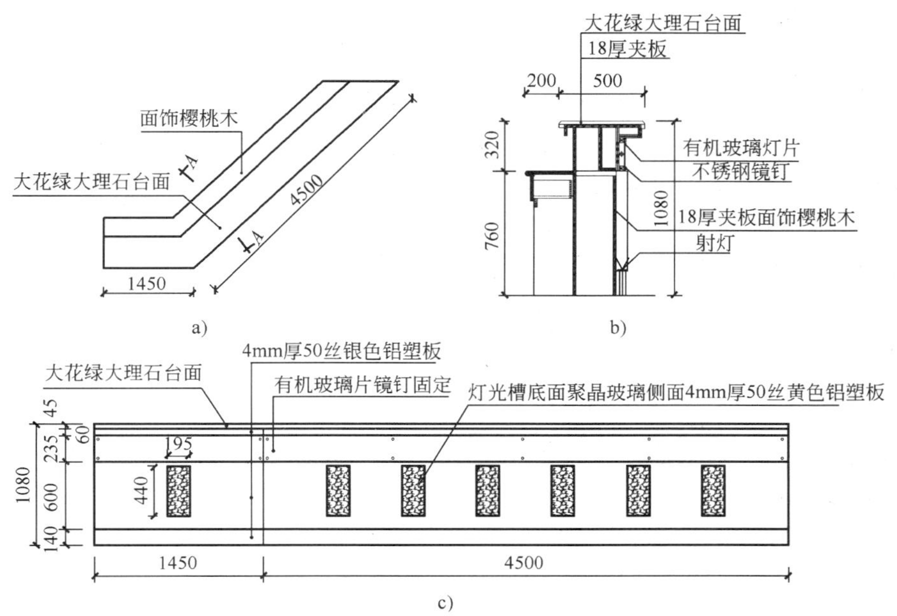

图 3-87　大堂收银台

a)上视图;b)剖视图;c)正视图

八　装饰装修脚手架及项目成品保护费

(一)其他工程列项

1. 其他工程分项内容

装饰定额中的其他工程分部共列出了 16 个子目。这些子目包括装饰装修脚手架和成品保护费两部分。见下列列项划分。

(1) 装饰装修脚手架。

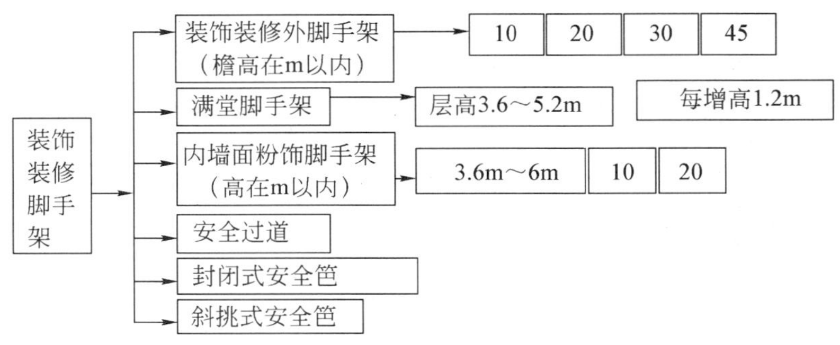

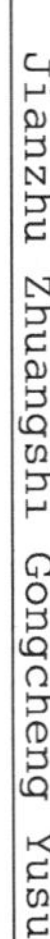

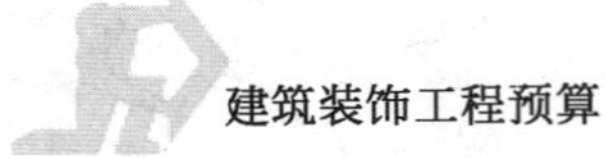

(2) 成品保护费(m^2):按不同的结构部位划分。

2. 其他工程项目列项举例

【例3-57】 如图3-88所示为某卧室平面图,施工中应客户要求,木地板、柱面、内墙面要保护无瑕疵,实木地面用3mm胶合板进行保护,柱面、内墙面用彩条纤维布进行保护,试列出成品保护项目。

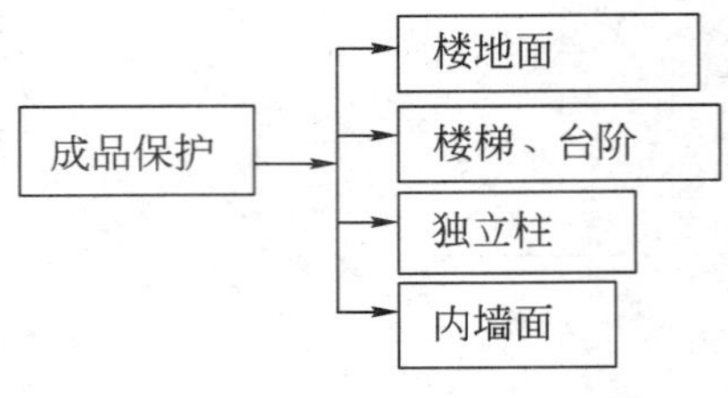

【解】 根据计算规则,列项如下:

(1) 实木地面3mm胶合板。

(2) 柱面彩条纤维布。

(3) 内墙面彩条纤维布。

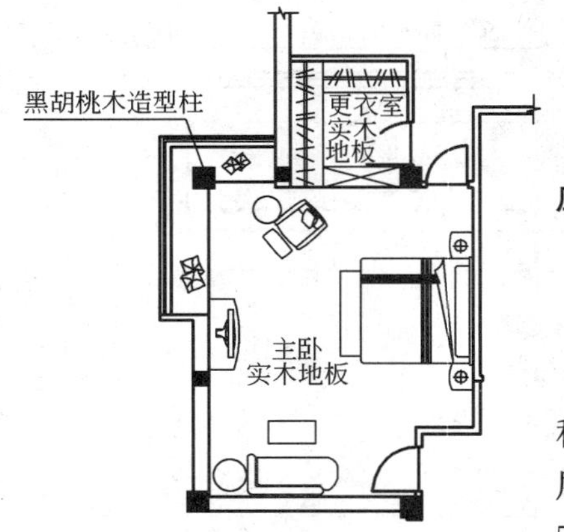

图3-88 卧室平面图

(二)装饰装修脚手架工程量计算规则及应用

1. 满堂脚手架工程量

1)计算规则

满堂脚手架,按实际搭设的水平投影面积计算,不扣除附墙柱、柱所占面积,其基本层高以3.6～5.2m为准。凡超过3.6m、在5.2m以内的天棚抹灰及装饰装修,应计算满堂脚手架基本层,层高超过5.2m,每增加1.2m计算一个增加层,增加层的层数=(层高－5.2m)÷1.2m,按四舍五入取整数。室内凡计算了满堂脚手架者,其内墙面粉饰不再计算粉饰架,只按每100m^2墙面垂直投影面积增加改架工1.28工日。

2)计算规则说明

(1)室内天棚装饰面距设计室内地坪在3.6m以上时,可计算满堂脚手架。

(2)满堂脚手架的计算高度底层以设计室外地坪算至天棚底为准;楼层以楼面至天棚底为准,即净高;斜屋面以平均高度计算;吊天棚的木楞施工高度超过3.6m,但天棚面层的高度未超过3.6m,应按木楞施工高度计算室内净高。

(3)满堂脚手架按室内净面积计算,其高度在3.6～5.2m之间时,计算基本层。超过5.2m时,每增加1.2m按增加一层计算,不足0.6m舍去不计。

(4)计算室内净面积时，不扣除柱、垛所占面积。已计算满堂脚手架后，室内墙面装饰不再计算墙面装饰脚手架。“只按每 100m^2 墙面垂直投影面积增加改架工 1.28 工日”在单价中处理，见第五章计价部分。

3)计算公式

满堂脚手架工程量＝室内净长度×室内净宽度

4)计算实例

【例 3-58】 如图 3-89 所示某包房平面图，该包房天棚做吊顶，室内净高 4.2m，试根据计算规则，计算其满堂脚手架工程量。

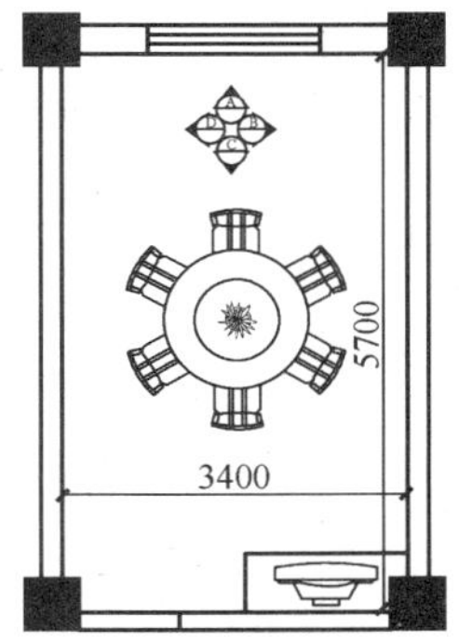

图 3-89 包房平面图

【解】 根据计算规则，工程量计算如下：

满堂脚手架工程量＝3.4×5.7
＝19.38m^2

2.装饰装修外脚手架

1)计算规则

装饰装修外脚手架按外墙的外边线长乘墙高以平方米计算，不扣除门窗洞口的面积。同一建筑物各面墙的高度不同，且不在同一定额步距内时，应分别计算工程量。定额中所指的檐口高度 5～45m 以内，系指建筑物自设计室外地坪面至外墙顶点或构筑物顶面的高度。

2)计算规则说明

(1)外墙装饰不能利用主体脚手架施工时，可计算外墙装饰脚手架。

(2)外墙装饰脚手架按设计外墙装饰面积计算，即外墙外边线长乘墙高以平方米计算，不扣除门窗洞口的面积。

(3)“同一建筑物各面墙的高度不同，且不在同一定额步距内”工程量应分别计算。其中“步距”指同类一组定额之间的间距，如表 3-4 所示，该组定额分为四个步距：檐高 10m、20m、30m、40m 以内。

例如，某建筑物的一面外墙高度为 8m，另一面为 12m，还有一面墙高度为 15m，根据表 3-4 定额步距的划分，计算这三面外墙装饰脚手架时，可以按照定额表中檐高“10m 以内”和“20m 以内”两个不同步距分为两部分进行计算，一部分为“8m”高外墙脚手架，另一部分为“12m”和“15m”高脚手架。

3)计算公式

外墙装饰脚手架工程量＝外墙装饰面长度×装饰面高度

装饰装修脚手架　　表 3-4

定额编号				7-001	7-002	7-003	007-4
项目				装饰装修外脚手架(檐高在 m 以内)			
名称		单位	代码	10	20	30	40
人工	综合人工	工日	000001	0.0463	0.0613	0.0895	0.1021
材料	铁件	kg	AN5390	0.0065	0.0058	0.0696	0.0707
	安全网	m^2	AQ0870	0.0145	0.0132	0.0172	0.0264
	回转扣件	kg	AS0160	0.0027	0.0051	0.0078	0.0120
	对接扣件	kg	AS0171	0.0160	0.0307	0.0470	0.0733
	直角扣件	kg	AS0180	0.0527	0.1014	0.1553	0.2416
	脚手架底座	kg	AS0280	0.0015	0.0015	0.0015	0.0015
	脚手架板	m^2	CC0210	0.0115	0.0181	0.0249	0.0359
	焊接钢管	kg	EA0131	0.1045	0.1890	0.2826	0.4331
	防锈漆	kg	HA0471	0.0113	0.0217	0.0324	0.0495
	其他材料费(占材料费)	%	AW0022	9.0500	6.3100	4.2300	3.7700
机械	载重汽车 6t	台班	TM0101	0.0004	0.0005	0.0006	0.0011

4)计算实例

【例 3-59】 如图 3-90 所示,某酒店外墙面装饰,试根据计算规则,计算其脚手架工程量。

【解】 根据计算规则,工程量计算如下:

$$外墙面脚手架工程量=3.2\times3.86=12.35m^2$$

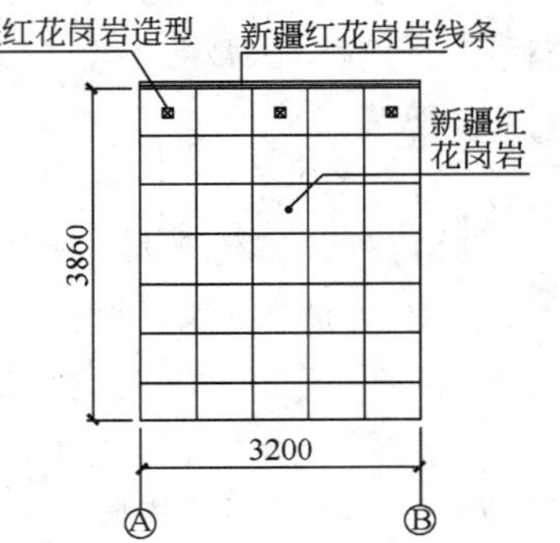

图 3-90 花岗岩外墙装饰立面图

3.利用主体外脚手架改变基步高作外墙面装饰架及独立柱的工程量

1)计算规则

利用主体外脚手架改变基步高作外墙面装饰架时,按每 100m^2 外墙面垂直投影面积,增加改架工 1.28 工日;独立柱按柱周长增加 3.6m 乘柱高套用装饰装修外脚手架相应高度的定额。

2)计算规则说明

(1)“利用主体外脚手架改变其步高作外墙面装饰架时”,装饰部分的外墙脚手架工程量不再另算,“每 100m^2 外墙面垂直投影面积增加 1.28 个工日”在单价中处理,见第五章计价定额换算部分计算方法。

(2)"独立柱按柱周长增加 3.6m"是指柱的图示结构外围尺寸每边增加"0.9m",如图 3-90 所示。

3)计算公式

利用主体外脚手架改变基步高作外墙面装饰架工程量=外墙装饰脚手架工程量

独立柱脚手架的工程量=(柱周长+3.6)×柱高

4)计算实例

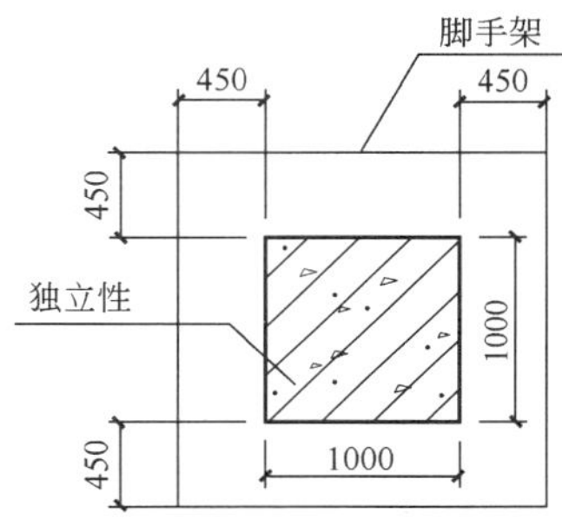

图 3-91　独立柱脚手架示意图

【例 3-60】 如图 3-91 所示 3m 高独立柱柱面贴花岗岩,计算其脚手架工程量。

【解】 根据计算规则,工程量计算如下:

$$脚手架工程量=(1.0\times4+3.6)\times3=22.8m^2$$

4.内墙面粉饰脚手架

(1)计算规则

内墙面粉饰脚手架,均按内墙面垂直投影面积计算,不扣除门窗洞口的面积。

(2)计算规则说明

如果计算了满堂脚手架,内墙面粉饰脚手架不需另外计算。

3)计算公式

内墙装饰脚手架工程量=内墙净长度×设计净高

4)计算实例

【例 3-61】 如图 3-92 所示,某办公楼一楼墙面装饰图,其石材装饰墙面净长为 32m,试根据计算规则,计算其内墙装饰脚手架工程量。

【解】 根据计算规则,工程量计算如下:

$$内墙装饰脚手架工程量=32\times3.65=116.8m^2$$

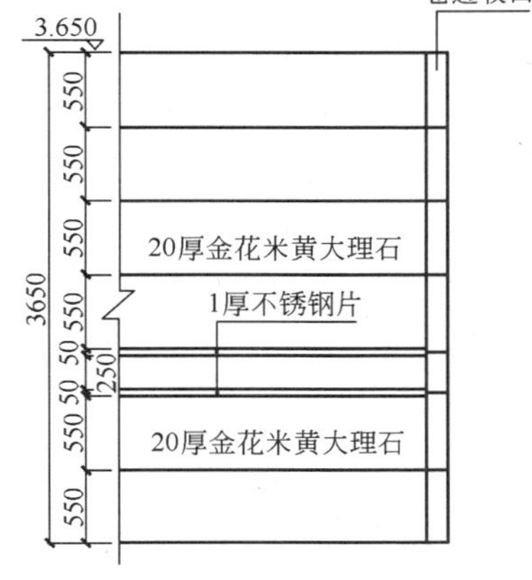

图 3-92　办公楼外立面装饰图

5.安全过道脚手架的工程量

1)计算规则

安全过道按实际搭设的水平投影面积(架宽×架长)计算。

2)计算规则说明

安全过道脚手架是沿水平方向在一定高度搭设的脚手架,上面满铺脚手板,下面可为人行通道、车辆通道等通道。搭设水平防护架的目的主要为防止建筑物上材料落下伤人,多为临街一面或建筑物的一些主要通道搭设的,按水平投影面积计算。

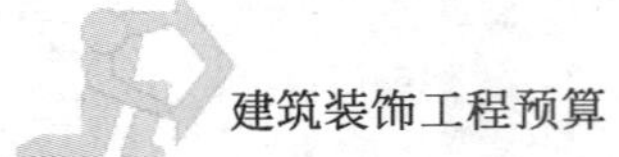

3)计算公式

安全通道脚手架的工程量＝脚手板的长×脚手板的宽

4)计算实例

【例 3-62】 某临街建筑物，为安全施工，沿街面上搭设了一排水平防护架，脚手板长度为10m，宽度为3m，试计算该水平防护架的工程量。

【解】 根据计算规则，计算如下：

水平防护架的工程量＝3×10＝30m^2

6.封闭式安全笆工程量

1)计算规则

封闭式安全笆按实际封闭的垂直投影面积计算。实际用封闭材料与定额不符时，不作调整。

2)计算规则说明

(1)建筑物垂直封闭同时也称为架子封席。临街的高层建筑物施工中，为防止建筑材料及其物品坠落伤及行人或妨碍交通，而采取竹席来进行外架全封闭。

(2)封闭面的垂直投影面积是指垂直于封闭面的光线照射封闭面，在封闭面背光方向留下的阴影部分面积为封闭面垂直投影面积。

(3)“实际用封闭材料与定额不符时，不作调整”是指封闭式安全笆单价上不作调整。

3)计算公式

封闭式安全笆工程量＝封闭面的投影长度×垂直投影高度

4)计算实例

【例 3-63】 某一临街高层建筑，为施工安全，对建筑物施行垂直封闭，垂直封闭的长和高分别为20m和10m，试计算垂直封闭面的搭设工程量。

【解】 根据计算规则，工程量计算如下：

垂直封闭面的工程量＝20×10＝200m^2

7.斜挑式安全笆工程量

1)计算规则

斜挑式安全笆按实际搭设的(长×宽)斜面面积计算。

2)计算规则说明

斜挑式安全笆是指从建筑物内部挑伸出的一种脚手架，称为挑脚手架，常用于外墙面的局部装修，如腰线、花饰等装修。挑脚手架：由挑梁(或挑架)和多立杆式外脚手架组成。

3)计算公式

挑出式安全网工程量＝挑出总长度×挑出的水平投影宽度

8. 满挂安全网的工程量

1)计算规则

满挂安全网按实际满挂的垂直投影面积计算。

2)计算规则说明

安全网是建筑工人在高空进行建筑施工、设备安装时，在其下或其上设置的防止操作人员受伤或材料掉落伤人的棕绳网或尼龙网。

3)计算公式

$$满挂安全网的工程量=实挂长度\times实挂高度$$

4)计算实例

【例 3-64】 某高层临街建筑往返沿街面方向脚手架方向安设了立挂式安全网。实挂长度为 10m，实挂高度为 20m，要求计算安全网的工程量。

【解】 根据计算规则，工程量计算如下：

$$安全网的工程量=10\times20=200m^2$$

(三)项目成品保护工程量计算规则及解释

1. 项目成品保护具体包括：楼地面、楼梯、台阶、独立柱、内墙面等保护。其材料包括：麻袋、胶台板 3mm，彩条纤维布、其他材料费(占材料费)等。

2. 项目成品保护如发生时，其工程量计算规则同各章节相应子目。

九 垂直运输及超高增加费

(一)垂直运输费：按檐高划分(工日)

1. 多层建筑物。

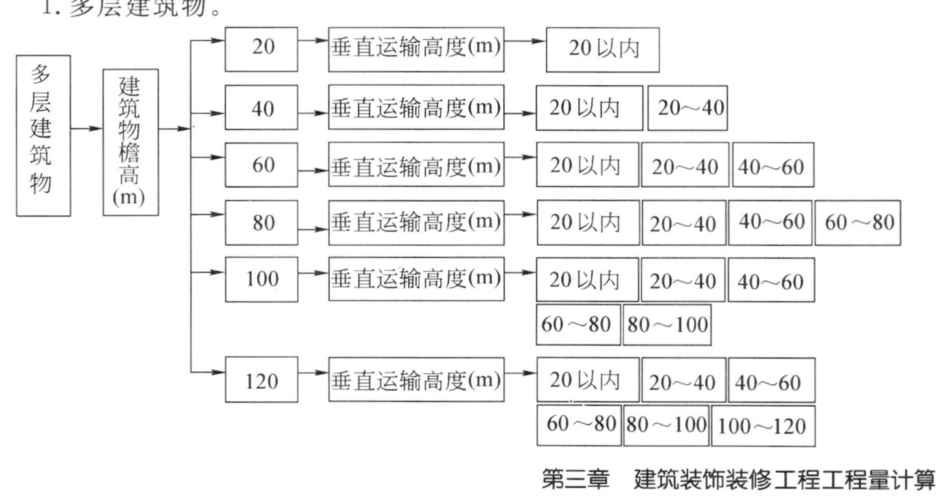

2.单层建筑物。

单层建筑物 → 建筑物檐高(m) → 20以内 | 20以外

(二)超高增加费

1.多层建筑物超高增加费。列项同多层建筑物未超高的情况。

2.单层建筑物超高增加费。列项同单层建筑物未超高的情况。

(三)垂直运输工程量计算

1.计算规则

装饰装修楼层(包括楼层所有装饰装修工程量)区别不同垂直运输高度(单层建筑物系檐口高度)按定额工日分别计算。

地下层超过二层或层高超过3.6m时,计取垂直运输费,其工程量按地下层全面积计算。

2.计算规则说明

1)"垂直运输高度"设计室外地坪以上部分是指室外地坪至相应楼面的高度,设计室外地坪以下的部分指室外地坪至相应地(楼)面的高度。

2)檐口高度3.6m以内的单层建筑物,不计算垂直运输机械费。

3)带一层地下室的建筑物,若地下室垂直运输高度小于或等于3.6m,则地下室不计算垂直运输高度。"地下层超过二层或层高超过3.6m时"需要计算垂直运输费。

4)垂直运输是按20m(6层)以内编制的。超过时应计取超高增加费。

3.计算公式

1)单层建筑物。

$$\text{单层建筑物垂直运输台班}=\text{装饰装修项目的定额用工量}\times\text{工程量}\times\text{按檐口高度选定的定额台班消耗量}$$

2)多层建筑物。

$$\text{多层建筑物垂直运输台班}=\text{装饰装修项目的定额用工量}\times\text{工程量}\times\text{按檐口高度和垂直运输高度选定的定额台班消耗量}$$

(四)超高增加费计算

1.计算规则

装饰装修楼面(包括楼层所有装饰装修工程量)区别不同的垂直运输高度(单层建筑物系檐口高度)以人工费和机械费之和按元计算。

2.计算规则说明

1)“建筑物超高”是指建筑物的设计檐口高度超过定额规定的极限高度(即檐高 20m 以上),并且檐口高度在 20m 以上的单层或多层建筑物均可计算超高增加费。

2)檐高是指设计室外地坪至檐口的高度。突出主体建筑屋顶的电梯间,水箱等不计入檐高之内。

3)同一建筑物不同檐高时,按不同高度的建筑面积,分别按相应项目计算。

4)超高增加费是以人工降效和机械降效之和来计算的。其费用包括工人上下班降低功效,上楼工作前休息及自然增加的时间,从而增加的人工费;由于人工降效引起的机械降效。

3.计算公式

超高增加费=(人工费+机械费)×人工、机械降效系数

本章小结

工程量计算规则是计算工程量的依据和准绳,只有熟悉和掌握了装饰工程量计算规则,才能正确而快捷地完成装饰工程量的计算任务。

小知识

装饰装修工程量的计算中可采取先列项再列计算式的方式计算,可以较好地避免漏算掉项的问题。

思考题

3-1 什么是建筑面积?计算建筑面积有何作用?

3-2 单层建筑物建筑面积计算规则有哪些?举例说明。

3-3　室内楼梯建筑面积如何计算？

3-4　阳台建筑面积如何计算？

3-5　扶手工程量如何计算？

3-6　防滑条工程量如何计算？

3-7　装饰抹灰中装饰线条和零星项目如何区分？如何计算两者的工程量？

3-8　计算图 3-76 所示墙面装饰的工程量。

3-9　计算图 3-85 所示收银台工程量。

3-10　什么情况下需要计算满堂脚手架？

第四章
建筑装饰装修工程工程量清单

【职业能力目标】

熟悉工程量清单的知识体系，能够运用该知识进行工程量清单的编制。

【学习要求】

(1)了解工程量清单的概念、作用。
(2)掌握工程量清单的编制。
(3)掌握工程量清单项目工程量的计算。

第一节　建筑装饰装修工程工程量清单概述

随着我国建筑市场的快速发展，为了贯彻招标投标法、价格法，适应我国加入世界贸易组织(WTO)后与国际惯例接轨的需要，由中华人民共和国建设部、中华人民共和国国家质量监督检验检疫总局联合颁发《建设工程工程量清单计价规范》(GB 50500—2003)，于2003年7月1日起实施。本规范的实施，是我国工程造价计价方式适应社会主义市场经济发展的一次重大改革，改变过去以固定“量”、“价”、“费”定额为主导的静态管理模式，向“控制量、指导价、竞争费”的动态管理模式发展。工程量清单就是这种新模式下工程“计量”的产物。

一　建筑装饰装修工程工程量清单的概念

建筑装饰装修工程工程量清单是指拟建装饰工程的分部分项工程项目、措施项目、其他项目的名称和相应数量的明细清单。由招标人按照《建设工程工程量清单计价规范》附录中装饰装修工程工程量清单项目统一的编码、统一项目名称、统一计量单位和统一工程量计算规则进行编制。它是建筑装饰工程招投标活动中对招标人和投标人都具有约束力的重要文件，是招投标活动的重要依据，工程量清单中提供的工程量是计算投标价格、合同价款的基础，因此，专业性强，内容复杂，对编制人的专业技术水平要求高。

分部分项工程量清单应表明拟建工程的全部分项实体工程名称和相应数量，编制时应避免错项、漏项；措施项目清单表明了为完成分项实体工程而必须采取的一些措施性工作，编制时应当全面；其他项目清单主要体现了招标人提出的一些与拟建工程有关的特殊要求，这些特殊要求所需要的金额应计入报价中。

 建筑装饰装修工程工程量清单的作用

1.装饰工程量清单是装饰工程造价确定的依据

(1)装饰工程量清单是编制标底的依据。

实行工程量清单计价的建设工程，其标底的编制应根据《建设工程工程量清单计价规范》的有关要求、施工现场的实际情况、合理的施工方法等进行编制。

(2)工程量清单是确定投标报价的依据。

投标报价应根据招标文件中的工程量清单和有关要求、施工现场实际情况及拟定的施工方案或施工组织设计，依据企业定额和市场价格信息，或参照建设行政主管部门发布的社会平均消耗量定额进行编制。

(3)工程量清单是评标时的依据。

工程量清单是招标、投标的重要组成部分和依据，是评标委员会评审标书的重要参考。

(4)工程量清单是甲、乙双方确定工程合同价款的依据。

合同价款必须依据工程量清单中的工程量来进行计算。

2.装饰工程量清单是装饰工程造价控制的依据

(1)装饰工程量清单是计算装饰工程变更价款和追加合同价款的依据。

在工程施工中，因设计变更或追加工程项目影响工程造价时，合同双方应根据工程量清单和合同其他约定调整合同价格。

(2)装饰工程量清单是支付装饰工程进度款和竣工结算的依据。

在施工过程中，发包人应按照合同约定和施工进度支付工程款，依据已完项目工程量和相应单价计算工程进度款。工程竣工验收通过后，承包人应依据工

程量清单的约定及其他资料办理竣工结算。

(3)装饰工程量清单是装饰工程索赔的依据。

在合同的履行过程中，对于并非自己的过错，而是应由对方承担责任的情况造成的实际损失，合同一方可向对方提出经济补偿和(或)工期顺延的要求，即“索赔”。工程量清单是合同文件的组成部分，因此，它是索赔的重要依据之一。

第二节　建筑装饰装修工程量清单项目的编制

一　建筑装饰装修工程工程量清单项目的编制主体

《建设工程工程量清单计价规范》规定：“工程量清单应由具有编制招标文件能力的招标人或受其委托具有相应资质的中介机构编制”。有资质的中介机构一般包括招标代理机构和工程造价咨询机构。

二　建筑装饰装修工程工程量清单项目编制的依据

建设部 107 号令规定：“工程量清单应当依据招标文件、施工设计图纸、施工现场条件和国家制定的统一工程量计算规则、分部分项工程项目划分、计量单位等进行编制”。即应严格按照《建设工程工程量清单计价规范》编制。

三　建筑装饰装修工程工程量清单项目编制的原则

1. 符合《建设工程工程量清单计价规范》的原则

(1)工程量清单为了满足工程计价和管理规范，在编制时应当符合统一要求，项目编码统一、项目名称统一、计量单位统一、工程量计算规则统一(四个统一)。

(2)工程量清单计价实行“政府宏观调控、企业自主报价、市场形成价格”的动态管理模式。因此，要求企业在投标报价时自主确定工料机消耗量、自主确定工料机单价、自主确定措施项目费及其他项目费的内容和费率(三个自主)。

(3)工程量清单计价，由企业自主报价，清单工程量和计价工程量的编制依据和计算规则不一定相同，所以，“量”“价”实行分离(两个分离)。

2. 符合实物工程量与描述对象准确的原则

工程量清单对招标人和投标人都具有很强的约束力。工程量清单是招标人发出的，表现拟建工程各分部分项工程实物名称、性质、特征、单位、数量以及措施项目、其他项目等有关的内容，是投标人投标报价的直接依据，因此，招标人提供的工程量清单必须与设计图纸相符合，能充分体现设计意图，反映施工现场的实际施工条件，避免错漏项、少算或多算工程量等现象发生，做到准确无误。

四 建筑装饰装修工程工程量清单项目编制的内容

工程量清单的编制，主要包括分部分项工程量清单、措施项目清单、其他项目清单，且必须严格按照《建设工程工程量清单计价规范》规定的规则和标准格式进行。

(一)工程量清单的组成

工程量清单应由下列内容组成：

(1)封面。

(2)填表须知。

(3)总说明。

(4)分部分项工程量清单。

(5)措施项目清单。

(6)其他项目清单。

(7)零星工作项目表。

(二)分部分项工程量清单

分部分项工程量清单主要包括以下内容：

1.分部分项工程量清单编码

分部分项工程量清单编码采用12位阿拉伯数字表示，前9位为全国统一编码，由《建设工程工程量清单计价规范》设置，不得变动。其中一、二位为附录顺序码，三、四位为专业工程顺序码，五、六位为分部工程顺序码，七、八、九位为分项工程项目名称顺序码，最后3位是清单项目名称编码，由清单编制人根据设置的清单项目编制。例如，楼地面贴800×800花岗石工程采用020102001001编码(如图4-1所示)。

2.工程数量的有效位数

工程数量的有效位数应遵循下列规定：

(1)以“吨”为单位的，应保留小数点后三位数字，第四位四舍五入。

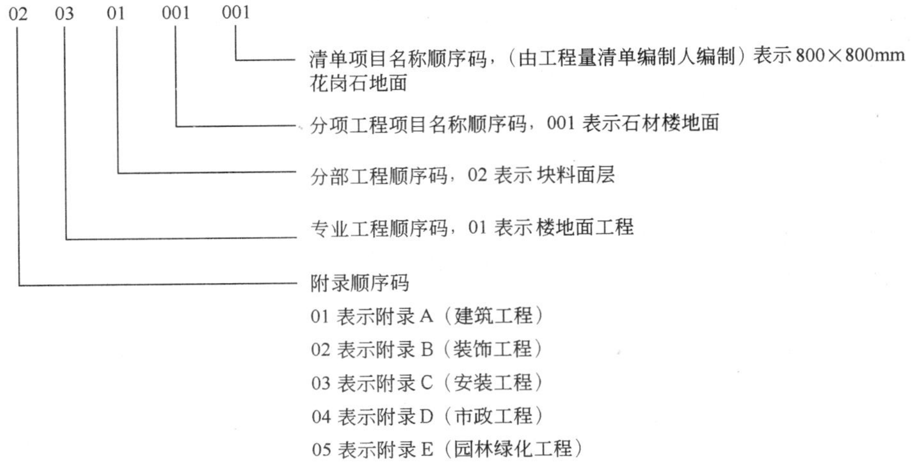

图 4-1 分部分项工程量清单编码

(2)以“立方米”、“平方米”、“米”为单位，应保留小数点后两位数字，第三位四舍五入。

(3)以“个”、“项”等为单位的，应取整数。

3.分部分项工程量清单项目名称

分部分项工程量清单项目名称的设置，应考虑三个因素，一是附录中的项目名称；二是附录中的项目特征；三是拟建工程的实际情况。编制工程量清单时，应以附录中的项目名称为主体，考虑该项目的规格、型号、材质等特征要求，结合拟建工程的实际情况，使其工程量清单项目名称具体化，能够反映影响工程造价的主要因素。

随着新技术、新工艺、新材料的出现，凡附录中出现的缺项，在工程量清单编制时，编制人可作补充。补充项目应填写在工程量清单相应分部工程项目之后，并在“项目编码”栏中以“补”字示之。

(三)措施项目清单

措施项目清单是指拟完成工程项目施工前和施工过程中技术、生活、安全等方面的非工程实体项目。

影响措施项目清单设置的因素很多，除工程本身的因素外，还涉及水文、气象、环境、安全等以及施工企业的实际情况。例如，安全施工、二次搬运、施工降水、室内空气污染测试等。规范提供的“措施项目一览表”(表 4-1)，仅作为列项的参考。措施项目清单以“项”为计量单位，相应数量为“1”。

措施项目一览表 表 4-1

1 通用项目	
1.1	环境保护
1.2	文明施工
1.3	安全施工
1.4	临时设施
1.5	夜间施工
1.6	二次搬运
1.7	大型机械设备进出场及安拆
1.8	混凝土、钢筋混凝土模板及支架
1.9	脚手架
1.10	已完工程及设备保护
1.11	施工排水、降水
2 建筑工程	
2.1	垂直运输机械
3 装饰装修工程	
3.1	垂直运输机械
3.2	室内空气污染测试
4 安装工程	
4.1	组装平台
4.2	设备、管道施工的安全、防冻和焊接保护措施
4.3	压力容器和高压管道的检验
4.4	焦炉施工大棚
4.5	焦炉烘炉、热态工程
4.6	管道安装后的充气保护措施
4.7	隧道内施工的通风、供水、供气、供电、照明及通讯设施
4.8	现场施工围栏
4.9	长输管道临时水工保护设施

续上表

4　安装工程	
4.10	长输管道施工便道
4.11	长输管道跨越或施工措施
4.12	长输管道地下穿越地上建筑物的保护措施
4.13	长输管道施工队伍调遣
4.14	格架式抱杆
5　市政工程	
5.1	围堰
5.2	筑岛
5.3	现场施工围栏
5.4	便道
5.5	便桥
5.6	洞内施工的通风、供水、供气、供电、照明及通讯设施
5.7	驳岸块石清理

由于影响措施项目设置的因素太多,“措施项目一览表”中不能一一列出,若出现表中未列的措施项目,在工程量清单编制时,编制人可作补充。补充项目应列在清单项目之后,并在“序号”栏中以“补”字示之。

(四)其他项目清单

其他项目清单主要考虑工程建设标准的高低、工程的复杂程度、工程的工期长短、工程的组成内容等直接影响工程造价的部分,它包括两部分四项,列有预留金、材料购置费、总承包服务费、零星工作项目费等项目内容。根据拟建工程的具体情况,若出现上述四项以外的其他项目,工程量清单编制人可作补充。补充项目应列在清单项目之后,并以“补”字在“序号”栏中示之。

(1)预留金是指招标人为可能发生的工程量变更而预留的金额。

(2)材料购置费是指招标人自行采购材料所发生的费用。

(3)总承包服务费是指投标人为配合协调招标人进行的工程分包和材料采购所需的费用。

(4)零星工作项目费是指投标人为完成招标人提出的,工程量暂估的零星工作所需的费用。

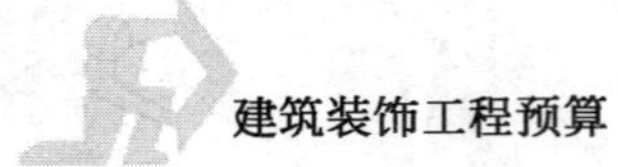

(五)工程量清单填表示例

某省某单位××银行装饰装修工程
工程量清单

招标人:(略)(单位签字盖章)

法定代表人:(略)(签字盖章)

造价工程师及注册证号:(略)(签字盖执业专用章)

编制时间: 年 月 日

填 表 须 知

1. 工程量清单及其计价格式中所有要求签字、盖章的地方，必须由规定的单位和人员签字、盖章。

2. 工程量清单及其计价格式中的任何内容不得随意删除或涂改。

3. 工程量清单及其计价格式中列明的所有需要填报的单价和合价，投标人均应填报，未填报的单价和合价，视为此项费用已包含在工程量清单的其他单价和合价中。

4. 金额（价格）均应以＿＿＿＿＿＿币表示。

总 说 明

工程名称：某省某单位××银行　　　　第　页　共　页

1. 工程概况：

2. 招标范围：

3. 清单编制依据：

4. 工程质量达标情况：

5. 招标人自行采购材料：

6. 投标人投标：

7. 随清单附有“主要材料价格表”，投标人应按其规定内容填写。

分部分项工程量清单

工程名称:某省某单位××银行　　　　　　　　　　　　第　页　共　页

序　号	项目编码	项目名称	计量单位	工程数量

措施项目清单

工程名称:某省某单位××银行　　　　　　　　第　页　　共　页

序　　号	项 目 名 称

其他项目清单

工程名称：某省某单位××银行　　　　　　　　　　　　第　页　共　页

序　号	项 目 名 称

零星工作项目表

工程名称:某省某单位××银行　　　　　　　　　　　　第　页　共　页

序　号	名　称	计量单位	数　量
1	人工		
2	材料		
3	机械		

五 建筑装饰装修工程清单项目列项及工程工程量计算举例

【例 4-1】 如图 4-2 所示，某办公楼一楼杂物间为现浇 30 厚水磨石楼地面玻璃嵌条，50 厚混凝土垫层，10 厚 1∶3 水泥砂浆找平层，试根据计算规则，列项并计算其工程量。

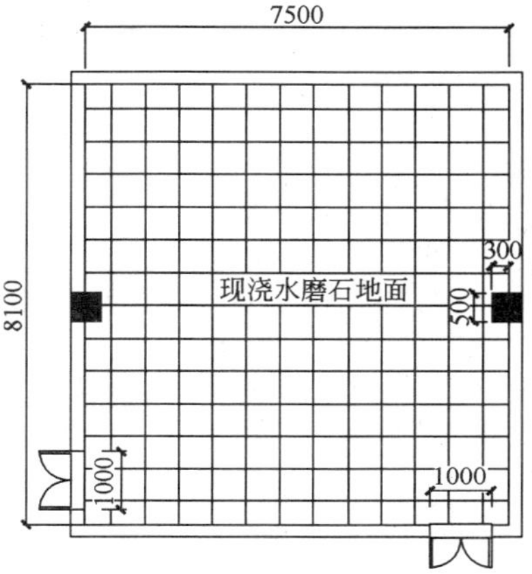

【解】 依题意，某办公楼一楼杂物间为现浇 30 厚水磨石楼地面玻璃嵌条，项目编码应为 020101002001。根据表 4-2 楼地面整体面层工程量清单计算规则，在发包方编制清单时，不扣除柱垛所占面积，该杂物间现浇水磨石地面工程量计算如下：

工程量 $=7.5\times8.1=60.75\text{m}^2$

图 4-2 杂物房现浇水磨石地面平面图

说明：根据该分项工程的项目特征，在报价时需计算方案工程量。其工程量可根据定额计算规则计算，由以下两部分组成：

(1)水磨石楼地面玻璃嵌条工程量 $=7.5\times8.1=60.75\text{m}^2$

(2)混凝土垫层工程量 $=0.05\times60.75=3.04\text{m}^3$

整 体 面 层(020101) 表 4-2

项目编码	项目名称	项 目 特 征	计量单位	工程量计算规则	工 程 内 容
020101001	水泥砂浆楼地面	1. 找平层厚度、砂浆配合比 2. 防水层厚度、材料种类 3. 面层厚度、砂浆配合比	m^2	按设计图示尺寸以面积计算。扣除凸出地面构筑物、设备基础、室内铁道、地沟等所占面积，不扣除柱、垛、间壁墙、附墙烟囱及 0.3m^2 以内的孔洞所占面积，门洞、空圈、暖气包槽、壁龛的开口部分不增加面积	1. 基层清理 2. 防水层铺设 3. 砂浆制作、运输 4. 抹找平层 5. 抹面层
020101002	现浇水磨石楼地面	1. 找平层厚度、砂浆配合比 2. 防水层厚度、材料种类 3. 面层厚度、水泥石子浆配合比 4. 嵌条材料种类、规格 5. 石子种类、规格、颜色 6. 颜料种类、颜色 7. 图案要求 8. 磨光、酸洗、打蜡要求	m^2	按设计图示尺寸以面积计算。扣除凸出地面构筑物、设备基础、室内铁道、地沟等所占面积，不扣除柱、垛、间壁墙、附墙烟囱及 0.3m^2 以内的孔洞所占面积，门洞、空圈、暖气包槽、壁龛的开口部分不增加面积	1. 基层清理 2. 防水层铺设 3. 砂浆制作、运输 4. 抹找平层 5. 嵌缝条安装 6. 面层铺设 7. 磨光、酸洗打蜡

续上表

项目编码	项目名称	项目特征	计量单位	工程量计算规则	工程内容
020101003	细石混凝土楼地面	1.找平层厚度、砂浆配合比 2.防水层厚度、材料种类 3.面层厚度、混凝土强度等级	m^2	按设计图示尺寸以面积计算。扣除凸出地面构筑物、设备基础、室内铁道、地沟等所占面积，不扣除柱、垛、间壁墙、附墙烟囱及0.3m^2以内的孔洞所占面积，门洞、空圈、暖气包槽、壁龛的开口部分不增加面积	1.基层清理 2.防水层铺设 3.砂浆制作、运输 4.抹找平层 5.面层铺设
020101004	菱苦土楼地面	1.找平层厚度、砂浆配合比 2.防水层厚度、材料种类 3.面层厚度 4.打蜡要求	m^2	按设计图示尺寸以面积计算。扣除凸出地面构筑物、设备基础、室内铁道、地沟等所占面积，不扣除柱、垛、间壁墙、附墙烟囱及0.3m^2以内的孔洞所占面积，门洞、空圈、暖气包槽、壁龛的开口部分不增加面积	1.清理基层 2.砂浆制作、运输 3.抹找平层 4.防水层铺设 5.面层铺设 6.打蜡

本章小结

本章重点介绍了工程量清单的概念、作用和编制，通过学习，了解清单项目的编制主体、编制依据和编制原则，掌握分部分项工程量清单、措施项目清单、其他项目清单的设置方法，并学会填写工程量清单封面、填表须知、总说明、分部分项工程量清单、措施项目清单、其他项目清单零星工作项目表等表格。

小知识

工程量清单计价适用的工程范围如下：

(1)全部使用国有资金投资或国有投资为主的大中型建设工程必须采用工程量清单计价方式；其他依法招标的建设工程，应采用工程量清单计价方式。

依法不招标的建设工程可以采用工程量清单计价或计价表计价方式。

(2)凡是采用工程量清单计价方式的，不论资金来源是国有资金、国外资金、贷款、援助资金或私人资金都必须遵守计价规范的规定。

思考题

4-1　什么是工程量清单？

4-2　工程量清单的编制依据是什么？

4-3　工程量清单由哪几部分组成？

4-4　分部分项工程量清单编码是如何设置的？

4-5　措施项目清单包括哪些项目？如何设置？

4-6　其他项目清单哪些项目？如何设置？

4-7　举例说明清单计算规则与定额计算规则的不同点。

第五章 建筑装饰装修工程计价

【职业能力目标】

(1)以定额计价模式为主,掌握工程计价的方法以及消耗量定额的运用。

(2)能根据费用定额以及计价程序计算装饰装修工程总造价。

【学习要求】

(1)了解两种计价模式的概念,熟悉基价的确定方法及直接费计算方法。

(2)了解装饰装修工程造价的组成、费用定额的编制及应用。

(3)了解定额计价模式、清单计价模式下装饰装修工程计价的方法。

第一节　定额计价模式下的装饰工程计价

一 定额计价体系下的装饰装修工程计价概述

(一)装饰装修工程定额计价模式的概念

装饰装修工程定额计价模式是以各地区各部门编制的消耗量定额、综合定额或统一基价表等为依据,按定额规定的分部分项子目逐项计算工程量,套用定额单价确定直接工程费,然后按管理部门规定的取费标准确定构成工程造价的间接费、利润和税金,最终获得工程造价并用于装饰装修工程招投标的一种计价模式。其造价的形成方式是传统的施工图预算,其分项工程单价的表现形式为定额项目表中的工料机单价(即基价)。

(二)装饰装修工程定额计价的方法和步骤

装饰装修工程定额计价模式下编制预算的方法和步骤通常有工料单价法和实物法两种,下面分别加以介绍:

1. 工料单价法

1)释义

工料单价法是指根据造价主管部门编制和确定的分项工程的单价(亦称基价)与分部分项工程的工程量相乘得到分部分项工程的直接工程费,然后汇总形成单位工程的直接工程费,并以此作为基础,按照各省市造价主管部门颁发的费用定额的相关规定计算出间接费、利润和税金,最终形成单位工程总造价的方法。

2)工料单价法编制预算的方法和步骤

(1)收集编制预算的有关文件和资料。

(2)熟悉施工图纸和定额。

(3)熟悉施工现场情况。

(4)计算分项工程的工程量。

(5)根据定额基价,计算直接工程费。

(6)进行工料分析。

(7)根据费用定额,计算工程总造价。

(8)编写施工图预算编制说明。

(9)复核、填写预算封面。

(10)装订、签章和审批施工图预算。

工料单价法是目前我国工程造价管理转轨时期编制单位装饰装修工程预算造价的重要方法,其单价的形成体现了政府定价的行为。为适应市场需求,实现工程造价的动态管理,因此需要根据当时当地的市场价格进行价差调整,表现在费用定额的运用当中。

2. 实物法

1)释义

实物法是指根据消耗量定额中所规定的分部分项工程的人工、材料、机械台班的消耗量(亦称含量)与分部分项工程的工程量相乘后得到的分部分项工程的人、料、机的实际耗用量,再乘以当时当地人工、材料、机械台班的实际价格,得到单位工程的人工费、材料费和机械使用费,最后汇总形成单位工程的直接工程

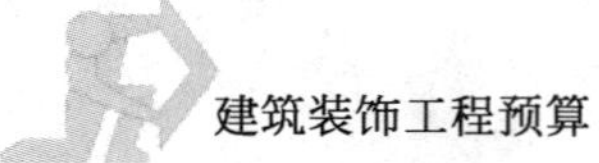

费，并以此为基础，按照各省市造价主管部门颁发的费用定额的相关规定计算出间接费、利润和税金，最终形成单位工程总造价的方法。

2）实物法编制预算的方法和步骤

（1）收集编制预算的有关文件和资料。

（2）熟悉施工图纸和定额。

（3）熟悉施工现场情况。

（4）计算分部分项工程的工程量。

（5）根据定额人、料、机含量计算出分部分项工程的人、料、机用量。

（6）根据分部分项工程的人、料、机用量，分别乘以工程当时当地人工、材料、机械台班的实际价格，计算出人工费、材料费和机械费，汇总形成直接工程费。

（7）根据费用定额，计算工程总造价。

（8）编写施工图预算编制说明。

（9）复核、填写预算封面。

（10）装订、签章和审批施工图预算。

在市场经济条件下，人工、材料和机械台班的单价是随市场变化而变化的，用实物法编制施工图预算，采用的是工程当时当地的人工、材料和机械台班单价，能够较好地反映工程实际价格水平，工程造价的准确性高，因此，实物法是与市场经济体制相适应的预算编制方法，与工程量清单计价的基本思路相吻合，但是在计算过程中，实物法较工料单价法更为繁琐，应加强计算软件的应用。

（三）定额计价模式下“工程计价”解释

从定额计价模式的概念及施工图预算的编制方法和步骤中可以清晰地看到，装饰装修“工程计价”是指在定额计价模式下各分部分项工程根据消耗量定额及相关费用文件确定分部分项工程单价以及以此为基础计算各种工程费用，最终形成单位工程总造价的过程。

二 装饰装修工程中分部分项工程单价的确定

各地区各部门颁发的《建筑装饰装修工程综合定额》、《建筑装饰装修工程消耗量定额及统一基价表》或地区估价表等（以下简称定额），既含有消耗量指标，又含有费用指标。以某省定额中大理石楼地面分部分项工程项目表为例，见表5-1，分部分项工程项目的单价就是定额项目表中的基价，熟练运用定额确定分项工程基价对计算分部分项工程的费用起着至关重要的作用。

彩釉砖楼地面 表 5-1

工作内容：1. 清理基层、锯板磨边、贴彩釉砖、擦缝、清理净面。

2. 调制水泥砂浆或粘结剂。 单位：见表

定额编号				B1-90	B1-91	B1-92	B1-93
项目				彩釉砖			
				楼梯面	台阶面	踢脚板	
				水泥砂浆			干粉型粘结剂
				100 平方米		100 米	
基价(元)				8272.63	7983.60	856.33	1088.19
其中	人工费(元)			2984.10	2251.20	287.40	319.20
	材料费(元)			5274.43	5717.69	567.09	767.15
	机械费(元)			14.10	14.71	1.84	1.84
	名称	单位	单价(元)	数量			
人工	综合工日	工日	30.00	99.47	75.04	9.58	10.64
材料	彩釉砖 200mm×100mm	m^2	32.25	144.69	156.88	15.30	15.30
	水泥砂浆 1∶4	m^3	150.43	3.45	3.74	—	—
	水泥浆	m^3	451.91	0.14	0.15	—	—
	水泥砂浆 1∶1	m^3	273.47	—	—	0.05	—
	水泥砂浆 1∶3	m^3	180.79	—	—	0.26	—
	水泥 107 胶浆 1∶0.04 结合层	m^3	492.87	—	—	0.02	—
	白水泥	kg	0.60	14.00	15.00	2.00	4.00
材料	干粉型粘结剂	kg	4.49	—	—	—	60.00
	锯木屑	m^3	3.93	0.82	0.89	0.09	0.09
	棉砂头	kg	4.84	1.40	1.50	0.15	0.15
	水	m^3	2.12	3.55	3.85	0.40	0.40
机械	灰浆搅拌机 200L	台班	61.29	0.23	0.24	0.03	0.03

(一)基价的定义

基价是指分部分项工程定额单位的预算价值。如表 5-1 所示，B1-90 水泥砂浆楼梯面彩铀砖分项工程的基价为 8272.63 元，是指定额单位为 $100m^2$ 的彩釉

砖楼地面的价格，换句话说，水泥砂浆彩釉砖楼梯面的单价为 82.7263 元/ m^2。

(二)基价的组成

一般情况下，基价是由消耗量定额的人工工日、材料、机械台班的消耗量分别乘以相应的工日单价、材料预算价格、机械台班预算价格后汇总而成的。即

分项工程定额基价＝人工费＋材料费＋机械费

人工费＝分项工程定额人工工日数×人工单价

材料费＝∑(分项工程定额材料用量×相应的材料预算价格)

机械费＝∑(分项工程定额机械台班使用量×相应机械台班预算价格)

各地区各时期定额中基价的组成不尽相同，如某省 2000 年版定额中基价是由人工费、材料费、机械费和综合费四部分组成，其中综合费按人工、材料、机械费之和的 6%计取；2003 年版定额中基价是由人工费、材料费、机械费三部分组成。另一省的 2006 年版定额中，基价是由人工费、材料费、机械费、管理费组成，其中管理费按不同城市分一、二、三类标准制定，按工程所到地标准执行。因此，在确定基价时必须熟悉当地定额。

(三)基价的确定

1. 确定基价时应注意的几个问题

确定基价是定额运用的主要工作，通常称为“套定额”。定额的套用有三种方式：直接套用、换算和补充。在定额套用时应注意的问题是：

(1)查阅定额前，应首先认真阅读定额总说明，分部工程说明和有关附注内容；熟悉和掌握定额的适用范围、定额已考虑和未考虑的因素以及有关规定。

(2)要明确定额中的用语和符号的含义。

(3)要了解和记忆常用分项工程定额所包括的工作内容，人工、材料、施工机械台班消耗数量和计量单位，以及有关附注的规定，做到正确地套用定额项目。

(4)要明确定额换算范围，正确应用定额附录资料，熟练进行定额项目的换算和调整。

2. 定额的查找

为了便于查找、核对和审查定额项目，定额编制时对每一分项工程进行了编号。在编制建筑装饰工程施工图预算时，必须正确填写定额编号，以便检查定额选套是否准确合理。定额编号的方法通常有以下两种：

1)“三符号”编号法

“三符号”编号法，是以预算定额中的分部工程序号、分项工程序号(或页

码)、分项工程的子项目序号等三个号码进行定额编号的。其表达形式如下：

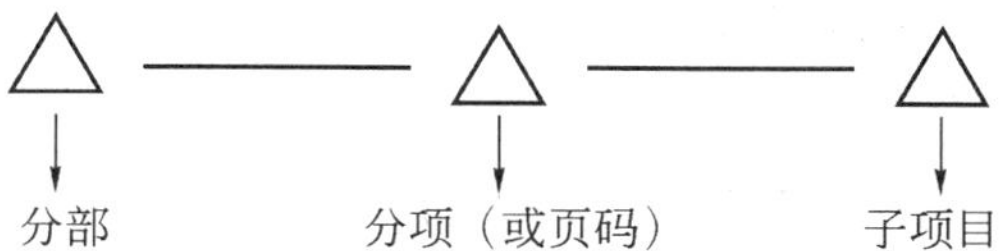

例如，某省的预算定额中单裁口五块料以上的木门框制作安装项目，定额编号为：7-1-2，“7”表示木结构工程在第七分部；“1”表示木门窗分项目，分项目号为 1；“2” 表示单裁口五块料以上木门框制作安装子目，其顺序号为 2。

2)“二符号”编号法

“二符号”编号法，是在“三符号”编号法的基础上，去掉一个分项工程序号，采用定额中分部工程序号和子项目序号两个号码进行定额编号。其表达形式如下：

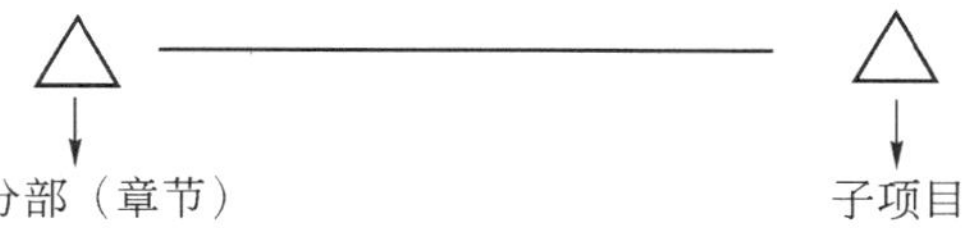

例如，表 5-1 所示某省定额中水泥砂浆大理石楼梯面，其定额编号为 B1-53，“B1”表示装饰装修工程消耗量定额第一章(其中 B 表示装饰装修工程)；“53”表示水泥砂浆大理石楼梯面铺贴子项目，其顺序号为 53。

3. 定额的运用

1)定额的直接套用

当分项工程设计要求的工程内容、技术特征、施工方法、材料规格等与拟套的定额分项工程规定的工作内容、技术特征、施工方法、材料规格等完全相符时，则可直接套用定额。这种情况是编制施工图预算最常见的。直接套用定额项目的方法步骤如下：

(1)根据施工图纸设计的工程项目内容，从定额目录中查出该工程项目所在定额中的页数及其部位，选定相应的定额项目与定额编号。

(2)判断施工图纸设计的工程项目内容与定额规定的内容，是否相一致。当完全一致时，可直接套用定额基价。在套用定额基价前，必须注意核实分项工程的名称、规格、计量单位与定额规定的名称、规格、计量单位是否一致。

(3)将定额编号和定额基价，其中包括人工费、材料费和施工机械使用费分别填入工程预算表内。

【例 5-1】 某装饰工程台阶面水泥砂浆镶贴彩釉砖，试确定其基价及人工费、材料费、机械费。

【解】 以某地区《装饰装修工程消耗量定额及统一基价表》为例，如表 5-1 所示。

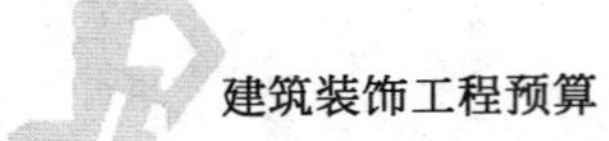

①从定额目录中，查出彩釉砖台阶面的定额编号为B1-91。

②通过判断可知，彩釉砖台阶面分项工程内容符合定额规定的内容，即可直接套用定额项目。

③从表5-1中查得彩釉砖台阶面的定额基价为：B1-52＝7983.60元/100m^2；其中人工费：2251.20元/100m^2；材料费：5717.69元/100m^2；机械费：14.71元/100m^2。

2）定额的换算

当施工图纸设计要求与拟套的定额项目的工程内容、材料规格、施工工艺等不完全相符时，则不能直接套用定额。这时应根据定额规定进行计算。如果定额规定允许换算，则应按照定额规定的换算方法进行换算；如果定额规定不允许换算，则该定额项目不能进行调整换算。经过换算后的定额项目的定额编号应在原定额编号的右下角注明一个“换”字，以示区别，如$B2\text{-}21_{换}$。

定额换算的基本思路是：根据设计图纸所示装饰分项工程的实际内容，选定某一相关定额子目，按定额规定换入应增加的人工费、材料费和机械费，减去应扣除的人工费、材料费和机械费。

下面介绍几种常用的换算方法：

(1)系数换算法。系数换算法是根据定额规定的系数，对定额项目中的人工、材料、机械或工程量等进行调整的一种方法，其换算步骤如下：

①根据施工图纸设计的工程项目内容，查找每一分部工程说明、工程量计算规则，判断是否需要增减系数，调整定额项目或工程量。

②计算换算后的定额基价，一般可按下式进行计算：

换算后定额基价＝换算前定额基价±[定额人工费(或机械费)×相应调整系数]

③写出换算后定额编号，右下角写明“换”字。

④如果工程量进行调整，直接乘系数即可。

【例5-2】 某宾馆四级吊顶造型天棚(非艺术造型天棚)，面层为柚木夹板，试计算其基价。

【解】

①根据工程项目内容，查找某地区《装饰装修工程消耗量定额及统一基价表》第三章说明五：对于二级或三级以上造型的天棚(艺术造型天棚除外)，其面层人工需乘以1.30的系数。所以必须对定额人工费进行调整。

②如表5-2所示，依题意，根据分项工程名称，查找定额编号B3-101，定额基价为5749.87元/100m^2，其中人工费为859.5元/100m^2，则

$$B3\text{-}101_{换}=5749.87+859.5\times(1.3-1)$$
$$=6007.72\ 元/100m^2$$

天 棚 面 层　　表 5-2

工作内容:安装天棚面层　　单位:$100m^2$

定 额 编 号				B3-101	B3-102
项目				柚木夹板	隔音板
基价(元)				5749.87	10529.90
其中	人工费(元)			859.50	574.50
	材料费(元)			4890.37	9955.40
	机械费(元)			—	—
名称		单位	单价(元)	数量	
人工	综合工日	工日	30.00	28.65	19.15
材料	柚木夹板	m^2	28.50	105.00	—
	石棉吸声板 $\delta=10mm$	m^2	21.64	—	105.00
	胶合板五夹	m^2	13.07	105.00	105.00
	立时得胶	kg	15.89	32.55	32.55
	铁钉	kg	4.61	1.80	3.13
	双面胶纸 $\delta=2mm$	m^2	55.04	—	105.00

(2)按比例换算。某些项目如果符合消耗量定额规定换算的条件,可按设计用量与定额用量的比例对人工、材料或机械台班消耗量进行调整换算。

【例 5-3】 某工程办公室内踢脚板设计为 200mm 高彩釉砖,试确定其定额基价。

【解】 根据《某地区装饰装修工程消耗量定额及统一基价表》,第一章说明三:本定额踢脚板高度是按 150mm 编制的,超过时材料用量可以调整,人工、机械用量不变。该分项工程彩釉砖为 200mm 高,超过 150mm,需进行换算。

①如表 5-1 所示,查定额子目:B1-92=856.33 元/100m。其中人工费=287.40 元/100m;材料费=567.09 元/100m;机械费=1.84 元/100m。

②换算后的定额基价 $B1\text{-}92_{换}=856.33+567.09\times(200/150-1)=1045.36$ 元/100m

(3)装饰用砂浆配合比的换算。装饰用砂浆设计厚度与定额相同,而配合比与定额不同时的换算方法。用公式表示如下:

换算后的定额基价=换算前原定额基价+(应换入砂浆的单价-应换出砂浆的单价)×应换算砂浆的定额用量

【例 5-4】 某工程楼梯面设计 1∶1 水泥砂浆贴彩釉砖，试计算定额基价。

【解】 如表 5-1 所示，根据某地区《装饰装修工程消耗量定额及统一基价表》，彩釉砖楼梯面应套 B1-90 子目，因为该子目是 1∶4 水泥砂浆粘贴，与设计 1∶1 水泥砂浆不同，所以需要换算。

①查定额子目：B1-90＝8272.63 元/100m²。1∶4 水泥砂浆消耗量为 3.45m³/100m²；单价为 150.43 元/100m²

如表 5-3 所示，查某地区《建筑工程消耗量定额及统一基价表》附表的抹灰砂浆配合比表，定额 6-18，1∶1 水泥砂浆基价＝273.47 元/m³

②换算后的基价 $B1\text{-}90_{换}=8272.63+(273.47-150.43)\times 3.45$

$=8697.12$ 元/100m²

水泥砂浆配合比表（单位：m³） 表 5-3

定额编号				6-18	6-19	6-20	6-21	6-22	6-23
项目				水泥砂浆					
				1∶1	1∶1.5	1∶2	1∶2.5	1∶3	1∶4
基价（元）				273.47	248.48	229.82	205.16	180.79	150.43
材料	32.5 水泥	kg	0.3	782.00	664.00	577.00	485.00	404.00	303.00
	中（粗）砂	m³	50.00	0.76	0.97	1.12	1.18	1.18	1.18
	水	m³	2.12	0.41	0.37	0.34	0.31	0.28	0.25

（4）装饰用砂浆厚度的换算。当施工图设计的装饰用砂浆的配合比同定额相同，但厚度不同时，这时的人工、材料、机械台班的消耗量均发生了变化，因此，不仅要调整人工、材料、机械台班的定额消耗量，还要调整人工费、材料费、机械费和定额基价。

换算方法是：根据定额中规定的每增减 1mm 厚度的费用及工、料、机的定额用量进行换算。

【例 5-5】 某工程砖墙面采用水刷白石子，设计要求 12 厚 1∶3 水泥砂浆打底，12 厚 1∶1.5 水泥白石子浆面层，其他做法与定额相同，试计算该项目的定额基价。

【解】 根据某地区《装饰装修工程消耗量定额及统一基价表》，如表 5-4～5-6 所示，砖墙面采用水刷白石子套用定额子目 B2-74，该子目设计的砂浆配合比与定额相同，但砂浆厚度设计与定额不同，需根据消耗量定额 B2-74、B2-58、B2-107 进行换算。

$B2\text{-}74_{换}=2177.68-37.27\times 3+80.23\times 2=2226.33$ 元/100m²

水刷石墙面

表 5-4

工作内容：1. 清理、修补、湿润墙面、堵墙眼、调运砂浆、清扫落地灰、翻移脚手板

2. 分层抹灰、刷浆、找平、起线拍平、压实、刷面（包括门窗侧壁抹灰） 单位：100m²

定额编号				B2-74	B2-75	B2-76	B2-77
项目				水刷白石子			
				15＋10mm 砖、混凝土墙面	20＋10mm 毛石墙面	柱面	零星项目
基价（元）				2177.68	2295.99	2459.44	3615.07
其中	人工费（元）			1137.90	1141.20	1458.60	2675.70
	材料费（元）			1014.04	1119.24	975.71	914.24
	机械费（元）			25.74	35.55	25.13	25.13
名称		单位	单价（元）	数量			
人工	综合工日	工日	30.00	37.93	38.04	48.62	89.19
材料	水泥石灰砂浆 1∶3	m³	180.79	1.73	2.31	1.67	1.33
	水泥白石子砂浆 1∶1.5	m³	555.82	1.15	1.15	1.11	1.11
	水泥浆	m³	451.91	0.11	0.11	0.10	0.10
	107 胶	kg	2.56	2.48	2.48	2.21	2.21
	水	m³	2.12	2.84	3.00	2.82	2.82
机械	灰浆搅拌机 200L	台班	61.29	0.42	0.58	0.41	0.41

一般抹灰砂浆厚度调整及墙面分格、嵌条、压线

表 5-5

工作内容：调运砂浆 单位：100m²

定额编号		B2-57	B2-58	B2-59
项目		抹灰层每增减 1mm		
		混合砂浆		
		石灰砂浆 1∶2.5	水泥砂浆 1∶2.5	混合砂浆 1∶1∶6
基价（元）		21.79	37.27	32.89
其中	人工费（元）	10.50	11.40	15.60
	材料费（元）	10.06	24.64	16.06
	机械费（元）	1.23	1.23	1.23

续上表

定额编号				B2-57	B2-58	B2-59
名称		单位	单价(元)	数量		
人工	综合工日	工日	30.00	0.35	0.38	0.52
材料	石灰砂浆 1∶2.5	m^3	91.27	0.11	—	—
	水泥砂浆 1∶2.5	m^3	205.16	—	0.12	—
	水泥石灰砂浆 1∶1∶6	m^3	133.64	—	—	0.12
	水	m^3	2.12	0.01	0.01	0.01
机械	灰浆搅拌机 200L	台班	61.29	0.02	0.02	0.02

注:一般抹灰厚度调整的砂浆配合比为综合取定,设计与定额不同时,均不得换算。

装饰抹灰砂浆厚度调整及分格嵌缝 表 5-6

工作内容:1. 调运砂浆

2. 玻璃条制作安装、划线分格

3. 清扫基层、涂刷素水泥浆

单位:$100m^2$

定额编号				B2-106	B2-107	B2-108	B2-109
项目				厚度每增减 1mm			分格嵌缝
				水泥豆石浆	水泥白石子浆	玻璃碴浆	玻璃嵌缝
基价(元)				58.23	80.23	82.50	269.55
其中	人工费(元)			12.30	12.30	11.70	240.30
	材料费(元)			44.70	66.70	69.57	29.25
	机械费(元)			1.23	1.23	1.23	—
名称		单位	单价(元)	数量			
人工	综合工日	工日	30.00	0.41	0.41	0.39	8.01
材料	水泥绿豆砂浆 1∶1.25	m^3	372.50	0.12	—	—	—
	水泥白石子浆 1∶1.5	m^3	555.82	—	0.12	—	—
	水泥玻璃碴浆 1∶1.25	m^3	579.78	—	—	0.12	
	玻璃 $\delta=3mm$	m^2	12.24	—	—	—	2.39
机械	灰浆搅拌机 200L	台班	61.29	0.02	0.02	0.02	—

(5)材料用量换算法

当施工图纸设计的工程项目的主材用量，与定额规定的主材消耗量不同而引起定额基价的变化时，必须进行材料用量换算。其换算的方法步骤如下：

①根据施工图纸设计的工程项目内容，查找说明及工程量计算规则，判断是否需要进行定额换算。

②计算工程项目主材的实际用量和定额单位实际消耗量，一般可按下式进行计算：

单位主材实际消耗量＝主材实际用量/工程项目工程量×工程项目定额计量单位

③计算换算后的定额基价，一般可按下式进行计算：

换算后的定额基价＝换算前定额基价±(单位主材实际消耗量－单位主材定额消耗量)×相应主材单价

【例 5-6】 某工程采用茶色半玻栏板不锈钢管扶手，其工程量为 342.56m，根据设计图纸计算的不锈钢管(ϕ32×1.5mm)的实际用量为 369.97m(包括各种损耗)，试确定其换算后的定额基价。

【解】 根据某地区《装饰装修工程消耗量定额及统一基价表》，如表 5-7 所示，查出茶色半玻栏板不锈钢管扶手定额项目编号为 B1-176，通过材料用量进行换算。

①查出定额子目：B1-176＝2465.23 元/10m。

其主材不锈钢管(ϕ32×1.5mm)的定额消耗量为 10.29m/10m ，单价为 29.84 元/m。

②计算不锈钢管(ϕ32×1.5mm)定额单位的实际消耗量：

不锈钢管定额单位实际消耗量＝369.97/342.56×10＝10.8m/10m

③计算换算后定额基价：

$B1-176_{换}$＝2465.23＋(10.8－10.29)×29.84＝2480.45 元/10m

不锈钢管扶手 表 5-7

工作内容：放样、下料、焊接、玻璃安装、打磨抛光 单位：10m

定额编号		B1-175	B1-176	B1-177
项目		不锈钢管扶手		
		有机玻璃	茶色半玻	茶色全玻
		栏板		
基价(元)		2891.45	2465.23	3222.41
其中	人工费(元)	346.80	256.80	256.80
	材料费(元)	2445.48	2109.26	2866.44
	机械费(元)	99.17	99.17	99.17

续上表

定 额 编 号				B1-175	B1-176	B1-177
名称		单位	单价(元)	数量		
人工	综合工日	工日	30.00	11.56	8.56	8.56
材料	不锈钢管 ϕ32×1.5mm	m	29.84	10.29	10.29	10.29
	不锈钢管 ϕ89×2.5mm	m	110.98	10.60	10.60	10.60
	不锈钢法兰盘 ϕ59mm	只	19.80	11.54	11.54	11.54
	一等松板 10×25mm	m^3	1350.00	—	—	0.002
	茶色玻璃 $\delta=6$mm	m^2	34.00	—	6.37	—
	茶色玻璃 $\delta=10$mm	m^2	100.61	—	—	9.24
	有机玻璃 $\delta=6$mm	m^2	95.64	5.78	—	—
	玻璃胶 350g/支	支	13.90	0.21	0.21	1.57
	环氧树脂	kg	39.89	0.3	0.3	0.3
	清油	kg	11.48	—	—	0.32
	油灰	kg	1.23	—	—	15.32
	氩气	m^3	17.66	1.04	1.04	1.04
	不锈钢带螺帽栓 M6×25mm	只	2.38	34.98	34.98	34.98
	不锈钢 U 型卡 3mm	只	1.13	34.98	34.98	34.98
	不锈钢焊丝	kg	33.77	0.37	0.37	0.37
	钨棒	kg	562.76	0.02	0.02	0.02
	棉纱头	kg	4.84	0.20	0.20	0.20
机械	管子切断机 ϕ150mm	台班	39.84	0.70	0.70	0.70
	交流电焊机 30kVA	台班	115.68	0.54	0.54	0.54
	抛光机	台班	16.32	0.54	0.54	0.54

3)套用补充定额项目

当分项工程的设计内容与定额项目规定的条件完全不相同时，或者由于设计采用新结构、新材料、新工艺在地区消耗量定额中没有同类项目，可编制补充定额。

编制补充定额的方法通常有两种：

(1)按照本节介绍的编制方法计算项目的人工、材料和机械台班消耗量指标，然后分别乘以地区人工工资单价、材料预算价格、机械台班使用费，然后汇总得补充项目的预算基价。

(2)补充项目的人工、机械台班消耗量，以同类型工序、同类型产品定额水平消耗量标准为依据，套用相近的定额项目，材料消耗量按施工图进行计算或实际测定。

补充项目的定额编号一般为“章号—节号—补×”，×为序号。

 直接工程费的计算

(一)直接工程费的定义

直接工程费是指在施工过程中直接构成工程实体和有助于达到装饰工程设计效果所消耗的各种费用，包括人工费、材料费和机械费等。

(二)直接工程费的组成

直接工程费＝人工费＋材料费＋施工机械使用费

其中：

人工费＝∑(分项工程量×定额人工费)

材料费＝∑(分项工程量×定额材料费)

施工机械使用费＝∑(分项工程量×定额机械费)

(三)直接工程费的计算公式及计算举例

1. 工料单价法计算直接工程费

(1)计算公式：

分项工程直接工程费＝基价×分项工程量

(2)计算实例：

【例 5-7】 如表 5-7 所示，某装饰工程不锈钢管扶手茶色全玻栏板工程量为 300m，试确定其直接工程费。

【解】 以表 5-7 某地区《装饰装修工程消耗量定额及统一基价表》为例，查出不锈钢管扶手茶色全玻栏板的基价＝3222.41 元/10m，故

不锈钢管扶手茶色全玻栏板 直接工程费＝(3222.41/10)×300

＝96672.3 元

2. 实物法计算直接工程费

(1)计算公式：

分项工程直接工程费＝人工费＋材料费＋机械费

人工费＝分项工程定额人工工日数×人工单价×工程量

材料费＝∑(分项工程定额材料用量×相应的材料市场价格×工程量)

机械费＝∑(分项工程定额机械台班使用量×相应机械台班市场价格×工程量)

(2)计算实例:

【例 5-8】 如表 5-2 所示,某装饰工程柚木夹板天棚面层工程量为 300m²,已知工程所在地综合人工费为 32 元/工日,柚木夹板市场价为 29.5 元/ m²,胶合板五夹市场价为 14.3 元/ m²,立时得胶市场价为 15.61 元/kg,铁钉市场价为 4.65 元/kg,试确定其直接工程费。

【解】 以表 5-2 某地区《装饰装修工程消耗量定额及统一基价表》为例,查出该分项工程定额编号为 B3-101,定额人工消耗量为 28.65 工日/100 m²,柚木夹板定额消耗量为 105.00m²/100 m²,胶合板五夹定额消耗量为 105.00m²/100 m²,立时得胶定额消耗量为 32.55kg/100 m²,铁钉定额消耗量为 1.80kg/100 m²,无机械消耗量。

人工费＝28.65×32×300/100 ＝2750.4 元

材料费＝(105.00×29.5＋105.00×14.3＋32.55×15.61＋1.80×4.65)×300/100

＝15346.43 元

机械费＝0 元

分项工程直接工程费＝人工费＋材料费＋机械费

＝2750.4＋15346.43＋0

＝18096.83 元

四 工料分析及其作用

(一)工料分析的定义

工料分析是指对施工中构成工程实体的分部分项工程的人工和材料的消耗量以及措施项目中耗用的人工和材料进行计算并以表格的形式汇总排列的过程。

工料分析是以分部分项工程的定额消耗量作为计算基础的,由此也可进一步理解在企业定额尚未编制完善之前消耗量定额所起的重要作用。

(二)工料分析的作用

1.是编制施工组织设计的依据

工程开工前必须合理配置劳动力,有计划地购置材料和设备,完整地编制施工组织设计,有序地组织工程施工,所以工料分析得到的数据为这些工作的开展提供了保障。

2. 是计算直接工程费的依据

从实物法计算直接工程费的案例中可以看到这一点，同时工料分析也为目前我国推行的清单计价模式提供了基础数据。

3. 是定额计价模式下价差调整的依据

分部分项工程的单价是定额基价，它不能满足市场要求，不能反映真实的工程价值，因此必须根据市场情况按照相关文件进行合理调整，其方式就是根据各地区各部门颁发的费用定额中的价差调整原则进行调整。工程量是价差调整的基础，在本节中将进一步学习，见取费程序表 5-15 所示。

4. 是各项经济指标的依据

根据工料分析得到的单位工程的人工和材料的消耗量与建筑面积或室内净面积的比值就可得出各项经济技术指标，为工程投资控制和招投标等活动提供参考。

(三)工料分析的方法及表现形式

1. 工料分析的方法

工料分析是根据各分部分项工程的实物工程量和相应定额中的项目所列的用工工日及材料数量，计算各分部分项工程所需的人工及材料数量，相加汇总便得出单位工程所需要的各类人工和材料的数量。其计算公式如下：

分项工程工料消耗量＝分项工程量×定额工料消耗量指标

单位工程工料消耗量＝$\sum$(分项工程工料消耗量)

2. 工料分析计算举例

【例 5-9】 如表 5-2 所示，某装饰工程隔声板天棚面层工程量为 300m^2，试对该分项工程进行工料分析。

【解】 以表 5-2 某地区《装饰装修工程消耗量定额及统一基价表》为例，查出该分项工程定额编号为 B3-102，定额人工消耗量为 19.15 工日/100 m^2，石棉吸声板 δ＝10mm 定额消耗量为 105.00m^2/100 m^2，胶合板五夹定额消耗量为 105.00m^2/100 m^2，立时得胶定额消耗量为 32.55kg/100 m^2，铁钉定额消耗量为 3.13kg/100 m^2，双面胶纸 δ＝2mm 定额消耗量为 105.00 m^2/100 m^2。则

人工： 综合用工消耗量＝300×19.15/100＝58.5 工日

材料：石棉吸声板(δ＝10mm)消耗量＝300×105.00/100＝315m^2

胶合板五夹消耗量＝300×105.00/100＝315m^2

立时得胶消耗量＝300×32.55/100＝97.65kg

铁钉消耗量＝300×3.13/100＝9.39kg

双面胶纸(δ＝2mm)消耗量＝300×105.00/100＝315m^2

3. 工料分析表现形式

在编制施工图预算时工料分析是以表格的形式表达的，以例 5-7 的计算结果举例说明，详见表 5-8 工料分析表。

工料分析表　　　　表 5-8

序号	定额编号	项目名称	单位	数量	人工(工日)		材料						
							石棉吸声板(m^2)		胶合板五夹(m^2)		立时得胶	铁钉	双面胶纸
					定额含量	合计	定额含量	合计	定额含量	合计	…	…	…
1	B3-102	隔声板天棚面层	$100m^2$	300	19.15	58.5	105	315	105	315	…	…	…

五 价差

(一)价差概述

1. 定义

价差系指装饰装修工程所需人工、材料、机械等费用因价格变动对工程造价产生的相应变化值。

2. 价差调整

价差调整是指从概算、预算编制期至工程竣工期(结算期)，因人工、材料、机械价格等增减变化，对原批准的设计概算，审定的施工图预算及签订的承包协议价、合同价，按照规定对允许调整的范围所做的合理调整。

3. 价差调整范围

价差调整范围包括两类：一类是政策价差调整，包括人工费、辅助材料费、机械费、其他直接费和间接费；一类是价格全面放开的主要材料的价差调整。

(二)价差调整工作应遵循的原则

1. 要根据国家有关方针、政策，特别是国家价格法规、政策以及有关工程造价管理的规定，自觉遵循价值规律，及时反映本地区一定时期内的合理价格水平，逐步建立市场形成价格的机制。

2. 人工费应按国务院、劳动部等部门颁布的有关劳动工资政策，规定允许增加的工资、津贴、补贴标准以及定额人工费组成内容调整。

3.材料预算价格、预结算价格，应根据市场供应原价，供销部门管理费、运杂费等变化，按《地区建设工程材料预算价格编制办法》以及各地区《材料预算价格编制实施细则》调整。

4.机械台班费中的折旧费、大修理费、经常修理费按国家及有关部门的规定调整，安拆费及场外运输费、人工费、养路费、燃料动力费的价差，根据各地区相应价格的变动调整。

5.其他直接费、间接费根据国家政策规定，费用支出标准及费用项目的变动进行相应调整。其中施工管理费结合费用支出的实际状况和社会生活物价上升指数综合考虑进行调整。

（三）价差调整方法

1.人工费、辅助材料费、机械费的价差调整公式

价差＝调整基价×综合调整系数

（1）调整基价：

①建筑装饰装修工程人工费调整：以基价中的人工费为基础进行调整。

②辅助材料费的调整：建筑装饰装修工程暂不分工程结构以基价为基础综合调整。

③机械费调整：以基价为基础调整。

（2）综合调整系数一般由各地区工程造价主管部门测定，其公式为：

$$人工费（辅助材料费、机械费）价差系数=(P_n-P_0)\div P_0$$

式中：P_n——报告期人工费、辅助材料费、机械费。

P_0——基价期人工费、辅助材料费、机械费。

2.主要材料按编制价与相应定额取定价调整正、负价差。

价差计算公式：

$$\sum(各主要材料价格-各主要材料定额取定价格)\times 主材用量$$

其中：

$$主材用量=\sum 主材定额用量\times 工程量$$

式中主材用量是工料分析的结果。

六 建筑装饰装修工程取费

“装饰装修工程取费”是指装饰装修工程在直接工程费计算完成后，根据国家及各地区各部门颁发的费用定额和有关文件规定计取一些合理费用，最终形成工程总造价的过程。

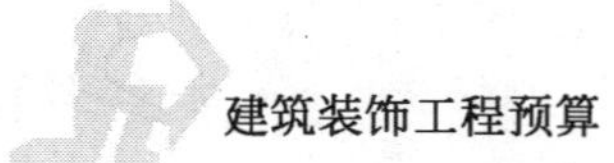

(一)费用定额

1.费用定额概述

为了适应工程计价改革工作的需要,按照国家有关法律、法规、建设部和财政部于 2003 年 10 月 15 日颁布了建标 2003-206 号文,制定了《建筑安装工程费用项目组成》(以下简称《费用项目组成》),各地区各部门从 2004 年 1 月 1 日开始施行,而且建设部第 107 号部令《建筑工程施工发包与承包计价管理办法》也明文规定了工料单价法是编制施工图预算的计价方法,并且明确了装饰装修工程的费用构成。

在装饰装修工程计价过程中,除了计算直接消耗在装饰装修工程上的人、料、机的费用以外,还有其他一些凝结在工程上的劳动价值也以一定的费用形式被计取,这些费用包括间接费、利润和税金等,都是根据各地区各部门颁发的费用定额计算而来的。它们是企业得以生存和发展的基础,同时也是我国的装饰工程管理和装饰工程造价管理的必要保障。

2.费用定额的编制

多年来,由于装饰装修工程的复杂性和地区差异性,使得装饰装修工程的费用构成、计费基础和取费标准随着工程类别、企业级别和资质等不同而发生变化,"206 号文"统一了费用内容的构成,给各省、自治区、直辖市编制本地区费用定额(标准)提供了依据。虽然各地区仍不可避免地存在着差异,但现行的费用定额更加科学合理,能够反映当前装饰产品的价值。

定额计价模式下装饰装修工程总造价的确定需要计取如管理费、利润、规费、税金等,各地区、各部门根据建设部 107 号令、206 号文及本地区的实际情况都发布了相关的费用定额及费用定额的交底材料,并规定了计费程序、各种计费办法和费率。比如某省费用定额规定了费用项目的组成、费用项目的划分、工程类别划分、费率水平、费用计算规定等。由于地区差异,所以各地区的计费程序、计费办法和费率也不尽相同。本章"小知识"中选取了某省的费用定额编制及交底材料以供学习和参考。这是一个典型的费用定额编制案例,虽然全国各省市各地区不尽相同,但编制思路和方法上是相似的,编制时只需注意细节,在熟悉编制原理的基础上注重应用。

(二)装饰装修工程造价的组成

装饰装修工程造价是由工程直接费、间接费、利润和税金四部分组成的,如图 5-1 所示。

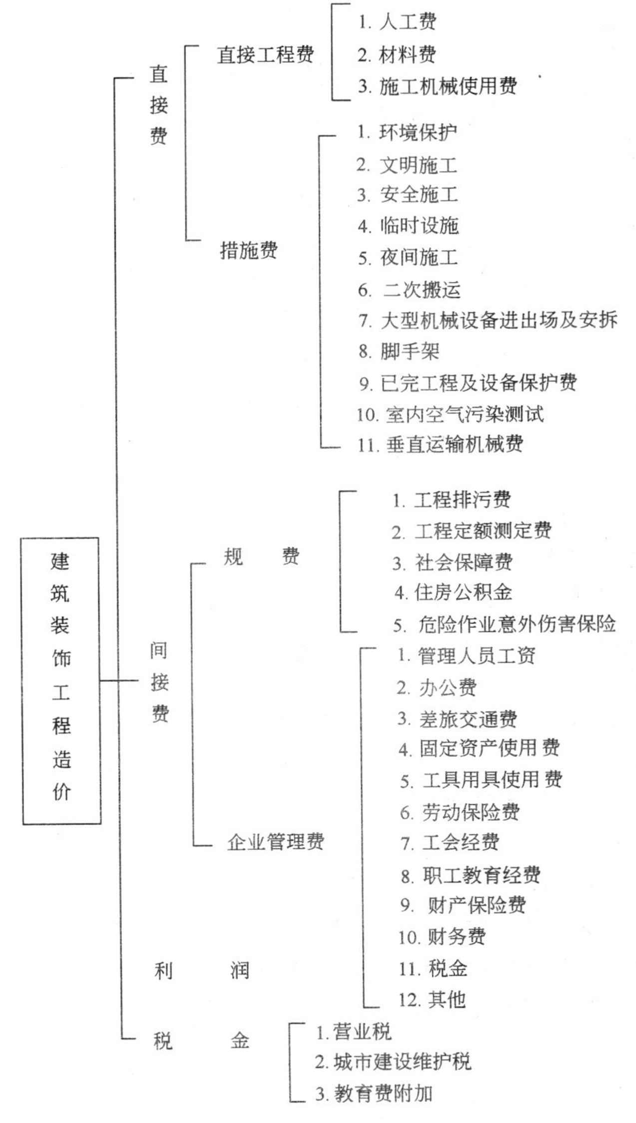

图 5-1　建筑装饰装修工程预算费用的构成

1. 工程直接费

工程直接费＝直接工程费＋措施费

1)直接工程费：

直接工程费是指施工过程中耗费的构成工程实体的各项费用，包括人工费、材料费、施工机械使用费。

直接工程费＝人工费＋材料费＋施工机械使用费

(1)人工费：是指直接从事建筑装饰工程施工的生产工人开支的各项费用。

①人工费的计算公式：

人工费＝∑(工日消耗量×日工资单价)

②日工资单价的内容包括：

a. 基本工资：是指发放给生产工人的基本工资。

b. 工资性补贴：是指按规定标准发放的物价补贴，煤、燃气补贴，交通补贴，住房补贴，流动施工津贴等。

c. 生产工人辅助工资：是指生产工人年有效施工天数以外非作业天数的工资，包括职工学习、培训期间的工资，调动工作、探亲、休假期间的工资，因气候影响的停工工资，妇女哺乳期间的工资，病假在六个月以内的工资及产、婚、丧假期的工资。

d. 职工福利费：是指按规定标准计提的职工福利费。

f. 生产工人劳动保护费：是指按规定标准发放的劳动保护用品的购置费及修理费，徒工服装补贴，防暑降温费，在有碍身体健康环境中施工的保健费用等。

(2)材料费：是指施工过程中耗费的构成工程实体的原材料、辅助材料、构配件、零件、半成品的费用。

①材料费包括：材料原价(或供应价格)、材料运杂费、运输损耗费、采购及保管费、检验试验费。

其中，检验试验费是指对建筑材料、构件和建筑安装物进行一般鉴定、检查所发生的费用，包括自设试验室进行试验所耗用的材料和化学药品等费用。不包括新结构、新材料的试验费和建设单位对具有出厂合格证明的材料进行检验，对构件做破坏性试验及其他特殊要求检验试验的费用。检验试验费不同于研究试验费，研究试验费是指为本建设项目提供或验证设计参数、数据资料等进行必要的研究试验以及设计规定的施工中必须进行的试验、验证所需的费用，它包括在工程建设其他费用中。

②材料费的计算公式：

材料费＝∑(材料消耗量×材料基价)＋检验试验费

材料基价＝[(供应价格＋运杂费)×(1＋运输损耗率)]×(1＋采购保管费率)

检验试验费＝∑(单位材料检验试验费×材料消耗量)

(3)施工机械使用费：是指施工机械作业所发生的机械使用费以及机械安拆费和场外运输费。

施工机械使用费包括：折旧费、大修理费、经常修理费、安拆费及场外运费、人工费、燃料动力费、养路费及车船使用税七项费用。

其中，人工费是指机上司机（司炉）和其他操作人员的工作日人工费及上述人员在施工机械规定的年工作台班以外的人工费。

2）措施费

措施费是指为完成工程项目施工，发生于该工程施工前和施工过程中技术、生活、安全等方面的非工程实体项目的费用。内容包括：

（1）环境保护费：是指施工现场为达到环保部门要求所需要的各项费用。

$$环境保护费=工程直接费\times环境保护费费率(\%)$$

$$环境保护费费率(\%)=\frac{本项费用年度平均支出}{全年建安产值\times直接工程费占总造价比例(\%)}$$

（2）文明施工费：是指施工现场文明施工所需的各项费用。

$$文明施工费=工程直接费\times文明施工费费率(\%)$$

$$文明施工费费率(\%)=\frac{本项费用年度平均支出}{全年建安产值\times直接工程费占总造价比例(\%)}$$

（3）安全施工费：是指施工现场安全施工所需要的各项费用。

$$安全施工费=直接工程费\times安全施工费费率(\%)$$

$$安全施工费费率(\%)=\frac{本项费用年度平均支出}{全年建安产值\times直接工程费占总造价比例(\%)}$$

（4）临时设施费：是指施工企业为进行建筑工程施工所必须搭设的生活和生产用的临时建筑物、构筑物和其他临时设施费用等。

①临时设施包括：临时宿舍、文化福利及公用事业房屋与构筑物，仓库、办公室、加工厂以及施工现场50m以内道路、水、电、管线等临时设施和小型临时设施。

②临时设施费用包括：临时设施的搭设、维修、拆除费或摊销费。

$$临时设施费=(周转使用临建费+一次性使用临建费)\times[1+其他临时设施所占比例(\%)]$$

其中：

$$周转使用临建费=\sum[\frac{临建面积\times每平方米造价}{使用年限\times365\times利用率(\%)}\times工期(天)]+一次性拆除费$$

$$一次性使用临建费=\sum临建面积\times每平方米造价\times[1-残值率(\%)]+一次性拆除费$$

其他临时设施在临时设施费中所占比例，可由各地区造价管理部门依据典型施工企业的成本资料经分析后综合测定。

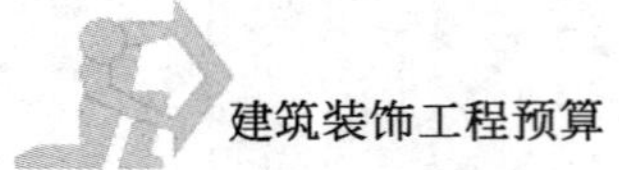

(5)夜间施工费:是指因夜间施工所发生的夜班补助费、夜间施工降效、夜间施工照明设备摊销及照明用电等费用。

$$夜间施工增加费=\left(1-\frac{合同工期}{定额工期}\right)\times\frac{直接工程费中的人工费合计}{平均日工资单价}\times每工日夜间施工费开支$$

(6)二次搬运费:是指因施工场地狭小等特殊情况而发生的二次搬运费用。

$$二次搬运费=直接工程费\times二次搬运费费率(\%)$$

$$二次搬运费费率(\%)=\frac{年平均二次搬运费开支额}{全年建安产值\times直接工程费占总造价的比例(\%)}$$

(7)大型机械设备进出场及安拆费:是指机械整体或分体自停放场地运至施工现场或由一个施工地点运至另一个施工地点,所发生的机械进出场运输及转移费用及机械在施工现场进行安装、拆卸所需的人工费、材料费、机械费、试运转费和安装所需的辅助设施的费用。

$$大型机械进出场及安拆费=\frac{一次进出场及安拆费\times年平均安拆次数}{年工作台班}$$

(8)脚手架费:是指施工需要的各种脚手架搭、拆、运输费用及脚手架的摊销(或租赁)费用。其中:

$$脚手架搭拆费=脚手架摊销量\times脚手架价格+搭、拆、运输费$$

$$租赁费=脚手架每日租金\times搭设周期+搭、拆、运输费$$

(9)已完工程及设备保护费:是指竣工验收前,对已完工程及设备进行保护所需费用。

$$已完工程及设备保护费=成品保护所需机械费+材料费+人工费$$

(10)室内空气污染测试:是指竣工验收前,对已完工程范围内空气进行测试,以确定空气的污染程度。

$$室内空气污染测试=测试面积\times每平方米测试费用$$

措施费可以根据不同地区的实际情况进行增列,如某省《建筑安装工程费用定额》增列冬雨季施工增加费,生产工具用具使用费,工程定位、点交、场地清理费等项目。

(11)垂直运输机械费

建筑物垂直运输机械费是建筑工程承发包价格中的一个重要组成部分,它是建筑物施工中为了将所需要的人工、材料、机具自地面垂直提升到所需高度的机械费用,它主要包括塔吊、卷扬机及外用电梯和配合机械。

$$垂直运输机械费=机械消耗数量\times机械台班单价$$

【例 5-10】 某住宅楼室内装饰工程的直接工程费为 950000 元,已知环境保护费率为 0.5%,安全、文明施工费率为 1.25%,二次搬运费率为 1.05%,该工程临时设施费为6000元，脚手架搭拆费8500元，已完工程成品保护费2500元，夜间施工增加费为7600元，试确定该工程的措施费。

【解】 根据规定列表计算该工程措施费(表5-9)。

措施费计算表 表5-9

序 号	费 用 名 称	计 算 公 式	费率(%)	金额(元)
1	直接工程费			950000
2	环境保护费	直接工程费×费率	0.5	4750
3	安全、文明施工费	直接工程费×费率	1.25	11875
4	二次搬运费	直接工程费×费率	1.05	9975
5	临时设施费			6000
6	脚手架费			8500
7	已完工程成品保护费			2500
8	夜间施工增加费			7600
9	措施费	2+3+4+5+6+7+8		51200

2. 间接费

间接费由规费、企业管理费组成，其计算方法按取费基数的不同分为以下三种：以直接费为计算基础、以人工费和机械费合计为计算基础、以人工费为计算基础。

1)规费

规费是指政府和有关部门规定必须交纳的费用，它是经省级以上政府和有关部门批准的行政收费项目，是不可竞争性费用。

(1)规费内容：

①工程排污费：是指施工现场按规定交纳的工程排污费。

②工程定额测定费：是指按规定支付工程造价(定额)管理部门的定额测定费。

③社会保障费：包括养老保险费、失业保险费、医疗保险费。其中：

养老保险费：是指企业安规定标准为职工交纳的基本养老保险费；

失业保险费：是指企业按照国家规定标准为职工缴纳的事业保险费；

医疗保险费：是指企业按照规定标准为职工缴纳的基本医疗保险费。

④住房公积金：是指企业按照规定标准为职工缴纳的住房公积金。

⑤危险作业意外伤害保险：是指按照建筑法规定，企业为从事危险作业的建筑安装施工人员支付的意外伤害保险费。

(2)规费的计算公式：

①以直接费为计算基础：

$$规费=直接费\times规费费率$$

其中：
$$规费费率(\%)=\frac{\sum 规费缴纳标准\times每万元发承包价计算基数}{每万元发承包价中的人工费含量}$$

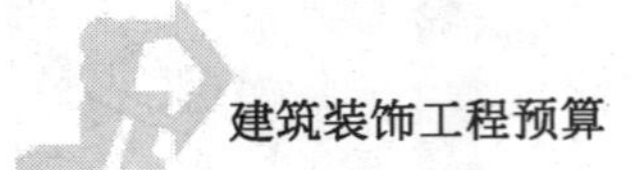

$\times$人工费占直接费的比例(%)

②以人工费和机械费合计为计算基础：

$$规费=(\sum 人工费+机械费)\times 规费费率$$

$$其中：规费费率(\%)=\frac{\sum 规费缴纳标准\times 每万元发承包价计算基数}{每万元发承包价中的人工费含量和机械费含量}\times 100\%$$

③以人工费为计算基础：

$$规费=(\sum 人工费)\times 规费费率$$

$$其中：规费费率(\%)=\frac{\sum 规费缴纳标准\times 每万元发承包价计算基数}{每万元发承包价中的人工费含量}\times 100\%$$

2)企业管理费

企业管理费是指组织施工生产和经营管理所需费用。

(1)企业管理费内容：

①管理人员工资：是指管理人员的基本工资、工资性补贴、辅助工资、职工福利费、劳动保护费等。

②办公费：是指企业管理办公用的文具、纸张、账表、印刷、邮电、书报、会议、水电、烧水和集体取暖(包括现场临时宿舍取暖)用煤等费用。

③差旅交通费：是指职工因工出差、调动工作的差旅费、住勤补助费，室内交通费和误餐补助费，职工探亲路费，劳动力招募费，职工离退休、退职一次性路费，工伤人员就医路费，工地转移费以及管理部门使用的交通工具的油料、燃料、养路费及牌照费。

④固定资产使用费：是指管理和试验部门及附属生产单位使用的属于固定资产的房屋、设备仪器等的折旧、大修、维修或租赁费。

⑤工具用具使用费：是指管理使用的不属于固定资产的生产工具、器具、家具、交通工具和检验、试验、测绘、消防用具等的购置、维修和摊销费。

⑥劳动保险费：是指由企业支付离退休职工的易地安家补助费、职工退职金、六个月以上的病假人员工资、职工死亡伤葬补助费、抚恤金、按规定支付给离休干部的各项经费。

⑦工会经费：是指企业按职工工资总额计提的工会经费。

⑧职工教育经费：是指企业为职工学习先进技术和提高文化水平，按职工工资总额计提的费用。

⑨财务保险费：是指施工管理用财产、车辆保险。

⑩财务费：是指企业为筹集资金而发生的各种费用。

⑪税金：是指企业按规定交纳的房产税、车船使用税、土地使用税、印花税等。

⑫其他：包括技术转让费、技术开发费、业务招待费、绿化费、广告费、公证费、法律顾问费、审计费、咨询费等。

(2)企业管理费的计算公式

①以直接费为计算基础：

$$\text{企业管理费}=\text{直接费}\times\text{企业管理费费率}$$

其中：

$$\text{企业管理费费率}(\%)=\frac{\text{生产工人年平均管理费}}{\text{年有效施工天数}\times\text{人工单价}}\times\text{人工费占直接费比例}(\%)$$

②以人工费和机械费合计为计算基础

$$\text{企业管理费}=(\sum\text{人工费}+\text{机械费})\times\text{企业管理费率}$$

其中：

$$\text{企业管理费费率}(\%)=\frac{\text{生产工人年平均管理费}}{\text{年有效施工天数}\times(\text{人工单价}+\text{每一工日机械使用费})}\times 100\%$$

③以人工费为计算基础

$$\text{企业管理费}=(\sum\text{人工费})\times\text{企业管理费费率}$$

$$\text{企业管理费费率}(\%)=\frac{\text{生产工人年平均管理费}}{\text{年有效施工天数}\times\text{人工单价}}\times 100\%$$

【例 5-11】 某综合楼室内装饰工程的人工费合计为 55000 元，间接费率为 32%(企业管理费与规费费率之和)，试计算该工程的间接费。

【解】 间接费＝55000×32%＝17600 元

3. 利润

1) 定义

利润是指施工企业完成所承包工程应获得的盈利。

2) 利润的计算公式

(1)以直接费为计费基础：

$$\text{利润}=\text{直接费}\times\text{利润率}$$

(2)以人工费与机械费之和为计费基础：

利润＝$\sum$(人工费＋机械费)×利润率

(3)以人工费为计费基础：

利润＝($\sum$人工费)×利润率

利润率应根据项目的不同投资来源及工程类别等实行差别利润率。在投标报价时，由于企业决定利润率水平的自主权逐渐扩大，企业将可以根据工程的难易程度、市场竞争情况和自身的经营管理水平自行确定合理的利润率。

4. 税金

1)定义

税金是指国家税法规定的应计人建筑安装工程造价内的营业税、城市维护建设税及教育费附加。

2)计算公式

$$税金=(税前造价+利润)\times税率(\%)$$

3)税率计取方法

税率一般按以下三种情况计取:

(1)纳税地点在市区的企业:

$$税率(\%)=\frac{1}{1-3\%-(3\%\times7\%)-(3\%\times3\%)}-1=3.41\%$$

(2)纳税地点在县城、镇的企业:

$$税率(\%)=\frac{1}{1-3\%-(3\%\times5\%)-(3\%\times3\%)}-1=3.35\%$$

(3)纳税地点不在市区、县城、镇的企业:

$$税率(\%)=\frac{1}{1-3\%-(3\%\times1\%)-(3\%\times3\%)}-1=3.22\%$$

(三)各项费用费率计取的条件

随着工程计价改革的不断深入,政府工程造价主管部门将逐步以年度市场价格水平,分别制定具有上、下限幅度的指导性费率,作为确定建设项目投资、编制招标工程标底和投标报价的参考。间接费、利润和税金的计取涉及到一些费率的取定,各省、各地区有所不同,但基本上都与工程类别和企业取费的等级有关。

1. 工程类别的判定

各省、各地区工程造价主管部门依据工程规模大小、技术难易程度、工期长短等划分不同工程类别,确定相应的取费标准,并以此计算各项费用,装饰工程类别的判定可以参考表5-10。

装饰工程类别划分表 表5-10

一类工程	每平方米(装饰建筑面积)定额直接费(含未计价材料费)1600元以上的装饰工程;外墙面各种幕墙、石材干挂工程
二类工程	每平方米(装饰建筑面积)定额直接费(含未计价材料费)1000元以上的装饰工程;外墙面二次块料面层单项装饰工程
三类工程	每平方米(装饰建筑面积)定额直接费(含未计价材料费)500元以上的装饰工程
四类工程	独立承包的各类单项装饰工程;每平方米(装饰建筑面积)定额直接费(含未计价材料费)500元以内的装饰工程;家庭装饰工程

注:除一类装饰工程外,有特殊声光要求的装饰工程,其类别按上表规定相应提高一类。

2. 企业取费等级评定

各省、各地区工程造价主管部门也可将建筑装饰装修企业的取费等级评定作为某些费用的费率取定的基础。建筑装饰装修企业的取费等级评定条件见参考表 5-11。

建筑装饰装修企业的取费等级评定条件 表 5-11

一级	1. 企业具有一级资质证书 2. 企业近五年来承担过两个以上一类工程 3. 企业参加了社会劳保统筹,退离休职工人数占在册职工人数 30%以上
二级	1. 企业具有二级资质证书 2. 企业近五年来承担过两个以上二类工程 3. 企业参加了社会劳保统筹,退离休职工人数占在册职工人数 20%以上
三级	1. 企业具有三级资质证书 2. 企业近五年来承担过两个以上三类工程 3. 企业参加了社会劳保统筹,退离休职工人数占在册职工人数 10%以上
四级	1. 企业具有四级资质证书 2. 企业近五年来承担过两个以上四类工程 3. 企业参加了社会劳保统筹,退离休职工人数占在册职工人数 20%以下

(四)建筑装饰装修工程造价计算程序

1. 建筑装饰工程造价理论计算程序

建筑装饰工程造价理论计算程序分为以下三种:

(1)以直接费为计算基础的计价程序,见表 5-12。

以直接费为计算基础的建筑装饰工程造价计算程序 表 5-12

序　号	费 用 项 目	计 算 方 法	备　　注
1	直接工程费	按预算表	
2	措施费	按规定标准计算	
3	小计	(1)+(2)	
4	间接费	(3)×相应费率	
5	利润	((3)+(4))×相应利润率	
6	合计	(3)+(4)+(5)	
7	含税造价	(6)×(1+相应税率)	

(2)以人工费和机械费为计算基础的计价程序,见表5-13。

以人工费和机械费为计算基础的建筑装饰工程造价计算程序　　表5-13

序号	费用项目	计算方法	备注
1	直接工程费	按预算表	
2	其中人工费和机械费	按预算表	
3	措施费	按规定标准计算	
4	其中人工费和机械费	按规定标准计算	
5	小计	(1)+(3)	
6	人工费和机械费小计	(2)+(4)	
7	间接费	(6)×相应费率	
8	利润	(6)×相应利润率	
9	合计	(5)+(7)+(8)	
10	含税造价	(9)×(1+相应税率)	

(3)以人工费为计算基础的计价程序,见表5-14。

以人工费为计算基础的建筑装饰工程造价计算程序　　表5-14

序号	费用项目	计算方法	备注
1	直接工程费	按预算表	
2	直接工程费中人工费	按预算表	
3	措施费	按规定标准计算	
4	措施费中人工费	按规定标准计算	
5	小计	(1)+(3)	
6	人工费小计	(2)+(4)	
7	间接费	(6)×相应费率	
8	利润	(6)×相应利润率	
9	合计	(5)+(7)+(8)	
10	含税造价	(9)×(1+相应税率)	

2.计价程序应用举例

不同的省市地区根据本地区装饰装修工程的具体情况及各种资源情况,编制了不同的装饰装修工程计价程序。下面将以某省的计价程序为例具体介绍,见表5-15～5-17。

某地区装饰装修工程计价程序　　表 5-15

序　号	名　　称	计算方法(括号内数据代表序号)	说　　明
1	分部分项工程费		
1.1	定额分部分项工程费	Σ(工程量×子目基价)	
1.2	价差(工料机)	Σ[数量×(编制价－定额价)]	
1.3	利润	人工费(含人工价差)×利润率(20%～35%)	详见定额说明
2	措施项目费	详见措施项目费表	含工料机价差和利润
2.1	安全防护、文明施工措施项目费		
2.2	其他措施项目费		
3	其他项目费	详见其他项目费表	按定额说明设置
4	规费		
4.1	社会保险费	(1+2+3)×3.31%	
4.2	住房公积金	(1+2+3)×1.28%	
4.3	定额测定费	(1+2+3)×0.1%	
4.4	防洪工程维护费	(1+2+3)×0.1%	按工程所在地规定计算
4.5	建筑意外伤害保险费	(1+2+3)×0.2%	
5	不含税工程造价	(1+2+3+4)	
6	税金	(5)×3.413%	按当地税务部门规定
7	含税工程造价	(5+6)	

装饰装修工程措施项目费表　　表 5-16

序　号	名　　称	计算方法 (括号内数据代表序号)	说　　明
1	安全防护、文明施工措施费		
1.1	按相关定额子目计算部分	Σ(工程量×子目基价)	详细见定额说明
1.11	综合脚手架(含安全网)		
1.12	靠脚手架安全挡板和独立挡板		
1.13	围尼龙编织布		
1.14	现场围挡		
1.15	现场公设卷扬机架		

续上表

序　号	名　　称	计算方法(括号内数据代表序号)	说　　明
1.16	其他		
1.2	按分部分项工程费计算部分	分部分项工程费×2.5%	
2	其他措施项目费		详见定额说明
2.1	工程保险	分部分项工程费×(0.02%～0.04%)	
2.2	工程保修	分部分项工程费×0.1%	
2.3	赶工措施费	当0.9≤δ<1,分部分项工程费×0% 当0.8≤δ<0.9,分部分项工程费×0.4% 当0.7≤δ<0.8,分部分项工程费×0.8%	δ=合同工期/定额工期
2.4	预算包干费	分部分项工程费×(0～2%)	
2.5	夜间施工	按预计工期估算	
2.6	二次搬运	按施工方案计	
2.7	大型机械设备进出场及安拆	按施工方案计	
2.8	垂直运输机械费	Σ(工程量×子目基价)	
2.9	混凝土泵送增加费	Σ(工程量×子目基价)	
2.10	混凝土、钢筋混凝土模板及支架	Σ(工程量×子目基价)	
2.11	脚手架(除1.1.1以外的)	Σ(工程量×子目基价)	
2.12	施工排水及降水	按施工方案计	
2.13	围堰	按施工方案计	
2.14	便道	按施工方案计	
2.15	其他	按施工方案计	
3	合计:(1+2)		

注:措施项目清单可根据工程具体情况增减项目

其 他 项 目 费　　表5-17

序　号	名　　称	计算方法(括号内数据代表序号)	说　　明
1	预留金	按预计发生计	
2	材料购置费	按预计发生计	
3	总承包服务费	分包工程合同价×(0～3%)	按定额执行

续上表

序　号	名　　称	计算方法(括号内数据代表序号)	说　　明
4	零星项目费	按预计发生计	
5	其他	按预计发生计	
6	合计:(1+2+3+4+5)		

注:表中未列项目可根据所建工程具体情况作补充。

(五)取费程序应用举例

【例5-12】 已知某售楼部整体装修,定额分部分项工程费为465000元,价差为8000元,其中人工费为94200元,利润率为22%,措施项目费为15000元,其他项目费为12000元,根据表5-15计算该工程含税工程总造价。

【解】 由已知条件,根据表5-15填表计算。

序　号	名　　称	计算方法(括号内数据代表序号)	金　　额
1	分部分项工程费		493724
1.1	定额分部分项工程费	465000	465000
1.2	价差(工料机)	8000	8000
1.3	利润	94200×22%	20724
2	措施项目费	15000	15000
2.1	安全防护、文明施工措施项目费		
2.2	其他措施项目费		
3	其他项目费	12000	12000
4	规费		25984.13
4.1	社会保险费	(1+2+3)×3.31%	17235.96
4.2	住房公积金	(1+2+3)×1.28%	6665.27
4.3	定额测定费	(1+2+3)×0.1%	520.72
4.4	防洪工程维护费	(1+2+3)×0.1%	520.72
4.5	建筑意外伤害保险费	(1+2+3)×0.2%	1041.44
5	不含税工程造价	(1+2+3+4)	546708.13
6	税金	(5)×3.413%	18659.15
7	含税工程造价	(5+6)	565367.28
	大写	伍拾陆万伍仟叁佰陆拾柒元贰角捌分	

第二节　工程量清单计价模式下的装饰装修工程计价

一 建筑装饰装修工程工程量清单计价概述

(一)建筑装饰装修工程工程量清单计价的概念

建筑装饰装修工程工程量清单计价包含三个概念:工程量清单、工程量清单计价和工程量清单计价方法。

建筑装饰装修工程量清单的概念详见第四章。

建筑装饰装修工程量清单计价就是指投标人完成由招标人提供的工程量清单所需的全部费用,包括分部分项工程费、措施项目费、其他项目费、规费和税金,这个过程也称"工程计价",这是本章节主要学习的内容。

装饰装修工程量清单计价方法是指在工程招投标活动中,装饰施工企业将招标方提供的工程量清单,按照《建设工程工程量清单计价规范》,根据本企业自身的施工技术条件、工程管理水平、设计能力,本着自主报价的原则,逐项填写单价后计算出的整个工程的造价作为投标书的经济标文本进行投标报价,经市场竞争形成工程造价的一种计价方式。中标后,此报价将成为计算工程款的依据,同时也是发承包合同的重要组成部分。工程量清单计价是装饰装修工程投标报价的基础。

(二)建筑装饰装修工程工程量清单计价的意义

1. 宏观方面的意义

(1)建筑装饰装修工程工程量清单计价是我国造价管理改革的一次革命,是工程造价管理改革的新的里程碑。

自 2000 年《中华人民共和国招标投标法》实施以来,招标投标制度在建筑市场中的主导地位得以稳步确立并深入发展,竞争已成为建筑产品市场价格形成的主要方式。招投标制度的施行,客观上要求必须有与之相适应的工程造价管理与运营机制,以确保建设项目在招投标过程中的标底价、标价、评标、定标、中标合同价、结算调整价等一系列工程计价活动能够适应市场机制要求,在公开、公平、公正、合理的原则下进行。在这种背景下,工程造价管理必须进一步改革,因此装饰装修工程量清单计价模式应运而生。

(2)建筑装饰装修工程工程量清单计价在我国是一种全新的计价模式,是推进建筑市场市场化的重要途径，有利于工程造价管理职能的改变。

新中国成立以来，我国在建设领域的承发包计价、定价一直实行计划经济体制下的标准定额计价管理模式，这种模式在相当一段时期内为我国通用定额体系的建立和发展以及整个国家的建设投资控制发挥了重要的经济保障作用。1984年以后，为适应建筑市场深化改革的要求，"控制量、指导价、竞争费"的工程造价动态管理模式被提出来，造价管理遵循"量价分离"的原则，改革了传统的定额管理与计价模式。即：将工程预算定额中的人工、材料、机械消耗量与单价分离，人、材、机的消耗量根据国家有关规范、标准以及施工企业的社会平均劳动生产率水平来确定，而定额中人、材、机的价格则由市场确定，将市场价差引入到工程中来，政府加大了各种调价系数，由静态管理职能逐渐演变为动态管理职能。"控制量"的目的在于保证工程质量与项目工期，"指导价"的目标就是要逐步走向市场定价。这一改革措施在我国社会主义市场经济建立发展初期，对工程造价的有效控制起到了积极作用，但仍然是以定额为基础，以政府规定为依据，实际上还是政府定价行为。自2003年7月1日《建设工程工程量清单计价规范》执行基准日起，工程量清单计价完全体现了市场定价行为，促进了工程造价管理职能的再次改变，由过去政府控制的指令性定额转变为制定适应市场经济规律需要的工程量清单计价方法，由过去行政直接干预转变为对工程造价依法监管，有效地强化了政府对工程造价的宏观调控。由此我国的工程造价管理改革全面步入"政府宏观调控，企业自主报价，市场竞争定价，部门动态监管"的良性轨道。

(3)推行工程量清单计价是规范市场计价行为，规范建筑装饰装修市场秩序的治本措施之一。

在定额计价管理体系下，装饰装修工程发承包计价中调整发承包方利益和反映市场实际价格和需求上还存在着一些问题，如建设单位招标中盲目压级压价，装饰施工企业在投标报价中高估冒算造成合同执行中产生大量工程造价纠纷等，所以通过公开、透明、规范的项目清单发布，可以有效规范招标单位的发包行为，淡化由于长期买方市场造成的发包方意旨主导现象，杜绝暗箱操作、弄虚作假的现象发生。为了逐步规范这种不合理或不正当的计价行为，除了法律规范、行政监管以外，真正反映建筑产品的生产成本与市场价格的工程量清单计价模式成为治本之策。《建设工程工程量清单计价规范》为国家标准，其中有些条款是强制性条文，相关单位必须严格执行。实行工程量清单计价后，工程量清单作为招标文件和合同文件的重要组成部分，由原来的事后算账转为事前算账，有效改变了目前建设单位在招标上盲目压价、结算无依据的情况，对于规范招标人计价行为，在技术上避免招标中弄虚作假和暗箱操作以及保证工程款的支付结算都能起到重要的作用。

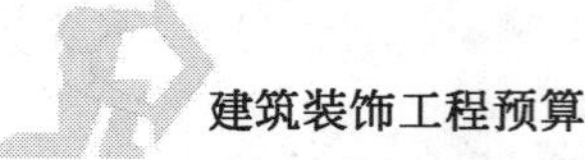

(4)推行工程量清单计价是与国际接轨的需要。

国外在招标投标中大多采用工程量清单计价，它的科学性、先进性、严谨性已经发达国家和地区的工程实践所证明，现已成为经济较发达国家和地区基建投资控制广为采用的国际惯例，不少国家还为此制定了统一规则，如英联邦国家在按工程量清单进行招标的工程计价中均采用由英国皇家测量师学会发布的《工程量标准计算规则》(SMM7)。借鉴国外的经验，采用工程量清单计价有利于市场形成价格，有利于维护招投标双方的合理利益，有利于提高造价工程师的综合素质。随着我国加入 WTO 后建设市场的进一步对外开放，为了适应这种对外开放的新形势，就必须与国际通行的计价方法相适应，为建设市场主体创造一个与国际惯例接轨的市场竞争环境。在我国装饰装修工程中推行工程量清单计价，适应与国际惯例接轨的要求。

(5)实行工程量清单计价是促进建设市场有序竞争和企业健康发展的需要。

定额计价体系下，法定消耗量反映的是社会平均劳动生产率条件下的实体消耗水平，不能准确反映各施工企业的个别生产成本；不能全面体现企业技术装备水平、人员素质、管理水平与劳动生产率的差别；无法保证各企业在投标竞价活动中实现真正意义上的全方位实力竞争。随着建筑业市场化进程步伐的不断加快，工程量清单计价从根本上改变了“量价分离”计价办法中对定额人、材、机消耗量实施国家指令性管理的弊端，改变过去过分依赖国家发布定额的状况，企业可根据自身的条件编制出自己的企业定额，因此能够促进建设市场有序竞争和企业健康发展。

2.微观方面的意义

(1)有利于降低工程造价、提高投资的效益。

工程量清单计价反映了装饰装修工程的个别价格和企业先进水平，能够体现个别企业的技术、经营管理水平和竞争能力。投标企业为了中标必须强化竞争意识，无论在技术装备、先进的施工工艺还是在科学管理方面都要充分体现企业优势，控制成本、降低工程造价，把报价和施工方案、技术、组织和管理紧密结合起来，提出有竞争力的投标报价。因此投标报价应是其技术力量和管理水平的真实反映，必然低于反映社会平均水平的招标标底，而且投标单位报价的多样性，有利于逐渐推行经评审最低投标价中标法，从而达到降低工程造价，节约投资、提高投资效益的目的。

(2)有利于缩短建设周期，从而提高建设投资的社会效益和经济效益。

据估计，我国在建项目施工工期如能平均缩短一年，则施工企业经常性支出就可以减少 50 亿元。实行工程量清单计价，企业必然会精心选择施工方案，缩短施工工期，努力降低生产经营成本。缩短施工工期降低了施工企业经常性的实际支出，从而降低建筑装饰安装工程费用。对于申请了银行贷款的工程，还有利于提前还清贷款，减少工程贷款的利息支出，降低工程项目的投资成本，提高投资人的资金使用效益。

一般来说，建筑物和设备不论是否使用，都会因风吹、日晒、雨淋等原因产生自然损耗，尤其是装饰装修工程。缩短工程施工工期，也有利于先进的工艺设备提前进入生产，有利于发挥新产品的优势，创造良好的经济效益和社会效益。

(3)有利于促进施工承包企业自身管理水平、竞争实力的提高，从而整体提高我国承包企业的实力。

工程量清单计价提高了装饰施工企业的竞争意识和管理水平，通过竞争，优胜劣汰，各施工企业在竞争中扬长避短，充分体现各企业的优势、特点和自主性，以求使自己的行业发展优势、综合实力水平通过投标竞价，将建筑产品的价格优势转化为竞争中的胜势，这就在客观上促进了各施工企业加强管理、技术革新、精干队伍、提高全员劳动生产率的积极性与能动性，进而以此带动各施工企业整体实力与服务水平的综合提升，从而整体提高我国承包企业的实力。只有那些高效、质优、价低的装饰施工企业才能形成利润空间，才能被市场接受和承认，在竞争中立于不败之地，得以长足发展。

(4)有利于实现工程承包过程中风险的合理分担，实现工程承包“双赢”的局面。

一般来说，由于建筑装饰工程本身具有复杂性、多样性的特点，工程的不确定性和变更因素多，工程建设的风险较大，而招标单位必须对其所编制的工程量清单项目负责，并承担所带来的投资风险，所以通过风险共担机制，可以促进招标单位提高项目管理水平。推行工程量清单计价后，根据风险合理分担的原则，投标单位虽然对工程量的变更或计算错误等不负责任，但也要对本企业所报的单价和成本的合理性负责，并承担所带来的施工风险，诸如综合单价、措施费用、材料价格的变化等等。在工程建设过程中，强化合同履约意识和工程索赔意识，双方风险共担，真正实现“责”、“权”、“利”对等，从而实现工程承包“双赢”的局面。

(三)装饰装修工程量清单计价的原则

1. 遵循客观、公正、公平、诚实信用的原则

所谓客观、公正、公平的原则，就是要求工程量清单计价活动具有高度的透明度，工程量清单的编制要实事求是，不弄虚作假，招标方要一律公平地对待所有投标人，不歧视投标人，给予均等的机会。双方应以诚实、信用的态度进行工程招投标及竣工结算等工作。

2.遵守相关的法律、法规和规范的原则

工程量清单计价活动完全以市场为导向,必须受到我国的建筑法、招投标法、合同法、价格法、《建筑工程施工发包与承包计价管理办法》及《建设工程工程量清单计价规范》等法律、法规和规范的约束,相关政策文件的制定,为依法查处违反工程量清单规范强制性标准的行为提供了保障。工程量清单的编制要实事求是,不弄虚作假;投标人要从本企业的实际情况出发,不能串通报价。必须依法加强监管和处罚力度,制止垄断和不正当竞争。

3.勤于询价,加强材料信息储备管理的原则

由于清单计价的合理性在很大程度上取决于材料价格的准确性,但新的《建设工程工程量清单计价规范》项目中,既没有材料消耗量的标准,也没有材料的价格。材料消耗量可以取之于企业定额或是地方定额,而材料价格却完全服从于市场。这样一来,在种类繁多、瞬息万变的材料价格市场信息中,如何快速广泛地获取材料价格信息,准确判定报出材料价格,无疑成为清单报价中的焦点问题。所以在装饰装修工程中对多种多样的材料询价和材料信息储备工作应该及时和准确。

(四)装饰装修工程量清单计价依据

1.发、承包人签订的施工合同及有关补充协议、会议纪要以及招、投标文件

发、承包人签订的施工合同及有关补充协议、会议纪要是双方从事经济活动的桥梁和纽带,双方的经济行为通过它们来约束和维护,施工合同是装饰装修工程清单计价活动的保障。

招标文件是装饰装修工程计价的基础性资料,它包括了工程概况、工程量清单、招标范围、投标形式及内容、标书要求、招标截止时间等投标人投标所需要的重要资料,只有认真阅读理解招标文件,才能正确计价。

2.《建设工程工程量清单计价规范》

《建设工程工程量清单计价规范》的附录B为装饰装修工程工程量清单项目及计算规则,是工程量清单计量的主要依据。

3.国家法律、法规和政府及有关部门规定的规费

建筑法、合同法、价格法及各地区颁发的费用定额等都作了相关的规定,工程量清单计价活动应该以此为依据。

4.各省、直辖市、自治区颁定的依据

在目前由定额计价体系向工程量清单计价体系过渡的过程中,由于大多数企业

还没有编制出自己的企业定额，而且清单计价在装饰设计样式和装饰材料多样化的装饰装修工程应用上还存在着一些问题，所以消耗量定额对装饰装修工程造价的形成起着很重要的参考作用。

5．工程造价管理机构发布的人工、材料、机械台班等价格信息以及组价办法等

在工程量清单计价模式下，清单是由发包方提供的，基本上不能改变，而清单项目的单价是由企业自主报价，所以价格信息和组价办法是企业报价的重要参考资料。

6．工程施工图及图纸会审纪要、设计变更以及经发包人认可的施工组织设计或方案

工程施工图及图纸会审纪要、设计变更以及经发包人认可的施工组织设计或方案，能够完整地反映了工程的具体内容、各部分的具体做法、结构尺寸、技术特征以及工程施工状况，是装饰装修工程量清单计价的重要依据。

7．现场签证

现场签证是指经发包人现场代表或其授权的监理工程师、承包人现场代表就施工过程中涉及合同价款之外的责任事件所作的签认证明。包括双方签字认可的非工程量清单项目用工签证、机械台班签证、零星工程签证以及材料价格的变动签证等，它是工程量清单计价活动中最终结算工程价款的依据。

8．索赔

索赔是指发、承包人一方未按合同约定履行义务或发生错误给另一方造成损失，依据合同约定向对方提出给予补偿的要求。经双方按约定程序办理后，作为计价的依据，办理价款支付。

9．其他

其他是指发、承包人不能预见的事项或风险等。

（五）装饰装修工程工程量清单计价的程序

装饰装修工程工程量清单计价是一个非常复杂的过程，投标方根据清单进行报价是很慎重的，报价是否合适决定着企业中标的可能性，所以投标方取得标书以后需要按一定的程序和步骤完成投标工作，具体做法如图 5-2 所示。

 综合单价的计算

发包方提供的工程量清单对每个承包人都是统一的、透明的，因此确定清单

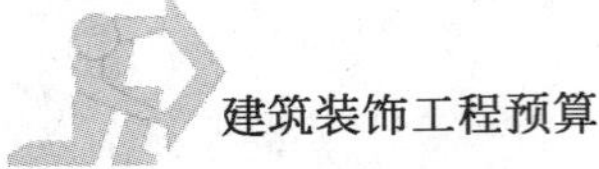

项目单价成为了工程量清单计价的重要工作，在《建设工程工程量清单计价规范》中称为综合单价。

(一)综合单价的含义

综合单价是指完成工程量清单中一个规定计量单位项目所需的人工费、材料费、机械使用费、管理费和利润，并考虑风险因素。

为了简化计价程序，实现与国际接轨的要求，工程量清单计价采用了综合单价计价，它是有别于现行定额工料单价法计价的另一种项目单价计价方式，它应包括完成一个规定计量单位的合格产品所需的全部费用。

综合单价的编制是否合适，决定了清单报价是否合适，同时也检验标底是否合理。综合单价不但适用于分部分项工程量清单，也适用于措施项目清单、其他项目清单。企业根据自身的技术水平、材料的供应渠道及期望的利润值来编制综合单价，它是工程量清单计价的核心内容；是投标人能否中标的关键点；是投标人中标后盈亏的衡量值；是投标企业整体实力的真实体现。

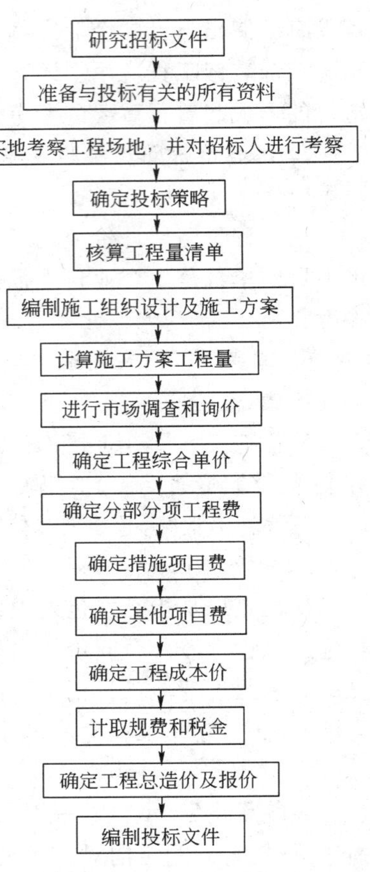

图 5-2 装饰装修工程工程量清单计价的程序

(二)综合单价的组成

根据我国的实际情况，综合单价包括除规费、税金以外的全部费用，即综合单价除含有实体成本以外，还包含了企业的管理费用、所获得的利润以及承担工程风险应考虑的费用。需要注意的是，根据《建设工程工程量清单计价规范》的工程量计算规则计算的工程量与实际施工量之差在综合单价的分析中也摊入了综合单价内。综合单价是由完成规定计量单位的工程量清单项目所需的人工费、材料费、机械使用费、管理费、利润、风险因素组成的。

(三)综合单价的特性

1. 单价的固定性

单价的固定性是指综合单价在规定的合同条件下是固定不变的，即工程量清单经投标人填写价格后成为清单报价表，经招标人以中标书的方式给予确认，施工合同也有明确的条款规定，工程量清单单价就具有了法律意义，不能随便改动，没有价差，也不用调整各项费率，竣工结算时一般也不能任意改变。单价的固定性减少和有效控制了施工单位的不合理索赔，减少了结算争议，有利于工程造价的控制。

2. 单价的可变性

综合单价的可变性体现在以下几点：

(1)合同上的变更，合同文件发生修改使工作性质发生改变。

(2)工程条件变化，如加速施工等条件下合同发生改变。

(3)工程变更或额外工程，使得新工作量与原来合同项目工程量发生实质性变动，从而单价不适用。

(4)价格调整和后续法规变动，使招标人填报的单价的基础发生了变动。

(5)施工企业进行合理的索赔补偿。

综合单价的调整一般根据合同确定，对新增项目的综合单价的处理原则是：

①原合同清单中有项目的，执行原项目单价。

②原合同清单中有类似项目的按类似项目综合单价修正后执行。

③原合同清单中无相同或类似项目的由承包商提出申请经工程师确认后执行。

3. 单价的综合性

从综合单价所包含的工程或工作内容上讲，它包含了实体工程项目、措施项目及其他项目等，具有一定的综合性。工程量清单中的单价均为综合单价，从价值的构成上讲，包括项目所需的人工费、材料费、机械费、管理费、利润及完成该项目所承担的责任、义务和风险，与以往定额计价相比，清单合同的单价简单明了，能够直观反映清单项目所需的各种消耗和资源，也表现了单价的综合性。

4. 单价的依存性

装饰装修工程项目具有个别性、复杂性、艺术性等特点，产生变更的因素较多，所以签定的工程合同不可能对施工过程中各种事项做出明确规定，因此合同具有不完全性，单价的依存性由此而产生，它的单价的有效性与投标时的合同初始状态高度依存，是由工程合同的不完全性决定的。

(四)综合单价组价的依据

综合单价组价是形成清单单价的重要工作环节，组价依据如下：

1. 工程量清单

清单中全面提供了相应清单项目所包含的特征和施工过程，它是组价的内容。

2. 投标文件

对组价内容明确进行了规定，比如是否有业主供应材料等，如有应在综合单价中扣减。

3. 企业定额

企业定额是企业自主报价的主要依据，也是企业施工管理和施工技术水平的具体体现。

4. 现行装饰装修消耗量定额

在企业定额还未普遍形成时，现行装饰装修消耗量定额的人料机耗用量对组价具有很高的参考价值。

5. 施工组织设计及施工方案

施工单位制定的工程总进度计划、施工方案的选择、施工机械和劳动力的配备情况，对组价都有较大的影响，是清单组价的必备条件。

6. 以往的报价资料

以往的报价资料可以作为组价的重要参考，施工单位能够根据以往报价和中标情况对新工程报价做适当的调整，有利于投标成功。

7. 人工单价、现行材料、机械台班价格信息

人工单价、现行材料、机械台班价格信息都是综合单价组价的基础，询价工作是清单组价的一个不可缺少的环节。

(五)综合单价组价时应注意的问题

综合单价组价是一项具有挑战性的工作，它体现了造价人员报价水平的高低，因此在组价过程中应该仔细斟酌，需要注意以下几个问题：

(1)熟悉招标书的全部内容，仔细审核清单项目，理解招标单位的意图，以便准确组价。

(2)熟悉施工工艺，准确确定工程量清单表中的工程内容的分项组合，以便合理报价。

(3)熟悉施工组织设计和施工方案，将工程量增减的因素及施工过程中的各类合理损耗都考虑在综合单价中。

(4)熟悉企业定额的编制原理，对施工项目人工、材料、机械消耗量进行准确计算，为合理组价奠定基础。

(5)经常进行市场询价和商情调查，合理确定人工、材料、机械的市场单价，

以便合理组价。

(6)注意分部分项工程量清单的综合单价不包括招标人自行采购材料的价款,该部分费用在其他项目清单的总承包服务费中反映。

(7)熟悉风险管理的有关内容,增强风险意识,将风险因素合理地考虑在综合单价的报价中。

(8)广泛搜集各类基础性资料及积累以往的报价经验,为准确而迅速地做好报价提供依据。

(9)经常与企业及项目决策领导者进行沟通,明确投标策略,以便合理计算综合单价并确定管理费率及利润率。

(六)综合单价的组价程序及方法

1. 组价程序

(1)确定工程内容所对应的工程量。根据发包方提供的工程量清单项目名称,核对发包方提供的实体工程量,编制施工组织设计,计算方案工程量。

(2)选用定额。确定选用的消耗量定额,采用企业定额或参照国家定额。

(3)人、材、机价格确定。进行多方市场询价,确定人、材、机单价。

(4)根据清单项目内容拆分清单项目,查找分部分项工程消耗量定额。

(5)计算清单项目的综合单价。

2. 组价方法

1)适用于编制投标报价文件的组价方法

选套组价定额项目的人工、材料、机械台班消耗量,其中人工、材料、机械台班的单价为市场价,计算组价定额项目的人工费、材料费、机械费。

(1)计算综合单价中的人工费:

综合单价中人工费=清单项目组价内容工程量×企业定额人工消耗量指标×人工工日单价/清单项目工程数量

目前绝大多数企业都没有具备完善适用的企业定额,综合单价的形成除了消耗量定额以外没有可依据的标准,故大多数企业仍参照消耗量定额进行报价,所以,综合单价中人工费的计算公式如下:

综合单价中人工费=清单项目组价内容工程量/清单项目工程数量×消耗量定额人工含量×人工单价

(2)计算综合单价中的材料费:

综合单价材料费＝∑(清单项目组价内容工程量/清单项目工程数量×消耗量定额材料含量×材料单价)

(3)计算综合单价中的机械费：

综合单价机械费＝∑(清单项目组价内容工程量/清单项目工程数量×消耗量定额机械含量×机械台班单价)

注意：清单项目组价内容工程量是指按施工方案计算出的分部分项工程的数量。

(4)计算管理费：

①以直接费为计费基础：

管理费＝直接费×管理费费率

②以人工费与机械费之和为计费基础：

管理费＝∑(人工费＋机械费)×管理费费率

③以人工费为计费基础：

管理费＝(∑人工费)×管理费费率

(5)计算利润：

①以直接费为计费基础：

利润＝直接费×利润率

②以人工费与机械费之和为计费基础：

利润＝∑(人工费＋机械费)×利润率

③以人工费为计费基础：

利润＝(∑人工费)×利润率

(6)考虑风险因素并计算。

风险因素按一定的原理，采取风险系数来反映，即：

风险费用＝(综合单价人工费＋综合单价材料费＋综合单价机械费＋管理费＋利润)×风险系数

(7)计算综合单价：

清单项目综合单价＝(综合单价人工费＋综合单价材料费＋综合单价机械费＋管理费＋利润)×(1＋风险系数)

2)适用于编制招标标底的组价方法

(1)计算组成清单项目的各分部分项工程的合价：

①计算组成各清单项目的分部分项工程的人、材、机费用或“清单项目基价”：

清单项目分项基价＝定额分项工程基价

＝人工费＋材料费＋机械费

其中：人工费＝人工定额消耗量×人工单价

材料费＝∑(材料定额消耗量×材料单价)

机械费＝∑(机械定额消耗量×机械单价)

②计算清单项目合价：

清单项目合价＝∑(清单项目分项基价×各自的工程量)

(2)计算管理费：

①以直接费为计费基础：

管理费＝清单项目合价×管理费费率

②以人工费与机械费之和为计费基础：

管理费＝∑清单项目(人工费＋机械费)×管理费费率

③以人工费为计费基础

管理费＝清单项目人工费×管理费费率

(3)计算利润：

①以直接费为计费基础：

利润＝清单项目合价×利润率

②以人工费与机械费之和为计费基础：

利润＝∑清单项目(人工费＋机械费)×利润率

③以人工费为计费基础：

利润＝清单项目人工费×利润率

(4)考虑风险因素并计算。

风险因素，按一定的原理，采取风险系数来反映，即：

风险费用＝(清单项目合价＋管理费＋利润)×风险系数

(5)计算综合单价。

综合单价＝(清单项目合价＋管理费＋利润＋风险费)/清单工程量

目前，装饰施工企业在没有企业定额的情况下也常用这种方法计算造价，只是将公式中的人、材、机单价换成了当时当地的市场价。

3. 填写清单综合单价计算表

清单综合单价计算表格应按照《建设工程工程量清单计价规范》的统一格式填写。由于各个省市略有不同，以下提供两种参考格式，见表5-18、表5-19。

分部分项综合单价分析表 表5-18

工程名称： 第 页 共 页

序号	项目编码	项目名称	工程内容	综合单价组成						综合单价
				人工费	材料费	机械费	管理费	利润	小计	
1										
2										

注：序号1表示清单项目由三个定额分项组成，序号2表示清单项目由两个定额分项组成，表格根据具体工程内容情况填写。

分部分项工程量清单综合单价计算表 表5-19

工程名称： 第 页 共 页

	清单项目序号	1			2		3
1	清单项目编码						
2	清单项目名称						
3	计量单位						
4	清单工程量						
5	定额编号						
6	定额子目名称						
7	定额计量单位						
8	计价工程量						
9	清单项目分项基价						
10	清单项目分项合价						
11	清单项目合价						

续上表

	清单项目序号	1	2	3
12	管理费			
13	利润			
15	风险费			
16	综合单价			

注：序号 1 表示清单项目由三个定额分项组成，序号 2 表示清单项目由两个定额分项组成，序号 3 表示清单项目由一个定额分项组成，计算表格根据具体工程内容情况填写。

（七）综合单价的组价案例

上面介绍了综合单价组价的程序和方法，由于《建设工程工程量清单计价规范》与消耗量定额之间可能产生的计算规则、计量单位、工程实体项目内容的差异，使综合单价的组价增加了复杂性和多样性。下面我们来学习参考定额组价过程中三种常用的方法：直接套用定额组价、套用定额合并组价和重新计算工程量组价。表 5-20 为参考定额子目，表 5-21 为清单参考项目。

参考定额子目（单位：100m²） 表 5-20

定额编号	项 目 名 称	基价(元)
B1—19	混凝土或硬基层上 20mm 厚水泥砂浆找平层	666.50
B1—84	楼地面(每块周长)2400mm 以内水泥砂浆粘贴彩釉砖	14617.21
B2—132	灌缝砂浆 30 厚砖墙面挂贴花岗岩	22453.57
B2—198	墙面、墙裙砂浆粘贴瓷板(152×152)	3692.47
B3—64	天棚龙骨嵌入式铝合金方板不上人型面层规格(mm)600×600	2920.77
B3—107	嵌入式铝合金方板	7722.05
B4—299	高级豪华装饰木镶板门安装	23362.90
B4—436	木门窗运输距离(3km 以内)	283.99
B5—101	单层木门润滑油、刮腻子、漆片、硝基清漆、磨亮	5514.00
B5—104	其他木材面润滑油、刮腻子、漆片、硝基清漆、磨亮	3321.40
B5—226	乳胶漆抹灰面三遍	779.74
B5—332	水泥砂浆混合砂浆墙面刮腻子两遍	211.12
B6—21	附墙矮柜(10m²)	4043.01
B9—3	花岗岩、大理石、地砖楼、地面旧地毯成品保护	79.68

清单参考项目　　表 5-21

项目编码	项目名称	项目特征	计量单位	工程量计算规则	工程内容
020102002	块料楼地面	1. 垫层材料种类、厚度 2. 找平层厚度、砂浆配合比 3. 防水层、材料种类 4. 填充材料种类、厚度 5. 结合层厚度、砂浆配合比 6. 面层材料品种、规格、品牌、颜色 7. 嵌缝材料种类 8. 防护材料种类 9. 酸洗、打蜡要求	m^2	按设计图示尺寸以面积计算，门洞、空圈、暖气包槽、壁龛的开口部分并入相应的工程量内	1. 基层清理、铺设垫层、抹找平层 2. 防水层铺设 3. 面层铺设 4. 嵌缝 5. 刷防护材料 6. 酸洗、打蜡 7. 材料运输
020204001	墙面石材	1. 墙体类型 2. 底层厚度、砂浆配合比 3. 贴结层厚度、材料种类 4. 挂贴方式 5. 干贴方式(膨胀螺栓、钢龙骨) 6. 面层材料品种、规格、品牌、颜色 7. 缝宽、嵌缝材料种类 8. 防护材料种类 9. 磨光、酸洗、打蜡要求	m^2	按设计图示尺寸以面积计算	1. 基层清理 2. 砂浆制作、运输 3. 底层抹灰 4. 结合层铺贴 5. 面层铺贴 6. 面层挂贴 7. 面层干挂 8. 嵌缝 9. 刷防护材料 10. 磨光、酸洗、打蜡
020507001	刷喷涂料	1. 腻子种类 2. 刮腻子要求 3. 涂料品种、刷喷遍数	m^2	按设计图示尺寸以面积计算	1. 基层清理 2. 刮腻子 3. 涂料刷、喷
020204003	块料墙面	1. 墙体材料 2. 底层厚度、砂浆配合比 3. 贴结层厚度、材料种类 4. 挂贴方式 5. 干贴方式(膨胀螺栓、钢龙骨) 6. 面层材料品种、规格、品牌、颜色 7. 缝宽、嵌缝材料种类 8. 防护材料种类 9. 磨光、酸洗、打蜡要求	m^2	按设计图示尺寸以面积计算	1. 基层清理 2. 砂浆制作、运输 3. 底层抹灰 4. 结合层铺贴 5. 面层铺贴 6. 面层挂贴 7. 面层干挂 8. 嵌缝 9. 刷防护材料 10. 磨光、酸洗、打蜡

续上表

项目编码	项目名称	项 目 特 征	计量单位	工程量计算规则	工 程 内 容
020601011	矮柜	1. 台柜规格 2. 材料种类、规格 3. 五金种类、规格 4. 防护材料种类 5. 油漆品种、刷漆遍数	个	按设计图示数量计算	1. 台柜制作、运输安装(安放) 2. 刷防护材料、油漆
020401003	实木装饰门	1. 门类型 2. 框截面尺寸、单扇面积 3. 骨架材料种类 4. 面层材料品种、规格、品牌、颜色 5. 玻璃品种、厚度、五金特殊要求 6. 防护层材料种类 7. 油漆品种、刷漆遍数	樘	按设计图示数量计算	1. 门制作、运输、安装 2. 五金安装 3. 刷防护材料、油漆
020302001	天棚吊顶	1. 吊顶形式 2. 龙骨材料种类、规格、中距 3. 基层材料种类、规格 4. 面层材料品种、规格、品牌、颜色 5. 压条材料种类、规格 6. 嵌缝材料种类 7. 防护材料种类 8. 油漆品种、刷漆遍数	m^2	按设计图示尺寸以水平投影面积计算。天棚面中的灯槽、跌级、锯齿形、吊挂式、藻井式展开增加的面积不另计算，不扣除间壁墙、检查洞、附墙烟囱、柱垛和管道所占面积，扣除单个 $0.3m^2$ 以外的孔洞、独立柱及与天棚相连的窗帘盒所占的面积	1. 基层清理 2. 龙骨安装 3. 基层板铺贴 4. 面层铺贴 5. 嵌缝 6. 刷防护材料、油漆

1. 直接套用定额组价

当《建设工程工程量清单计价规范》的工程内容、计量单位及工程量计算规则与《全国统一建筑装饰装修工程消耗量定额》一致，只与一个定额项目相对应时，其计算公式如下：

清单项目综合单价＝定额项目单价×(1＋管理费费率＋利润率)

【例 5-13】 某酒店大堂餐厅北墙砖墙面挂贴金线米黄花岗岩，各材料单价与定额相同，管理费费率为 10%，利润率为 8%，试确定该清单项目的综合单价。

【解】 依题意，墙面挂贴金线米黄石材项目的清单编码为 020204001001，见表 5-21，单位为 m^2，其清单项目内容及计算规则、计量单位与消耗量定额相同，以某省消耗量定额为例，见表 5-20，综合单价计算如下：

定额子目套项为 B2-132(灌缝砂浆 30 厚砖墙面挂贴花岗岩)，定额基价＝22453.57 元/100m^2。

$$综合单价=22453.57/100\times(1+10\%+8\%)$$
$$=264.95 元/m^2$$

【例 5-14】 某酒店开水房墙面贴瓷砖，各材料单价与定额相同，管理费费率为 10%，利润率为 8%，试确定该清单项目的综合单价。

【解】 依题意，开水房墙面贴瓷砖项目的清单编码为 020204003001，见表 5-21，单位为 m^2，其清单项目内容及计算规则与消耗量定额相同，以某省装饰装修工程消耗量定额为例，见表 5-20，综合单价计算如下：

定额子目套项为 B2-198[墙面、墙裙砂浆粘贴瓷板(152×152)]，定额基价＝3692.47 元/100m^2，则

$$综合单价=3692.47/100\times(1+10\%+8\%)$$
$$=43.57 元/m^2$$

2. 套用定额，合并组价

当《建设工程工程量清单计价规范》(GB 50500—2003)的计量单位及工程量计算规则与《装饰装修工程消耗量定额》(GYD-901—2002)一致，工程内容不一致，需几个定额项目组成时，其计算公式如下：

清单项目综合单价＝∑(定额项目综合单价)×(1＋管理费费率＋利润率)

【例 5-15】 某酒店室内装修，标准间墙面统一粉刷格拉丝牌乳胶漆，刮腻子二遍，乳胶漆面层三遍，各材料单价与定额相同，管理费费率为 10%，利润率为 8%，试确定该清单项目的综合单价。

【解】 依题意，标准间墙面统一粉刷格拉丝牌乳胶漆项目的清单编码为 020507001001，见表 5-21，单位为 m^2，其清单项目内容是由两个消耗量定额中的子项目组成，其计量单位及工程量计算规则与定额各子项相同，以某省消耗量定额为例，见表 5-20，综合单价计算如下：

该清单项目需套用两个定额子目，B5-226(乳胶漆抹灰面三遍)和 B5-332(水泥砂浆混合砂浆墙面刮腻子两遍)，B5-226＝779.74/100m^2，B5-332＝211.12/100m^2，则

$$基价合价 = 779.74/100 + 211.12/100 = 990.86 元/100m^2$$

$$综合单价 = 990.86/100 \times (1 + 10\% + 8\%) = 11.69 元/m^2$$

【例 5-16】 某酒店标准客房卫生间吊顶材质为 600×600 圆蘑花铝扣板，各材料单价与定额相同，管理费费率为 10%，利润率为 8%，试确定该清单项目的综合单价。

【解】 依题意，卫生间圆蘑花铝扣板吊顶项目的清单编码为 020302001001，见表 5-21，单位为 m^2，其清单项目内容是由两个消耗量定额中的子项目组成，其计量单位及工程量计算规则与定额各子项相同，以某省消耗量定额为例，见表 5-20，综合单价计算如下：

该清单项目需套用两个定额子目，B3-64[天棚龙骨嵌入式铝合金方板不上人型面层规格（mm）600×600]和 B3-107（嵌入式铝合金方板），B3-64＝2920.77/100m^2，B3-107＝7722.05/100m^2，则

$$基价合价 = 2920.77/100 + 7722.05/100 = 10642.82 元/100m^2$$

$$综合单价 = 10642.82/100 \times (1 + 10\% + 8\%) = 125.59 元/m^2$$

【例 5-17】 某酒店棋牌室地面贴木材纹 600×600 的玻化砖（定额中为彩铀砖，定额规定玻化砖套用彩铀砖定额），棋牌室地面与设计标高相差 55mm，需找平 20mm，各材料单价与定额相同，管理费费率为 10%，利润率为 8%，试确定该清单项目的综合单价。

【解】 依题意，棋牌室地面贴 600×600 的玻化砖项目的清单编码为 020102002001，见表 5-21，单位为 m^2，其清单项目内容是由两个消耗量定额中的子项目组成，其计量单位及工程量计算规则与定额各子项相同，以某省消耗量定额为例，见表 5-20，综合单价计算如下：

该清单项目需套用两个定额子目，B1-19（混凝土或硬基层上 20mm 厚水泥砂浆找平层）和 B1-84[楼地面（每块周长）2400mm 以内水泥砂浆粘贴彩釉砖]，B1-19＝666.5/100m^2，B1-84＝14617.21/100m^2，则

$$基价合价 = 666.5/100 + 14617.21/100 = 15283.71 元/100m^2$$

$$综合单价 = 15283.71/100 \times (1 + 10\% + 8\%) = 180.35 元/m^2$$

3. 重新计算工程量组价

当《建设工程工程量清单计价规范》的工程内容、计量单位及工程量计算规则与《消耗量定额》不一致时，其计算公式为：

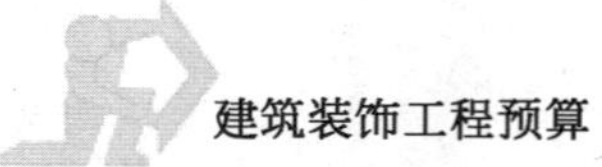

清单项目综合单价＝(综合单价人工费＋综合单价材料费＋综合单价机械费＋管理费＋利润)×(1＋风险系数)

或　　综合单价＝(清单项目合价＋管理费＋利润＋风险费)/清单工程量

【例 5-18】 某酒店标准间客房门为 1.89m²/樘，豪华实木面喷硝基漆，门在距酒店 5km 的专用木制品制作车间生产，各材料单价与定额相同，管理费费率为 10%，利润率为 8%，试确定该清单项目的综合单价。

【解】 依题意，客房门项目的清单编码为 020401003001，见表 5-21，单位为樘，其清单项目内容是由三个消耗量定额中的子项目组成，其工程内容、计量单位及工程量计算规则与定额各子项不相同，以某省消耗量定额为例，见表 5-20，综合单价计算如下：

该清单项目需套用三个定额子目，B4-299(高级豪华装饰木镶板门安装)、B4-436[木门窗运输距离(3km 以内)]和 B5-101(单层木门润滑油、刮腻子、漆片、硝基清漆、磨亮)，已知客房门的面积为 1.89m²/樘，B4-299＝23362.9 元/100m²，B4-436＝283.99 元/100m²，B5-101＝5514.00 元/100m²，则

综合单价＝(1.89×23362.9/100＋1.89×283.99/100＋1.89×5514.00/100)×(1＋10%＋8%)

＝650.35 元/樘

【例 5-19】 某酒店值班室靠墙用木芯板做高 900mm，长 2000mm，宽 600mm 的矮柜，如图 5-3 所示，各材料单价与定额相同，柜面刷硝基漆，管理费费率为 10%，利润率为 8%，试确定该清单项目的综合单价。已知定额计算规则为：矮柜制作按正立面面积计算工程量，矮柜柜面刷油漆按表面积计算工程量。

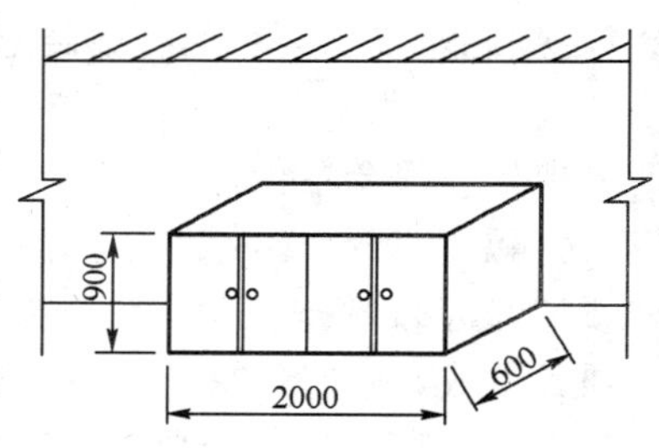

图 5-3　靠墙矮柜大样图

【解】 依题意，木芯板矮柜项目的清单编码为 020601011001，见表 5-21，单位为个，即以个计算工程量。清单项目内容是由两个消耗量定额中的子项目组成，其工程内容、计量单位及工程量计算规则与定额各子项不相同，以某省消耗量定额为例，见表 5-20，综合单价计算如下：

该清单项目需套用两个定额子目，B6-21[附墙矮柜(10m²)]和 B5-104(其他木材面润滑油、刮腻子、漆片、硝基清漆、磨亮)，已知木芯板高 900mm，长 2000mm，宽 600mm，B6-21 基价＝4043.01/10m²，B5-104 基价＝3312.4/100m²，则

综合单价=[(0.9×2)×4043.01/10+(0.9×2+0.9×0.6×2 侧+0.6×2)×3312.4/100]×(1+10%+8%)

=1023.38 元/个

注意:如果人、材、机的市场价与定额不同时,可以在定额中换算,清单项目组价应按照换算后的基价确定,管理费、利润、风险因素由投标人自行考虑确定。

“工程计价”时各项费用的计算

(一)分部分项工程费用计算

1. 定义

分部分项工程费是指构成工程实体的费用,按照清单项目工程量乘以综合单价计算。

2. 计算公式

分部分项工程费=工程量清单中清单项目工程量×分部分项工程综合单价

3. 填写分部分项工程清单计价表

按清单报价要求,投标方必须提供分部分项综合单价分析表,标准格式如表5-22所示。

分部分项工程清单计价表　　　　表 5-22

工程名称:　　　　　　　　　　第　页　共　页

序　号	项目编码	项目名称	计量单位	工程数量	金额	
					综合单价	合价
1						
2						
……						
		本页小计				
		合计				

4. 分部分项工程量清单计价填表案例

【例 5-20】 如表 5-23 所示,为某酒店工程量清单报价中的部分分部分项工程量清单计价表。

分部分项工程量清单计价表 表 5-23

工程名称:某酒店室内装修 第 1 页 共 1 页

序 号	项目编码	项目名称	计量单位	工程数量	金额(元)	
					综合单价	合价
		楼地面工程				
1	020102002001	块料面层	m^2	100	152.84	15284
		墙面工程				
2	020204003001	块料墙面	m^2	100	36.92	3692
3	020506001001	抹灰面油漆	m^2	100	9.91	991
		天棚工程				
4	020302001001	天棚吊顶	m^2	100	106.43	10643
	合计					30610

(二)措施项目费

措施项目费的定义及所包含的内容在本章第一节中已详细介绍,《建设工程工程量清单计价规范》中的《措施项目一览表》列出了 11 项通用项目,包括环境保护费、文明施工费、安全施工费、临时设施费,夜间施工费、二次搬运费、大型机械设备进出场及安拆费、混凝土钢筋土模板及支架费、脚手架费、已完工程及设备保护费、施工排水降水费;还列出了垂直运输机械费、室内空气污染测试费两项装饰装修工程专业项目。虽然措施项目不是工程实体项目,但所发生的费用却贯穿于整个工程的始终,在招投标活动中,措施费用的合理组价、报价,工程量发生变更时措施费用的计取等等都是成功完成工程项目的基础。

具体采用什么措施项目,由投标人根据企业的施工组织设计和施工方案而定,通用项目和专业项目的"项"可以调整和合并,这给企业投标报价提供了竞争空间。

1. 清单中措施项目费计算方法

《建设工程工程量清单计价规范》规定措施项目是以"项"为计量单位的综合单价计价。投标人按照招标人提供的措施项目清单,根据拟建工程特点、施工方案或施工组织设计结合本企业实际情况计算措施项目的工程数量,编制综合单价,其相应的人工、材料及机械台班单价的确定可参照分部分项工程费的相关规定执行。措施项目费组价可以针对不同的措施项目采取不同的方法。一般有以下四种计价方法:

1)定额计价

定额计价是指措施项目费中有些费用可以通过实体工程量与综合单价的乘

积计算获得，如脚手架费、成品保护费等。

计算公式：

措施项目费＝工程量清单中措施项目工程量×措施项目综合单价

【例 5-21】 某酒店地面贴英国棕花岗岩 200m²，该地面铺贴完成后依甲方要求进行保护，已知管理费费率为 10%，利润率为 8%，试计算其成品保护费用。

【解】 根据已知条件查定额，见表 5-20，定额子目为 B9-3（花岗岩、大理石、地砖楼、地面旧地毯成品保护），综合单价＝79.68/100×（1＋10%＋8%）

成品保护费＝200×94.02/100＝188.04 元

2）实物计价

实物计价是指措施项目费中有些费用可以通过实物用量消耗费用计算获得，如安全措施费等。

【例 5-22】 某酒店正大门室外雨棚装修，此大门为唯一通道，正大门雨棚高 4.5m，施工方搭设钢管扣件和安全网维护，钢管共计 300m，安全网 80m²，钢管摊销费为 0.2 元/m，安全网为 8 元/m²，试计算其安全措施费用。

【解】 安全措施费＝300×0.2＋80×8＝700 元

3）参数计价

参数计价是指措施项目费中有些非竞争费用，是政府规定计取的，如文明施工费、环境保护费、临时设施费等。

【例 5-23】 某酒店招标文件中规定施工方必须文明施工和环境保护，某投标单位计算的直接工程费及施工技术措施费合计为 180 万元，文明施工费费率为 0.1%，环境保护费费率为 0.25%，试计算该工程的文明施工费和环境保护费。

【解】 根据已知条件，文明施工费＝180 万元×0.1%＝0.18 万元

环境保护费＝180 万元×0.25%＝0.45 万元

4）分包计价

【例 5-24】 某酒店装修过程中，施工方将油漆工程、防水工程分包给其他单位施工，其中油漆工程和防水工程两家单位措施项目费报价分别为 1.2 万元和 1.4 万元，施工方装修工程措施项目费为 2.1，试计算该工程的措施项目费。

【解】 该工程的措施费合计为 1.2＋1.4＋2.1＝4.7 万元

2. 填写措施项目清单计价表

按清单报价要求，投标方必须提供措施项目清单计价表，标准格式如表5-24所示。

措施项目清单计价表 表 5-24

工程名称： 第 页 共 页

序 号	项 目 名 称	金 额
1	环境保护	
2	文明施工	
3	安全施工	
4	临时设施	
	……	
	合计	

(三)其他项目费

1. 定义

其他项目费是工程量清单计价模式下工程计价的组成之一，它由两部分组成，一部分为招标人发生的费用，另一部分为投标人发生的费用。招标人部分包括预留金和材料购置费；投标人部分包括总承包服务费、零星工作项目费。

1)预留金：是指招标人为可能发生的工程量变更而发生的金额。

2)材料购置费：是指招标人自行购置材料所需的金额，即甲供材料。

3)总承包服务费：为配合协调招标人进行的工程分包和材料采购所需的费用。

4)零星工作项目费：完成招标人提出的，工程量暂估的零星工作所需的费用。

2. 其他项目费计算

计算公式：

其他项目费＝按相关文件及投标人的实际情况进行计算汇总

1)预留金

《建设工程工程量清单计价规范》规定招标人部分的金额可按估算金额确定。某些省市规定招标人可按分部分项工程量清单计价合价的一定比例进行估算。预留金可按总造价的3%～5%计列。

2)材料购置费

招标方按估算计取，竣工结算时按承包人实际完成的工程内容结算。如招标人可按计划材料的品种、数量和价格进行估算。

3)总承包服务费

总包服务费包括配合协调招标人工程分包和材料采购所需的费用，此处提出的工程分包是指国家允许分包的工程。总承包服务费属于管理费性质，即对分包工程管理所发生的各种费用，根据招标人提出的要求所发生的费用确定。按《房屋建筑和市政基础设施工程施工分包管理办法》（建设部令第 124 号）规定，一般配合协调招标人专业工程分包时，总包服务费按分包工程分部分项工程量清单计价合价的一定比例计取，具体内容、计取标准应在合同中明确，有些省市按分包工程造价的 1%～3%计取；配合协调招标人进行材料采购时，某些地区按招标人材料购置费（即甲供材料费价值）的 0.5%～1%计取，各施工单位投标报价中应权衡考虑。如果不需要总包单位配合，分包单位也不影响总包单位施工的，不计取该项费用。

4)零星工作项目费。

投标人按分部分项工程费的一定比例估算，应详细列出人工、材料、机械的名称、计量单位和数量；人工应按工种列项，材料和机械应按规格和型号列项，参考计价表填写如表 5-25 所示。综合单价适用于该项目，计算公式如下：

零星工作项目计价表　　　　表 5-25

工程名称：　　　　　　　　　　　　第　页共　页

<table>
<tr><th rowspan="2">序　号</th><th rowspan="2">分　类</th><th rowspan="2">项目名称</th><th rowspan="2">计量单位</th><th rowspan="2">工程数量</th><th colspan="2">金　额　（元）</th></tr>
<tr><th>综合单价</th><th>合价</th></tr>
<tr><td rowspan="4">一</td><td rowspan="4">可暂估工程量项目</td><td></td><td></td><td></td><td></td><td></td></tr>
<tr><td></td><td></td><td></td><td></td><td></td></tr>
<tr><td></td><td></td><td></td><td></td><td></td></tr>
<tr><td></td><td></td><td></td><td></td><td></td></tr>
<tr><td rowspan="3">二</td><td rowspan="3">人工</td><td></td><td></td><td></td><td></td><td></td></tr>
<tr><td></td><td></td><td></td><td></td><td></td></tr>
<tr><td></td><td></td><td></td><td></td><td></td></tr>
<tr><td rowspan="5">二</td><td rowspan="3">材料</td><td></td><td></td><td></td><td></td><td></td></tr>
<tr><td></td><td></td><td></td><td></td><td></td></tr>
<tr><td></td><td></td><td></td><td></td><td></td></tr>
<tr><td rowspan="2">机械</td><td></td><td></td><td></td><td></td><td></td></tr>
<tr><td></td><td></td><td></td><td></td><td></td></tr>
</table>

$$\begin{aligned}\text{零星工作项目费} &= \text{人工费合价} + \text{材料费合价} + \text{机械费合价} \\ &= \Sigma(\text{人工综合单价} \times \text{数量}) + \Sigma(\text{材料综合单价} \times \text{数量}) + \\ &\quad \Sigma(\text{机械综合单价} \times \text{数量})\end{aligned}$$

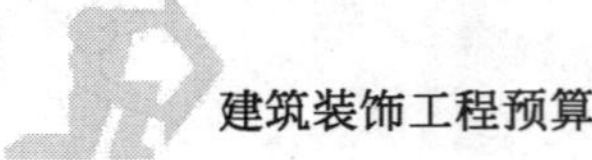

其中：　　人工费合价＝人工单价×(1＋施工管理费率＋利润率)

材料费合价＝材料单价×(1＋施工管理费率＋利润率)

机械费合价＝机械台班单价×(1＋施工管理费率＋利润率)

3.填写其他项目费用表

一部分由招标方填写，一部分由投标方填写，如表5-26所示。

其他项目费　　表5-26

工程名称：　　第　页共　页

序　号	项 目 名 称	金　额　(元)
一	招标人部分	
1	预留金	
2	材料购置费	
	小计	
二	投标人部分	
1	总承包服务费	
2	零星工作项目费	
	小计	
	合计	

4.其他项目费计算案例

【例5-25】 某酒店装饰工程计价中分部分项工程费合计为200万元，预留金为总造价的5%，甲方采购的通风材料总价款为8万元，施工方为总承包方，总包服务费为分部分项工程费合价的2%，试计算其他项目费。

【解】 依题意计算如下：

招标人部分＝200×5%＋8＝18万元

投标人部分＝200×2%＋0＝4万元

(四)规费

1.定义

规费是各省建设厅颁发的费用定额中规定的有关行政性收费，是不可竞争性费用。包括工程排污费、工程定额测定费、社会保障费、住房公积金、危险作业意外伤害保险等。见本章第一节。

2. 规费的计取

按照国家和建设主管部门发布的规费计取办法、标准、公式和规定的费率计取。

3. 计算公式

规费=(分部分项工程费+措施项目费+其他项目费)×规费费率

(五)税金

1. 定义

税金是指国家税法规定的应计入建筑安装工程造价的各种税金,包括营业税、城市建设维护税和教育费附加。

2. 税金的计取

根据各省市、地区税务部门规定的税率,以不同省市、不同地区的建筑装饰装修工程不含税造价为基数计取。税金与分部分项工程费、措施项目费及其他项目费不同,属于"转嫁税",具有法定性和强制性,由工程承包人必须及时足额交纳给工程所在地的税务部门。

3. 计算公式

税金=(分部分项工程费+措施项目费+其他项目费+规费)×综合税率

四 清单模式下建筑装饰装修工程取费

建筑装饰装修工程清单计价模式下的取费程序和方法同定额计价模式,详见本章第一节。

(一)清单模式下计价程序举例

建筑装饰装修工程取费是按照一定的取费程序来实现的,各地区各部门在方法上是一致的,但内容上各不相同,表5-27为某市装饰装修工程计价程序,以供参考。

装饰装修工程计价程序 表5-27

序号	名称	计算方法(括号内数据代表序号)	说明
1	分部分项工程费	Σ(清单工程量×综合单价)	
2	措施项目费	详见措施项目费表5-16	
2.1	安全防护、文明施工措施项目费		
2.2	其他措施项目费		
3	其他项目费	详见其他项目费表5-17	按定额说明设置
4	规费		

续上表

序　号	名　　称	计算方法(括号内数据代表序号)	说　　明
4.1	社会保险费	(1+2+3)×3.31%	
4.2	住房公积金	(1+2+3)×1.28%	
4.3	定额测定费	(1+2+3)×0.1%	
4.4	防洪工程维护费	(1+2+3)×0.1%	按工程所在地规定计算
4.5	建筑意外伤害保险费	(1+2+3)×0.2%	
5	不含税工程造价	(1+2+3+4)	
6	税金	(5)×3.413%	按当地税务部门规定
7	含税工程造价	(5+6)	

(二)取费案例

已知某建筑装饰装修工程的分部分项工程费为 2680000 元,措施项目费为 22100 元,其他项目费为 13200 元,试按表 5-27 某市的装饰装修工程取费程序计算该工程的含税工程总造价。

【解】

序　号	名　　称	计算方法(括号内数据代表序号)	金　额　(元)
1	分部分项工程费	Σ(清单工程量×综合单价)	2680000
2	措施项目费		22100
2.1	安全防护、文明施工措施项目费		
2.2	其他措施项目费		
3	其他项目费	2715300	13200
4	规费		135493.47
4.1	社会保险费	(1+2+3)×3.31%	89876.43
4.2	住房公积金	(1+2+3)×1.28%	34755.84
4.3	定额测定费	(1+2+3)×0.1%	2715.3
4.4	防洪工程维护费	(1+2+3)×0.1%	2715.3
4.5	建筑意外伤害保险费	(1+2+3)×0.2%	5430.6
5	不含税工程造价	(1+2+3+4)	2850793.47
6	税金	(5)×3.413%	97297.58
7	含税工程造价	(5+6)	2948091.05
	大写	贰佰玖拾肆万捌仟零玖拾壹元零伍分	

本章小结

定额计价模式和工程量清单计价模式是工程造价管理发展过程中的两种不同的计价模式。定额计价在很长的一段时期内为我国的造价管理工作作出了巨大的贡献，现阶段作为清单计价模式下确定综合单价的基础以及企业定额形成和完善之前的主要参考数据，仍然具有不可忽视的作用。清单计价模式是市场经济条件下产生的一种新的计价方式，具有划时代的意义。通过本章的学习，我们需要了解一些基本概念：定额计价、施工图预算、工料分析、费用定额、基价、直接费、间接费、利润、税金、清单计价、综合单价等，了解两种计价模式的区别与联系，了解两种造价的组成形式，学会定额的应用，学会综合单价的组价，掌握两种计价方法的计价程序及运用。

小知识

一、建筑装饰装修工程定额计价模式与清单计价模式的区别与联系

建筑装饰装修工程定额计价与清单计价是工程造价管理在不同的经济体制下产生的两种差别较大的计价模式，通过对它们的比较分析，找出它们的区别与联系，有助于提高投标人的经营管理水平，从而从根本上改变了传统模式“量价合一”的预算定额制度，为工程造价走向市场化奠定了基础。

工程量清单计价与传统定额计价的区别有以下几点：

1）计价方法不同

工程量清单计价的计价方法是综合单价法，定额计价的计价方法是工料单价法和实物法。前者是市场定价行为，后者是政府定价行为。前者一般是总价形式，后者是单价报价，一般不做调整。

2）编制的依据不同

招标标底由招标人或受其委托具有相应资质的工程造价咨询或招标代理机构，根据招标文件中的工程量清单和有关要求，结合施工现场实际情况、合理的施工方法，按照建设行政主管部门发布的《全国统一建筑装饰装修工程消耗量定额》以及工程造价管理机构发布的相应市场价格信息进行编制，代表社会平均水平；投标报价由投标人根据招标文件中的工程量清单及有关要求，结

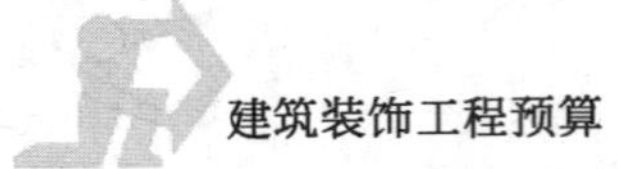

合施工现场实际情况、自行制定的施工方案或施工组织设计，按照企业定额或者参照建设行政主管部门发布的《全国统一建筑装饰装修工程消耗量定额》以及工程造价管理机构发布的相应市场价格信息自主确定，代表企业个别水平，具有竞争性。传统的定额计价是按照现行《全国统一建筑装饰装修工程消耗量定额》编制的，代表社会平均水平。

3)编制工程量清单时间不同

工程量清单计价中清单的编制时间必须在发出招标文件前由发包方编制。定额计价一般是在发出招标文件后由双方各自编制的。

4)编制工程量的单位不同

工程量清单计价中的清单项目工程量是由招标人或招标代理机构编制的，投标人只能对清单工程量进行核对。定额计价时，招标人和投标人都需要根据图纸计算工程量，分别编制标底和标价。

5)计价项目划分不同

工程量清单计价以实体工程为单元划分；定额计价以分项工程为单元划分。

6)项目编码不同

工程量清单计价采用全国统一的编码；定额计价根据各地区定额采用不同的定额子目。

7)工程量计价规则不同

工程量清单计价采用《建设工程工程量清单计价规范》规定的计算规则；定额计价采用全国统一消耗量定额和地区基价表所规定的计算规则。

8)费用组成不同

工程量清单计价费用组成是：分部分项工程费＋措施项目费＋其他项目费＋规费＋税金；定额计价的组成是：直接费＋间接费＋利润＋税金。

9)施工措施费处理不同

工程量清单计价是编制相应的措施项目清单或单独计算；定额计价是以直接费、人工费与机械费之和为基础，按照一定的费率计取。

10)材料价格的来源不同

工程量清单计价的单价是经过市场多方询价得到的，是市场价；定额中的基价是定额取定价，需要根据主管部门发布的信息价进行价差处理。

11)评标办法不同

工程量清单计价是以合理低价中标法；定额计价是百分制中标法。

12)工程结算、合同价调整方式不同

工程量清单计价主要是工程索赔,另外就是工程师核准的工程量×合同中规定的综合单价;定额计价是:施工图预算+变更签证+定额解释+政策调整。

二、【摘录】某省取费定额编制与使用交底说明

取费定额编制与使用交底说明交底内容:

编制概况　本定额的特点　费用项目组成　定额的表现形式　费用项目划分

工程类别划分　费率水平　费用计算规定

1. 编制概况

1)编制的目的、意义

(1)建立"指令性、指导性、参考性"三个层次的施工费用取费定额体系。

(2)适合综合单价法计价及工料单价法计价。

2)编制原则

3)编制依据

4)编制过程

5)编制内容

注:包括总说明、费用项目组成及费用计算规则、施工取费费率、工程类别划分、附录五部分组成。

2. 本定额的特点

根据编制目的,体现了本定额的两个主要特点是:

(1)适用于工程量清单综合单价法计价及工料单价法计价两种计价模式。

(2)体现指令性、指导性及参考性。

其他特点是:

(1)以"人工费+机械费"为取费基础。

(2)施工组织措施费、综合费用(企业管理费和利润)、规费及税金分别计算。

(3)综合费用费率按各专业工程不同的工程类别分类取定。

(4)制定统一的费用计算规则。

3. 建设工程造价组成表

	"206"号文费用项目组成		施工取费定额	计价规范对应的项目
装饰装修工程含税造价	直接费	直接工程费	直接工程费	分部分项工程清单合计
		措施费	施工技术措施	施工措施项目清单
			施工组织措施	
	间接费	规费	规费	规费
		企业管理费	综合费用	综合单价组成内容
	利润			
	税金		税金	税金

4. 定额的表现形式

根据建设工程造价(费用)组成,《×建设工程施工取费定额》对其中的四项费用制定了费率,各项费率的表现形式如下:

(1)建筑工程施工组织措施费费率

定额编号	项目名称		计算基数	费率(%)
A1	施工组织措施费			
A1-1	环境保护费		人工费+机械费	0.1～0.2
A1-2	文明施工费			
A1-21	其中	非市区工程	人工费+机械费	0.5～0.9
A1-22		市区一般工程	人工费+机械费	0.9～1.4
A1-23		市区临街工程	人工费+机械费	1.4～2.5
A1-3	安全施工费		人工费+机械费	0.3～0.8
……	……	……	……	……

注:专业工程施工组织措施费费率乘系数0.6。

(2)建筑工程综合费用费率

定额编号	项目名称		计算基数	费率(%)		
A2	综合费用					
A2-1	民用建筑		人工费+机械费	59～43	49～36	40～29
A2-11	其中	企业管理费	人工费+机械费	35～26	29～22	24～17
A2-12		利润	人工费+机械费	24～17	20～14	16～12
A2-2	工业建筑工程		人工费+机械费	49～37	40～30	33～23
……	……	……	……			……

注:1.专业土石方工程指单独承包的土石方工程。

2.其他专业建筑工程指定额所列项目以外的,具有专业资质才能施工的项目。

(3)规费费率

定额编号	项目名称	计算基数	费率(%)
A3	规费	直接费+综合费用	4.39

注:1.专业工程规费费率乘系数0.6。

2.专业厂制作兼安装工程项目的费用不作为规费的计费基数。

(4)税金费率

定额编号	项目名称		计算基数	费率(%)		
				市区	城(镇)	其他
A4	税金		直接费+综合费用+规费	3.513	3.448	3.32
A4-1	税费		直接费+综合费用+规费	3.413	3.348	3.22
A4-2	水利建设基金		直接费+综合费用+规费	0.1	0.1	0.1
……	……	……	……			……

注:税费包括营业税、城市建设维护税及教育费附加。

5.费用项目划分

取费定额费用项目与计价规范项目的对应关系

	取费定额费用项目	规范措施项目		
施工技术措施费	(1)大型机械设备进出场及安拆费	1.7		通用项目
	(2)混凝土、钢筋混凝土模板及支架费	1.8		
	(3)脚手架费	1.9		
	(4)施工排水、降水费	1.11		
	(5)其他施工技术措施费	专业工程项目或增加项目		
施工组织措施费	(1)环境保护费	1.1		通用项目
	(2)文明施工费	1.2		
	(3)安全施工费	1.3		
	(4)临时设施费	1.4		
	(5)夜间施工增加费	1.5		
	(6)缩短工期增加费		增加项目	
	(7)二次搬运费	1.6		通用项目
	(8)已完工程及设备保护费	1.10		
	(9)其他施工组织措施费	专业工程项目或增加项目		

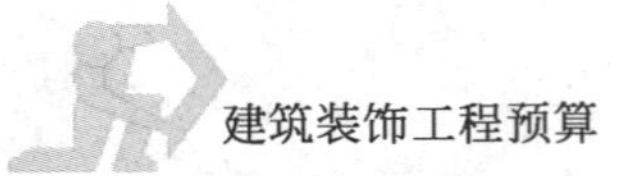

6. 费用类别划分

施工取费定额“综合费用取费工程类别划分”，把各专业工程划分为一、二、三共三类，划分的三类工程分别对应于综合费用一、二、三类的费率。与省94费用定额不同的是：94费用定额制定的“建筑安装工程类别划分”，把各专业工程划分为五类(即特类、一类、二类、三类及四类)，综合费率按各专业不同的工程类别分别取定，新定额类别划分减少至三类，按类别取费内容减少至企业管理费及利润。

7. 费率水平

(1)这个测算是不完全的，主要是典型工程不够，工程比较老，费用统一计算口径比较粗，仅供参考。

(2)专业工程施工措施费费率×0.6系数(不发生的不计取同样适用)

专业工程是指具有专业资质的企业承担的专业工程项目。专业土石方特别说明是94定额对土石方有数量的限止，意在引起注意。

(3)专业工程规费费率×0.6系数，由专业厂家制作或制作兼安装并按厂方价格结算的工程项目，其发生费用不作为规费的计算基础。(其他专业工程相同)

8. 费用计算规定

费用计算规定的内容主要包括：说明、计算程序和计算规则

施工取费计算规则是本取费定额的特点之一，也是为了适应定额性质的转变。定额费率除特别规定外，是指导性及参考性的，而计算规则不一样，应统一计算口径，共同遵守，否则就没有可比性。

(1)建设工程施工取费按相应的综合单价法计价或工料单价法计价的计算程序及计算方法计算。

(2)综合单价法是指项目单价采用除规费、税金外的全费用(含利润)综合单价的一种计价方法，规费、税金单独计取。综合单价包括完成一个规定计量单位项目所需的直接工程费、企业管理费、利润以及风险费用。工料单价法：工料单价法是指项目单价采用人工、材料、机械费用计算的一种计价方法，企业管理费、利润、风险费用及规费税金单独计取。工料单价指完成一个规定计量单位项目所需的人工费、材料费、施工机械使用费。

(3)建设工程施工取费以“人工费＋机械费”或“人工费”为计算基数的费用项目，人工费和机械费指直接工程费及施工技术措施费中的人工费和机械费，

人工费中不包括机上人工，机械费中不包括大型机械设备进出场及安拆费。

(4)人工费、材料费、机械费按工程定额项目或按分部分项工程量清单项目及施工技术措施项目或按分部分项目及施工技术措施项目清单计算的人工、材料、机械台班消耗量乘相应单价计算。

人工、材料、机械台班消耗量可根据工程定额或企业定额确定，人工、材料、机械台班单价按当时当地的市场价格组价，发承包双方应在合同中约定或明确。

(5)建设工程造价管理机构编制的工程定额及发布的人工、材料、机械台班市场信息价格，可作为编制标底、施工图预算等的依据；企业在投标报价时可根据自身的情况及建筑市场人工价格、材料价格、机械租赁价格等因素自主决定。

(6)措施费可根据工程定额项目及施工取费定额项目或按措施项目清单，按工程实际发生的情况或施工方案确定的措施费项目计取相应费用。

(7)施工组织措施费中的环境保护费、文明施工费、安全施工费等费用项目，计价时一般不得低于弹性费率的下限。

(8)缩短工期增加费以工期缩短的比例计取。

工期缩短的比例＝[(合同工期－定额工期)/定额工期]×100%。

缩短工期在30%以上者，应由专家审定其措施方案及相应费用的科学性。

计取缩短工期增加费的工程不应计取夜间施工增加费。

(9)本定额未包括的施工组织措施费项目，发承包双方可根据工程实际发生的情况另行约定和补充。

(10)施工组织措施费、企业管理费、利润(综合费用)项目费率为弹性费率。编制概算、标底(施工图预算)等时可按该类费率的中值计取；投标报价时，除另有规定者外，企业参考该弹性费率自主确定，并在发承包施工合同中明确。

(11)本定额各专业的企业管理费、利润(综合费用)费率按不同的工程类别制定。工程类别按本定额第三章“综合费用定额工程类别划分”判定。

房屋修缮工程综合费用费率统一按相应新建工程项目的三类费率×0.8计取。

(12)规费、税金项目费率为固定费率，工程计价时应按本定额规定计取。当政府有关收费规定或税率调整时，由省造价管理机构根据有关文件、办法，及时测定并调整。

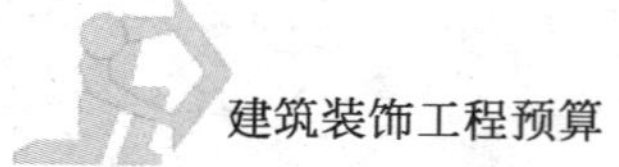

(13)以"人工费＋机械费"为计费基础的工程，规费以"直接工程费＋措施费＋综合费用"或以"分部分项工程量清单项目费＋措施项目清单费"为计算基数乘相应费率计算；以"人工费"为计费基础的工程，规费以"人工费"为计算基数乘相应费率计算。

(14)税金以直接工程费、措施费、企业管理费、利润(综合费用)及规费之和为计算基数乘相应费率计算。

(15)本定额费率是按单位工程综合测定的。若按《房屋建筑和市政基础设施工程施工分包管理办法》(建设部令第124号)规定发生专业工程分包时，总承包单位可按分包工程造价的1%～3%向发包方计取总承包服务费。发包与总承包双方应在施工合同中约定或明确总承包服务的内容及费率。

总承包服务费一般包括：涉及分包工程的施工组织设计、施工现场管理、竣工资料整理等活动所发生的费用。

总承包单位自行完成工程范围内的临时道路、围墙等，总承包单位不应向分包单位收取费用，分包单位也不应再向建设单位计取相应费用。

总承包单位不得向建设单位计取分包工程的脚手架、垂直运输机械等措施性项目的费用，若分包单位要求利用总承包单位的脚手架、垂直运输机械等时，其费用由总分包单位自行约定。

思考题

5-1 试简述定额计价体系下工程造价的编制方法及步骤。

5-2 按本地区的建筑安装工程消耗量定额，写出下列各分项工程的定额编号，并计算其直接工程费、人工用量及材料用量。

(1)600mm×600mm×10mm 花岗岩楼地面(灰缝2mm)150m^2。

(2)单扇无亮无纱镶板门框制作200m^2。

(3)砖墙裙镶贴规格为250mm×300mm的墙面砖300m^2。

(4)外墙裙水刷豆石200m^2，面层12mm的1∶1.25水泥绿豆砂浆，底层1∶3的水泥砂浆15mm。

(5)单层组合窗底油一遍，调和漆二遍，油漆工程量200m^2。

5-3 直接工程费的概念是什么？与工程直接费有何区别？

5-4 试简述工料分析的概念及计算方法。

5-5 建筑装饰工程造价由哪几部分组成？

5-6 已知某市区住宅装饰工程直接工程费为 1280000 元，其中人工费为 65400 元，措施费为 63500 元，间接费率为 26.75%，利润率为 32%，税率为 3.41%。

试求，定额计价模式下：(1)该工程含税工程造价。

(2)每 m^2 装饰工程造价。

5-7 试简述清单模式下装饰装修工程造价的编制方法及步骤。

5-8 什么是综合单价？综合单价的组成是什么？

5-9 清单计价模式下工程造价由哪几部分组成？

5-10 已知某市区有一酒店工程，直接工程费为 2320000 元，措施费为 113800 元，三类工程，由本地区二级企业施工，试根据本地区费用定额计算清单计价模式下该工程含税工程总造价。

第六章 家庭装饰装修工程预算

【职业能力目标】

(1)能够编制完整的家庭装饰预算(以下称家装预算)。
(2)基本具备审核预算的能力。

【学习要求】

(1)了解家庭装饰工程预算的作用。
(2)掌握家装预算的编制依据、编制程序和方法。

第一节　家庭装饰装修工程预算概述

一　家庭装饰装修行业概况

家庭装饰装修是室内装饰业的重要组成部分,是居民住宅(包括新建住宅和原有住宅)室内空间及相关环境进行装饰装修设计、施工及室内用品配套供应、陈设布置,达到一定技术艺术效果的服务体系。

新兴的室内装饰业于20世纪80年代初在我国开始起步。据有关报道,从起步至今短短20年内我国室内年装饰工程量已达8000亿元的巨大规模,而且还以每年20%的速度递增,其中家装行业占了一半左右。人们首先要求有房子可住,有了房子就要求改善居住环境,城镇居民乔迁新居进行家庭装饰装修已成为一股潮流,营造一个优美、舒适、温馨、和谐的"家"成为一种时尚;老住宅的不断装饰更新也是人们消费结构变化的必然要求,家庭装饰业便应运而生。家庭装饰业涉及千家万户,关系到广大人民群众的切身利益,它是人民生活质量提高的表现。广大农村住宅室内装饰更是潜在的巨大市场，其发展势头相当迅猛。

室内装饰业被誉为“永葆青春”的朝阳行业，而包括在室内装饰业的家庭装饰围绕“住”和“家”的消费，更有重要的经济意义和社会意义。

首先，它不仅满足了人们各种基本的使用功能，也达到了人们追求宜居、舒适、个性化生活的需求，充分体现了为人民服务的宗旨。其次，可以带动许多相关行业的发展，为装饰材料和家具、灯具、厨具、陶瓷、玻璃、家电、塑料制品、床上用品、工艺美术品等家庭用品进入千家万户开辟了广阔的前景。另外，家庭装饰也将成为正在兴起的家庭服务业的重要内容，可以容纳大批社会劳动力和管理人员，为就业开辟了新的途径。

一个家庭装饰装修工程从几千元到几万元、几十万元、几百万元……，如此大的跨度，如此巨大的现金流是其他行业无法想象的，同时装饰装修设计和施工因为个性化的客户和不同水平的装修队伍的参与而变得更加复杂，因此该行业的规划和家装工程的合理预算是至关重要的。

二 家庭装饰装修工程预算的作用

1. 是装饰公司与客户签定装饰装修工程合同的依据

合同是装饰公司和客户双方利益的保障，而家庭装饰装修工程预算是合同的关键所在，装饰公司和客户在工程施工中能否双赢，除了双方的诚信以外，主要取决于整个装饰工程预算的合理性，因此家庭装饰装修工程预算是装饰公司与客户签定合同的依据。

2. 是客户给装饰公司支付工程价款的依据

客户根据合同要求在合适的时间支付给装饰公司工程预付款、进度款、结算款都是以装饰装修工程预算为依据的。

3. 是客户对家装设计、工艺及价格期望值的具体体现

客户对装饰公司设计师提供的设计、工人施工工艺的认可程度最终体现于装饰装修工程预算，客户自愿付出自己期望的相应费用购买装饰公司的服务，达到理想的居住效果。

4. 是装饰效果经济性比较的依据

相似的设计方案、相似的装饰效果，由于材料等使用上的不同产生的差异通过装饰装修预算很容易进行比较，很多家庭经过反复推敲和询价，最终都会选择适合自己家庭的性价比比较高的装饰设计方案。

5. 是装饰公司整体实力的体现

家庭装饰装修是对装饰公司整体实力的考核不仅体现在设计上，而且在降低装饰装修价格这部分表现也很突出。很多家装公司都在整合资源，比如与家

具厂商、材料供应商联合，甚至有些实力雄厚的家装公司还与厂商、供应商联合投资办厂，省掉了很多中间环节，最大限度地为客户节约成本，同时企业自身也有了一定的利润空间，为完善装饰公司的经营模式提供了有力的保障。

三 影响家庭装饰装修工程预算的主要因素

1. 装饰装修工程列项

在家装工程施工前应首先确定需要装饰的工程内容，如客厅花岗岩地面铺设、玄关部分是现场制作还是订做、做多少橱柜、用涂料还是壁纸、吊什么样的顶、选什么样式和价格的灯具、选什么品牌的洁具和铺什么材料的地板等，都是列项应考虑的因素，它直接影响了工程造价。

2. 工程量的计算

根据列项内容，准确计算各分项工程的工程量，尤其注意一些定额中没有而实际发生项目的工程量的计算分析，以免影响造价的准确性。

3. 装饰工程的难易以及精度要求

装饰工程施工工艺上的难易程度及精度对造价的影响是显而易见的。例如同样铺地板，实木地板与复合地板的人工费是不一样的；不同档次的洁具的安装费用也会有出入，安装3000元一套的洁具与30000元的洁具是不一样的；墙面贴面砖，倒角与不倒角所花费的人工费也相差很大；照明线路，铺设明线和暗线的费用是完全不同的。

4. 装饰档次

同样的材料或设备，原装进口产品、合资企业产品同国产的产品在价格上相差悬殊。如同样是洁具，国产的为1000～3000元左右，而合资的，一般在5000～8000元左右，进口的则至少1万元以上，有的甚至超过3万元；花岗岩地面，进口的和国产的价格也相差很大，档次越高，造价越高。为降低装修投资，很多客户在选材时会搭配使用，比如在选用乳胶漆时，墙面可用高档的弹性涂料，而顶面则可用普通的亚光涂料，因此装饰档次是影响造价的关键。

5. 材料的市场价格变化

材料费是家装预算中最多的一部分，也是客户最关注的部分，因此在做家装预算时，必须及时了解市场行情，不同时期材料价格不同。另外，在质量和价格上“货比三家”，比如生产厂家的直销单位或代理商的材料价格略低于其他门市。

6. 施工单位的级别不同，取费标准也有所不同

一般来说，规模越大的公司相对收费也越高，因为公司的各个职能部门划分较细，管理费用、服务费用较一般小公司高，质量也相对较好，所以最终使得装饰工程成本增加。

某家装工程报价单

表 6-1

××装饰设计工程有限公司								
预算报价单								
公司地址：				电话：				
客户姓名：			电话：				工程地址：	
建筑面积：								
序号	项目名称	单位	数量	材料	人工	单价	合计	备　注
一	客厅工程							
1	乳胶漆(含顶面)	m^2	77.00			15.00	1155.00	立邦美得丽亚光漆,(含双飞粉、白乳胶、熟胶粉、批灰、打磨、单色),手刷乳胶漆三遍,喷涂加 2 元/m^2,加刷 3.5 元/m^2/遍
2	墙面基程处理	m^2	77.00			5.00	385.00	膏灰,胶水,人工
3	客厅吊顶	m^2	9.35			120.00	1122.00	3×4 木龙骨配 9 厘板及石膏板平面造型,单层(不含乳胶漆及防火处理)按展开面积乘以 10%的损耗计算(详见图纸)
4	地面铺抛光砖	m^2	28.56			35.00	999.60	含人工,辅料不含地砖,干铺(规格≥600mm)地面找平处理按上面标注找平处理(另计),如用专用勾缝剂另加 6 元/m^2
5	包入户门门套(单面)(清漆)	m	5.40			50.00	270.00	木芯板制框,9 厘板裁条叠二级收口,贴饰面刷聚酯亚光清漆两底三面
6	鞋柜(清漆)	m^2	4.62			400.00	1848.00	木芯板壁板、层板,九夹板背板,实木线收边,面贴装饰板拼图,不含内贴面,聚酯亚光清漆两底三面,如用铝合金条收边或增做搁板(另计)

续上表

序号	项目名称	单位	数量	材料	人工	单价	合计	备注
一	客厅工程							
7	柜内家俬宝内贴面	m²	4.62			50.00	231.00	按柜体立面投影面积
8	电视柜(清漆)	m	3.20			380.00	1216.00	木芯板框架、九夹板背板,实木线条收边,不含大理石台面,如用铝合金条收边或增加抽屉(另计)
9	柜内家俬宝内贴面	m²	3.20			50.00	160.00	按柜体立面投影面积
10	电视背景墙	m²	12.98			120.00	1557.60	详见图纸
11	包平窗套(清漆)	m	7.67			50.00	383.50	九夹板底,面贴装饰面板,6～7cm实木线收口,刷聚酯亚光清漆两底三面
12	客厅地台(清漆)	m	3.20			240.00	768.00	木芯板框架、九夹板背板,实木线条收边,不含大理石台面,如用铝合金条收边或增加抽屉(另计)
13	大理石台面	m	3.20			150.00	480.00	人工及辅材(中国黑大理石台面)
二	餐厅工程							
1	乳胶漆(含顶面)	m²	44.72			15.00	670.80	立邦美得丽亚光漆,(含双飞粉、白乳胶、熟胶粉、批灰、打磨、单色),手刷乳胶漆三遍,喷涂加2元/m^2,加刷3.5元/m^2/遍
2	墙面基程处理	m²	44.72			5.00	223.60	膏灰,胶水,人工
3	餐厅吊顶	m²	5.12			120.00	614.40	3×4木龙骨配9厘板及石膏板平面造型,单层(不含乳胶漆及防火处理)按展开面积乘以10%的损耗计算(详见图纸)

续上表

序号	项目名称	单位	数量	材料	人工	单价	合计	备　　注
二	餐厅工程							
4	地面铺抛光砖	m^2	12.72			35.00	445.20	含人工，辅料不含地砖，干铺(规格≥600mm)地面找平处理按上面标注找平处理(另计)，如用专用勾缝剂另加 6 元/m^2
5	餐厅背景墙	项	1.00			600.00	600.00	详见图纸
6	包平窗套(清漆)	m	8.00			50.00	400.00	九夹板底，面贴装饰面板，6～7cm 实木线收口，刷聚酯亚光清漆两底三面
三	走道工程							
1	乳胶漆(含顶面)	m^2	38.52			15.00	577.80	立邦美得丽亚光漆，(含双飞粉、白乳胶、熟胶粉、批灰、打磨、单色)，手刷乳胶漆三遍，喷涂加 2 元/m^2，加刷 3.5 元/m^2/遍
2	墙面基程处理	m^2	38.52			5.00	192.60	膏灰，胶水，人工
3	走道吊顶	m^2	14.52			120.00	1742.40	3×4 木龙骨配 9 厘板及石膏板平面造型，单层(不含乳胶漆及防火处理)按展开面积乘以 10%的损耗计算(详见图纸)
4	走道端景台	项	1.00			600.00	600.00	详见图纸
5	地面铺抛光砖	m^2	13.20			35.00	462.00	含人工，辅料不含地砖，干铺(规格≥600mm)地面找平处理按上面标注找平处理(另计)，如用专用勾缝剂另加 6 元/m^2
6	拆墙	项	1.00			100.00	100.00	拆除及清理 240mm 以下红砖墙(不含加固费用)
四	主卧工程							
1	乳胶漆(含顶面)	m^2	62.19			15.00	932.85	立邦美得丽亚光漆，(含双飞粉、白乳胶、熟胶粉、批灰、打磨、单色)，手刷乳胶漆三遍，喷涂加 2 元/m^2，加刷 3.5 元/m^2/遍

续上表

序号	项目名称	单位	数量	材料	人工	单价	合计	备　注
四	主卧工程							
2	墙面基程处理	m^2	62.19			5.00	310.95	膏灰，胶水，人工
3	石膏角线	m	20.35			10.00	203.50	规格120mm，粘贴，不含刷乳胶漆
4	主卧无门衣柜	m^2	6.24			340.00	2121.60	木芯板壁板、层板，9厘板背板，实木线条收口，聚酯亚光清漆两底三面
5	柜内家俬宝内贴面	m^2	6.24			50.00	312.00	按柜体立面投影面积
6	成品门	樘	1.00			280.00	280.00	按市场购买价格据实结算
7	成品门安装及油漆(清漆)	樘	1.00			200.00	200.00	刷聚酯亚光清漆两底三面
8	主卧室包门门套(双面)(清漆)	m	5.00			60.00	300.00	木芯板制框，≤6cm实木线收口，刷聚酯亚光清漆两底三面，无亮窗
9	包平窗套(清漆)	m	6.20			50.00	310.00	九夹板底，面贴装饰面板，6～7cm实木线收口，刷聚酯亚光清漆两底三面
10	主卧地台(清漆)	m	1.80			280.00	504.00	木芯板框架、九夹板背板，实木线条收边，不含大理石台面，如用铝合金条收边或增加抽屉(另计)
11	大理石台面	m	1.80			150.00	270.00	人工及辅材(中国黑大理石台面)
12	柜上端石膏板封墙	项	1.00			150.00	150.00	3×4木龙骨配9厘板及石膏板
13	门上端石膏板封墙	项	1.00			100.00	100.00	3×4木龙骨配9厘板及石膏板

续上表

序号	项目名称	单位	数量	材料	人工	单价	合计	备注
五	儿童房工程							
1	乳胶漆(含顶面)	m^2	45.67			15.00	685.05	立邦美得丽亚光漆,(含双飞粉、白乳胶、熟胶粉、批灰、打磨、单色),手刷乳胶漆三遍,喷涂加2元/m^2,加刷3.5元/m^2/遍
2	墙面基程处理	m^2	45.67			5.00	228.35	膏灰,胶水,人工
3	石膏角线	m	15.31			10.00	153.10	规格120mm,粘贴,不含刷乳胶漆
4	儿童房无门衣柜	m^2	5.20			340.00	1768.00	木芯板壁板、层板,9厘板背板,实木线条收口,聚酯亚光清漆两底三面
5	柜内家俬宝内贴面	m^2	5.20			50.00	260.00	按柜体立面投影面积
6	成品门	樘	1.00			280.00	280.00	按市场购买价格据实结算
7	成品门安装及油漆(清漆)	樘	1.00			200.00	200.00	刷聚酯亚光清漆两底三面
8	次卧室包门门套(双面)(清漆)	m	5.00			60.00	300.00	木芯板制框,≤6cm实木线收口,刷聚酯亚光清漆两底三面,无亮窗
9	包平窗套(清漆)	m	6.82			50.00	341.00	九夹板底,面贴装饰面板,6~7cm实木线收口,刷聚酯亚光清漆两底三面
10	儿童房书架	项	1.00			300.00	300.00	木芯板壁板、层板,九厘板背板,实木线条收口,用优质12夹板或15mm福汉板裁条,聚酯亚光清漆两底三面

续上表

序号	项目名称	单位	数量	材料	人工	单价	合计	备　注
五	儿童房工程							
11	儿童房书桌	m	2.70			380.00	1026.00	木芯板壁板、层板，9厘板背板，实木线条收口，用优质12夹板或15mm福汉板裁条，压制双包空芯柜门，表面饰面板贴面
12	柜内家俬宝内贴面	m	2.70			50.00	135.00	按柜体立面投影面积
13	柜上端石膏板封墙	项	1.00			150.00	150.00	3×4木龙骨配9厘板及石膏板
14	门上端石膏板封墙	项	1.00			100.00	100.00	3×4木龙骨配9厘板及石膏板
六	更衣间工程							
1	乳胶漆(含顶面)	m^2	8.66			15.00	129.90	立邦美得丽亚光漆，(含双飞粉、白乳胶、熟胶粉、批灰、打磨、单色)，手刷乳胶漆三遍，喷涂加2元/m^2，加刷3.5元/m^2/遍
2	墙面基程处理	m^2	8.66			5.00	43.30	膏灰，胶水，人工
3	走道吊顶	m^2	4.71			90.00	423.90	3×4木龙骨配9厘板及石膏板平面造型，单层(不含乳胶漆及防火处理)按展开面积乘以10%的损耗计算(详见图纸)
4	更衣间无门衣柜	m^2	6.79			340.00	2308.60	木芯板壁板、层板，9厘板背板，实木线条收口，聚酯亚光清漆两底三面
5	柜内家俬宝内贴面	m^2	6.79			50.00	339.50	按柜体立面投影面积

续上表

序号	项目名称	单位	数量	材料	人工	单价	合计	备　　注
七	书房工程							
1	乳胶漆(含顶面)	m^2	55.47			15.00	832.05	立邦美得丽亚光漆,(含双飞粉、白乳胶、熟胶粉、批灰、打磨、单色),手刷乳胶漆三遍,喷涂加 2 元/m^2,加刷 3.5 元/m^2/遍
2	墙面基程处理	m^2	55.47			5.00	277.35	膏灰,胶水,人工
3	石膏角线	m	55.47			10.00	554.70	规格 120mm,粘贴,不含刷乳胶漆
4	书房吊顶	m^2	11.37			120.00	1364.40	3×4 木龙骨配九厘板及石膏板平面造型,单层(不含乳胶漆及防火处理)按展开面积计算(详见图纸)
5	书房书柜(清漆)	m^2	8.16			400.00	3264.00	木芯板壁板、层板,九厘板背板,实木线条收口,用优质 12 夹板或 15mm 福汉板裁条,压制双包空芯柜门,表面饰面板贴面
6	成品门	樘	2.00			280.00	560.00	按市场购买价格据实结算
7	成品门安装及油漆(清漆)	樘	2.00			200.00	400.00	刷聚酯亚光清漆两底三面
8	书房梭门门套(清漆)	m	5.80			60.00	348.00	木芯板制框,装饰板饰面,1.2cm 线条收边.刷聚酯亚光清漆两底三面
9	书房梭门滑轨及滑轮	m	1.60			100.00	160.00	优质轨道滑轮,木芯板制框,装饰板饰面
10	书房阳台门门套(单面)(清漆)	m	6.88			50.00	344.00	木芯板制框,≤6cm 实木线收口,刷聚酯亚光清漆两底三面,无亮窗
11	拆墙	项	1.00			150.00	150.00	拆除及清理 240mm 以下红砖墙(不含加固费用)

续上表

序号	项目名称	单位	数量	材料	人工	单价	合计	备　注
七	书房工程							
12	门上端石膏板封墙	项	1.00			150.00	150.00	3×4 木龙骨配 9 厘板及石膏板
八	卫生间工程							
1	铝扣板吊顶	m^2	7.99			90.00	719.10	主材欧陆 0.6mm 厚铝扣，专用铝扣板龙骨，工程量按实际面积附加 10%计算，使用其他厚度的铝扣板材料单价据实调差
2	铝扣角线	m	12.00			10.00	120.00	专用铝角线
3	墙面砖	m^2	28.90			30.00	867.00	仅含人工、辅料，不含瓷片；斜贴或拼花
4	地面防滑地砖	m^2	7.28			30.00	218.40	含人工，辅料不含地砖，如用专用勾缝剂另加6 元/m^2
5	地面防水处理	m^2	10.74			45.00	483.30	专用防水剂，墙面到 300mm 高。如做地面沙浆找平处理(另计)按投影面积＋周长×0.3
6	成品门	樘	2.00			280.00	560.00	按市场购买价格据实结算
7	成品门安装及油漆(清漆)	樘	2.00			200.00	400.00	刷聚酯亚光清漆两底三面
8	卫生间梭门门套(清漆)	m	5.80			60.00	348.00	木芯板制框，装饰板饰面，1.2cm 线条收边，刷聚酯亚光清漆两底三面
9	卫生间梭门滑轨及滑轮	m	1.60			100.00	160.00	优质轨道滑轮，木芯板制框，装饰板饰面
10	门槛石	项	2.00			80.00	160.00	中国黑大理石
11	拆墙	项	1.00			150.00	150.00	拆除及清理 240mm 以下红砖墙(不含加固费用)

续上表

序号	项目名称	单位	数量	材料	人工	单价	合计	备注
八	卫生间工程							
12	地面抬高	项	1.00			180.00	180.00	仅人工、辅料
13	门上端石膏板封墙	项	1.00			150.00	150.00	3×4 木龙骨配 9 厘板及石膏板
九	厨房工程							
1	铝扣板吊顶	m^2	8.80			90.00	792.00	主材欧陆 0.6mm 厚铝扣，专用铝扣板龙骨，工程量按实际面积附加 10%计算，使用其他厚度的铝扣板材料单价据实调差
2	铝扣角线	m	12.00			10.00	120.00	专用铝角线
3	墙面砖	m^2	24.90			30.00	747.00	仅含人工、辅料，不含瓷片；斜贴或拼花
4	地面防滑地砖	m^2	8.00			30.00	240.00	含人工，辅料不含地砖，如用专用勾缝剂另加6 元/m^2
5	地面防水处理	m^2	11.58			45.00	521.10	专用防水剂，墙面到 300mm 高。如做地面沙浆找平处理(另计)按投影面积＋周长×0.3
6	厨房钢化玻璃梭门	m^2	5.50			320.00	1760.00	12mm 钢化玻璃
7	厨房梭门门套(清漆)	m	6.70			60.00	402.00	木芯板制框，装饰板饰面，1.2cm 线条收边，刷聚酯亚光清漆两底三面
8	厨房梭门滑轨及滑轮	m	6.70			80.00	536.00	优质轨道滑轮，木芯板制框，装饰板饰面
9	门槛石	项	3.00			80.00	240.00	中国黑大理石
10	拆墙	项	1.00			200.00	200.00	拆除及清理 240mm 以下红砖墙(不含加固费用)

续上表

序号	项目名称	单位	数量	材料	人工	单价	合计	备　注
九	厨房工程							
11	砌墙	项	1.00			200.00	200.00	优质红砖，双面1∶2.5水泥砂浆抹灰批荡，不含批灰、墙面涂料
12	门上端石膏板封墙	项	1.00			150.00	150.00	3×4木龙骨配9厘板及石膏板
十	阳台工程							
1	乳胶漆(含顶面)	m^2	13.25			15.00	198.75	立邦美得丽亚光漆，(含双飞粉、白乳胶、熟胶粉、批灰、打磨、单色)，手刷乳胶漆三遍，喷涂加2元/m^2，加刷3.5元/m^2/遍
2	墙面基程处理	m^2	13.25			5.00	66.25	膏灰，胶水，人工
2	墙面砖	m^2	16.45			30.00	493.50	仅含人工、辅料，不含瓷片；斜贴或拼花
3	铺防滑地砖	m^2	6.76			30.00	202.80	含人工，辅料不含地砖，如用专用勾缝剂另加6元/m^2
十一	水电工程							
1	水路改造	项	1.00			1000.00	1000.00	画线开槽，要求横平竖直，0.6MPa水压试验，检查验收后封管，除封管用水泥和砂外，未含其他材料
2	电路改造	项	1.00			2000.00	2000.00	画线开槽，要求横平竖直，检查验收后封槽，除封槽用水泥和砂外，未含其他材料
5	包水管	根	4.00			120.00	480.00	砖、水泥砂浆人工费
6	灯具安装	项	1.00			450.00	450.00	人工费(不含豪华灯具)
7	洁具安装	项	1.00			350.00	350.00	人工费(不含专业性很强的洁具)
8	小件安装	项	1.00			350.00	350.00	人工费(不含专业性很强的洁具)

续上表

序号	项目名称	单位	数量	材料	人工	单价	合计	备注
十二	其他							
1	清渣	项	1.00			500.00	500.00	施工中产生的垃圾清运，不含物业及环卫费用
2	运输	项	1.00			1200.00	1200.00	施工方自购材料水平搬运费用、不含客户自购材料运输费
3	力资	项	1.00			500.00	500.00	施工方自购材料垂直搬运费用、不含客户自购材料力资费
4	墙面粉补	项	1.00			200.00	200.00	水泥砂浆人工费
十三	工程直接费						59190.8	
	管理费×10%						5919.08	
	税金×3.96%						2343.95568	
A	工程总造价						67453.83568	

注：

1. 柜体木芯板为精品福汉板，柜门为15mm优质福汉木芯板或优质十二厘板。

2. 饰面板、三夹板、九夹板种类详见图纸。

3. 家具漆为华润牌油漆（世纪明珠系列）或展辰牌油漆，乳胶器漆为立邦美得丽亚光漆（第一代）

说明：

本预算单是合同组成部分，与合同具备同等法律效益。预算单对合同价格中的工程项目组成、项目单位造价、单项工程量及其他费用等方面做详细说明，现就预算单内容说明如下：

1. 单项工程量以测量（或客户提供尺寸）及设计图纸为依据，数量可能存在偏差，故合同工程量及合同价格以实际发生额为准，工程竣工时合同工程量据实核算。

续上表

序号	项目名称	单位	数量	材料	人工	单价	合计	备　注
十三	工程直接费						59190.8	

2. 工程项目组成以客户提供为依据，但因合同洽谈期较长，方案设计有反复，可能造成多项或漏项，请客户在签合同前仔细审定，合同签定后，工程施工以预算单工程项目及工程量为准，如有多项或漏项，视为双方认同，此种情况下如客户要求更改，应依合同要求办理变更手续，并付清费用。

3. 合同价格施工项目与数量以预算单上所报项目与数量为准，结构与样式以设计图纸或变更图纸为准，本公司有权根据施工现场实际情况对尺寸和样式进行调整，但必须征询客户同意。

4. 因测量与实际施工可能存在偏差，故最终结算数量按工程实际发生并乘以6%损耗进行核算。

5. 本预算不包含灯具、洁具、水电材料、木地板、瓷片、锁具、拉手、开关、插头、插座、挂衣杆及拉篮等。

6. 施工过程中甲方如需要变更施工项目，须在乙方未施工的前提下进行变更，否则甲方需补偿乙方的费用，乙方严格按预算单进行施工，预算项目清单外的工程，甲方须与乙方签订增补项目合同后方可施工，否则乙方拒绝施工。

7. 本预算单中未含物业管理费、物业押金；装修公司只负责办理工人出入证，其余费用（无论任何形式、任何项目）乙方不予支付或垫付。

8. 合同签订之前请客户仔细审核预算单及图纸，合同一旦签定，乙方项目的增减视为变更范畴，工程变更需收取10%管理费，工程变减因在签单或施工时管理费用已经发生，所以不予变减，如公司进行优惠促销活动，还需依优惠比例进行核算。

9. 工程变减款在未收款中按付款方式中的比例分期扣除。

10. 水电施工或其他工种施工过程中，如遇到梁柱或物业部门禁止破坏的墙体、上下水等，客户需体谅施工方，不得强制进行施工，否则造成后果由甲方负责。

11. 此预算单皆为专项费用，对于不包含的项目需分项收费，如：新墙的烧干处理不在乳胶漆项目内，毛坯水泥墙的收光也不在乳胶漆的范围之内等，此款详见预算单材料与制造工艺。

12. 此预算单造价基础材料详见材料清单，材料的变更也影响到造价的浮动。

13. 本公司承诺施工工程免费保修两年，对非本公司施工的工程或非本公司购买的材料，出现质量问题，本公司概不负责。

序号	项目名称	单位	数量	材料	人工	单价	合计	备　注
	主材清单							
1	客厅、餐厅、走道抛光砖	m^2	59.92			100.00	5992	颜色花样待定(含6%的损耗)
2	主卧、次卧、书房实木地板	m^2	54.59			240.00	13101.6	颜色花样待定(含6%的损耗)
3	厨房墙砖	m^2	26.39			60.00	1583.4	颜色花样待定(含6%的损耗)
4	厨房防滑地砖	m^2	8.80			65.00	572	颜色花样待定(含6%的损耗)

续上表

序号	项目名称	单位	数量	材料	人工	单价	合计	备注
十三	工程直接费						59190.8	
5	卫生间墙砖	m^2	30.63			60.00	1837.8	颜色花样待定(含6%的损耗)
6	卫生间腰线	m	12.70			80.00	1016	颜色花样待定(含6%的损耗)
7	卫生间防滑地砖	m^2	7.75			65.00	503.75	颜色花样待定(含6%的损耗)
8	阳台墙砖	m^2	17.45			50.00	872.5	颜色花样待定(含6%的损耗)
9	阳台防滑地砖	m^2	7.20			50.00	360	颜色花样待定(含6%的损耗)
10	灯具	项	1.00			3500.00	3500	颜色花样待定(含6%的损耗)
11	洁具	项	1.00			3000.00	3000	颜色花样待定(含6%的损耗)
12	成品衣柜门	m^2	16.00			210.00	3360	详见图纸
13	橱柜	m	6.00			880.00	5280	详见图纸
14	水材料	项	1.00			800.00	800	金牛和通联PP-R水管
15	电材料	项	1.00			3500.00	3500	武汉电线二厂,PVC可弯护套管,照明插座用线2.5m^2,电热空调4m^2,地线1.5m^2,含底盒
16	开关、插座	项	1.00			1000.00	1000	飞雕牌开关、插座
17	小五金	项	1.00			1000.00	1000.00	锁具、拉手、挂衣杆及拉蓝等
18	运输	项	1.00			1200.00	1200.00	施工方自购材料水平搬运费用、不含客户自购材料运输费
19	力资	项	1.00			500.00	500.00	施工方自购材料垂搬运费用、不含客户自购材料力资费
B					小计		48979.05	
注:主材价格以报价单或材料单价为依据,若客户要求变更,则多退少补,增加款由客户现付,减少款价在竣工结算时由公司返退给客户								
A+B	工程总造价(含主材)							

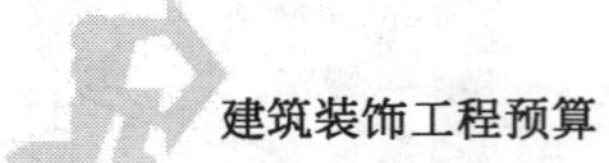

四 家庭装饰装修工程预算的表达形式

家装预算是介于定额计价模式和清单计价模式的一种计价形式，更趋向于清单计价，并体现了各个公司自身的市场行为，表达方式多种多样，一般是以表格的形式出现。以下介绍一种作为参考，见表6-1。

第二节 家庭装饰装修工程预算的编制

一 家庭装饰装修工程预算的编制依据

家庭装饰装修工程预算的编制依据有施工图纸，现行定额、单价、标准，装饰施工组织设计，预算手册和建筑材料手册，施工合同或协议。

1. 家装工程设计图纸

家装工程设计图纸包括平面图、立面图、剖面图、大样图、节点图等，有时在施工过程中因为设计变更发生的设计师手绘草图。

2. 装饰效果图

包括整体效果图，即整个房室的效果图；局部效果图，即组成房室每个单位的效果图。效果图作为施工图的辅助图纸，更容易让客户直观地了解装修完成后的家，客户参考效果图确认装饰装修预算价值。

3. 装饰施工组织设计、施工方案

装饰工程施工方案不同，装饰预算的结果也不相同。材料、人工进场时间不同对工程成本也有影响。比如工期紧、施工现场狭小、材料不能一次到位等需要进行二次搬运，都会影响造价。

4. 现行定额

现行定额规定了人、料、机的耗用量和分项工程的列项规定及计算方法，是完成装饰预算的基本条件。

5. 建筑材料手册、材料市场信息价格

房屋装修根据工程投资限额与建筑材料标准的不同，预算费用价格差异，所以在装修时要从科学和艺术的角度精心分析、选用合适的材料，并使其合理搭配才能降低工程预算成本。

6.《建筑装饰装修工程质量验收规范》

根据《建筑装饰装修工程质量验收规范》可以确定与列项有关的内容，合理报价。

7.施工合同或协议

施工合同或协议往往对编制装饰预算给予了具体的规定，比如使用什么定额，采用什么时间的信息价格，工程的结算方式等，这些条款都是做装饰预算的基础资料。

二 家庭装饰装修工程预算的编制方法和步骤

1.收集资料

收集编制预算所需要的资料，还要确定所需材料的地点及运输路线，以便计算所需搬运费等。

2.熟悉图纸内容，掌握设计意图

施工图是计算工程量、套用预算定额的主要依据，因此必须认真阅读以下内容：墙柱面的标高和截面尺寸，装饰材料及做法，装饰部位与其构件的连接处理；天棚的骨架，面板的构造；门窗的类型及材料，门窗五金配件型号；油漆、涂料、裱糊等部位及要求；装饰线条的尺寸、部位；灯、镜、柜等物品的尺寸及做法要求，索引的标准图集上的构造做法等，为准确计算工程量做准备。

3.阅读定额说明，计算工程量

在读通熟悉图纸的基础上，先阅读理解定额的总说明、分部分项说明及工程量计算规则，再按照定额的编排顺序或施工顺序，对照图纸的相关内容，选列项目，正确计算工程量。

4.套用定额计算直接费

将计算出来的工程量，按照定额项目编号所要求的计量单位，与定额中的基价相乘，其总和即为该项目的直接费，具体计算在预算表上进行。

另外，目前市场上惯用的是将工程量乘以报价汇总成为直接费，类似于清单报价。

5.计算工程总造价

家庭装修一般分为包工包料和包清工两种形式，家庭装饰工程造价的计算一般也有两种方法：

1)总造价 ＝直接费用＋(直接费用×综合系数)

这种方法的总体思路是根据工程直接费用(包括材料费、设备辅料、运费、人工费)，加上管理费、利润和税金，得到工程总造价。

(1)直接费用＝材料费＋设备辅料＋运费＋人工费

(2)综合系数包括＝利润＋管理费＋税金

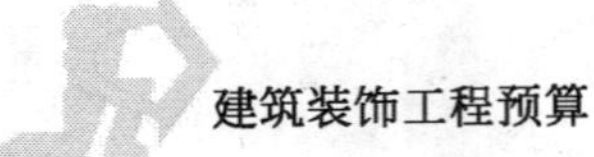

有些地区综合系数一般为20%左右，其中税金约3.8%，管理费约7%～10%左右。例如：直接费用为3万元，综合系数为20%，则总造价＝30000＋(30000×20%)＝36000元。

上述的计算方法属于规模较大的家装公司惯用的“透明报价”，一般的装饰公司是采用比较简单的方法，即总造价＝材料费＋人工费。

2）包工包料的各分项工程的总合：总造价＝$\sum$工程量×单价

例如，乳胶漆的材料费加人工费为每平方米15元，需要涂刷的面积为150m^2，则墙面分项工程的价值等于2250元，将各分项工程的价值逐一算出，然后相加，其总和就是总造价。

很多公司直接将管理费、利润和税金摊在单价里，也有些公司会在此基础上加上管理费和税金。

6. 校核

装修预算编制完成后，需要检查各分项工程的列项，看看是否遗漏和重复，对工程量进行校对，检查定额套用是否正确，计算结果是否准确，避免出错。

7. 写编制说明：陈述编制预算的依据及有关注意事项。

8. 填写封面、装订成册

第三节　家庭装饰装修工程预算的审核

一 工艺做法审核

很多装饰公司给消费者的装修预算书上，只有简单的项目名称、材料品种、价格和数量，而没有关键的工艺做法，因此在审核的时候一定要注意，必须要求设计师在预算书中明确工艺做法，而且对预算书中每个项目的工艺做法做详细说明，因为具体的施工工艺和工序，直接关系到家庭装修的施工质量和造价。没有工艺做法的预算书，存在很多不确定的因素，会给今后的施工和验收带来很多后患，更会让少数不正规的装饰公司偷工减料，影响客户的切身利益，破坏装饰市场的秩序。

二 工程项目及工程量的审核

详细的预算是与施工图纸相对应的，图纸上所绘制的每项将要发生的工程都会在预算书上体现出来。主要材料的品牌及型号、种类也会在图纸及预算书上标识。另外，一些未在图纸上出现的工程，如墙体拆除、开门洞、线路改造，灯具、洁具的拆安也会在预算书上体现出来，造价员可以根据图纸上的具体尺寸对预算进行核定。

有些装饰公司故意在装修预算书中多报施工面积，以获得更高的利润。尤其是在墙面这一项上，比如多报涂刷面积。目前很多家庭都包门窗套，因此门窗套周边就不用涂刷了，但有些装饰公司没有将这部分面积扣除，所以在审核时必须按照实际的面积核算。

三 单价及相关费用的审核

装修预算书上的单位价格都是加上人工费之后的综合报价，有时要比实际价格高出很多。所以，必须审核组价过程，了解材料选择的品牌和型号、施工的工艺等，才能合理确定单价。

有些公司在装修预算书的最后，备注一些诸如“机械磨损费”、“现场管理费”、“税金”和“利润”等项目，这些项目应该仔细琢磨。比如“机械磨损”是装修中必然发生的，“现场管理”则是装饰公司应该做到的，这两项费用其实都已经摊入到每个分项工程中，不应该再向客户索取。“税金”如果已考虑到单价中，就不应该重复收取，如果单价中没有包括此项费用，就按国家标准收取。将“利润”单独计算，是以前公共建筑装修报价的计算方式，目前装饰公司已经把利润摊入每个分项工程中或综合系数中，因此不应该重复计算。

本章小结

家庭装饰行业的兴起造就了一个巨大的市场，本章概述了其现状及发展，明确了装饰装修工程预算的意义和作用，介绍了它的编制方法和步骤以及目前大多数装饰公司编制装饰装修工程预算文件的格式及内容，同时介绍了装饰装修工程预算的审核方法。

小知识

工程结算是施工企业完成工程施工任务后，按照工程合同规定向建设单位办理工程价款的结算。一般有三个过程：材料预付款的拨付与扣回、工程进度款的拨付及竣工结算。家装工程的结算方式比较灵活，一般也与以上三个过程相似，预付款不存在扣回。

思考题

6-1　家装预算的作用是什么?

6-2　家装预算的编制依据是什么?

6-3　家装预算的编制步骤和方法是怎样的?

6-4　收集家装预算的格式及表达的内容并进行比较。

6-5　影响家装预算的因素是什么?

6-6　家装预算如何审核?

6-7　家装预算与公装预算有何不同?

根据本地区情况编制一份家装预算书。

第七章 工程实例

【职业能力目标】

能够快速识图，独立完成施工图预算。

【学习要求】

(1)掌握建筑装饰工程的计算程序、造价的计算方法

(2)进一步理解工程量的计算规则。

本案例是某住宅小区三室一厅装饰装修工程，装饰做法及客户要求在图纸(图 7-1～图 7-19)上已完全体现，根据图示信息，学习定额计价体系下装饰装修工程预算的编制方法。

大理石台面
全铺实木地板
卧室
主卫
300×300防滑地砖
大理石台面
大理石台面
全铺实木地板
书房
啡网纹石材
全铺实木地板
大理石台面
次卧
卫生间
300×300防滑地砖
健身房
全铺实木地板
300×300仿古地砖
阳台
客厅
餐厅
600×600镜面地砖
300×300防滑地砖
厨房
啡网纹石材
12950
13610
13270

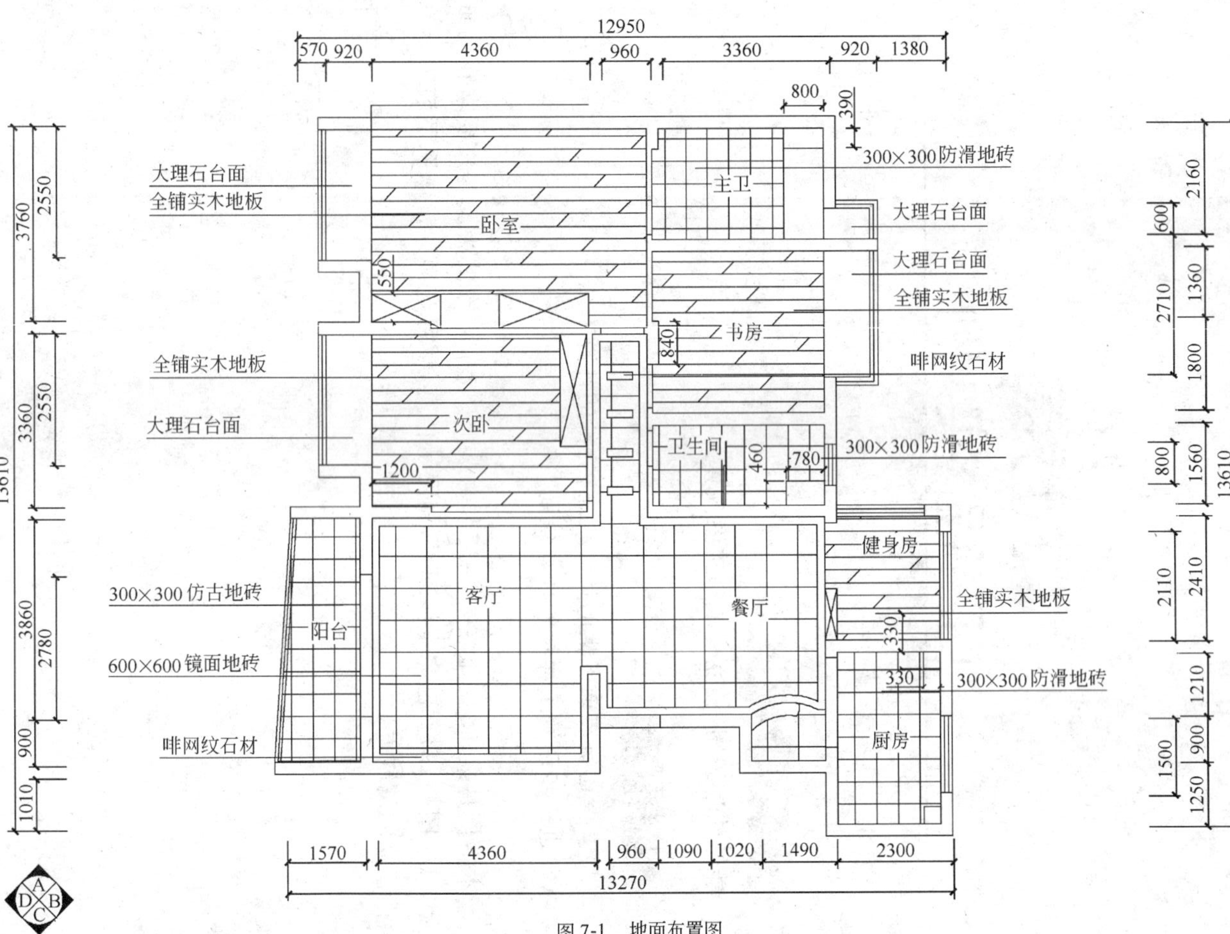

图 7-1 地面布置图

12950
570
920
4360
960
3360
920
1380
工艺石膏板顶
石膏板平顶
原顶刷白
卧室
2.80
2.65
1.90
1187
309
1122
主卫
2.35
300×300铝扣板
工艺石膏板顶
300×300铝扣板
1599
石膏板平顶
原顶刷白
工艺石膏板顶
日光灯带
书房
500mm
原顶刷白
石膏板平顶
工艺石膏板顶
内藏日光灯管
次卧
790
2280
1200
600
卫生间
300×300铝扣板
工艺石膏板顶
2.55
工艺石膏板顶
原顶刷白
原顶刷白
工艺石膏板顶
阳台
客厅
餐厅
健身房
2.70
2.60
工艺石膏板顶
工艺石膏板顶
厨房
2.50
300×300铝扣板
工艺石膏板顶
13610
3760
2550
3360
2550
3860
2780
900
1010
2160
600
2710
1360
1800
800
1560
2410
2110
1210
1500
900
1250
13610
1570
4360
960
1090
1020
1490
2300
13270

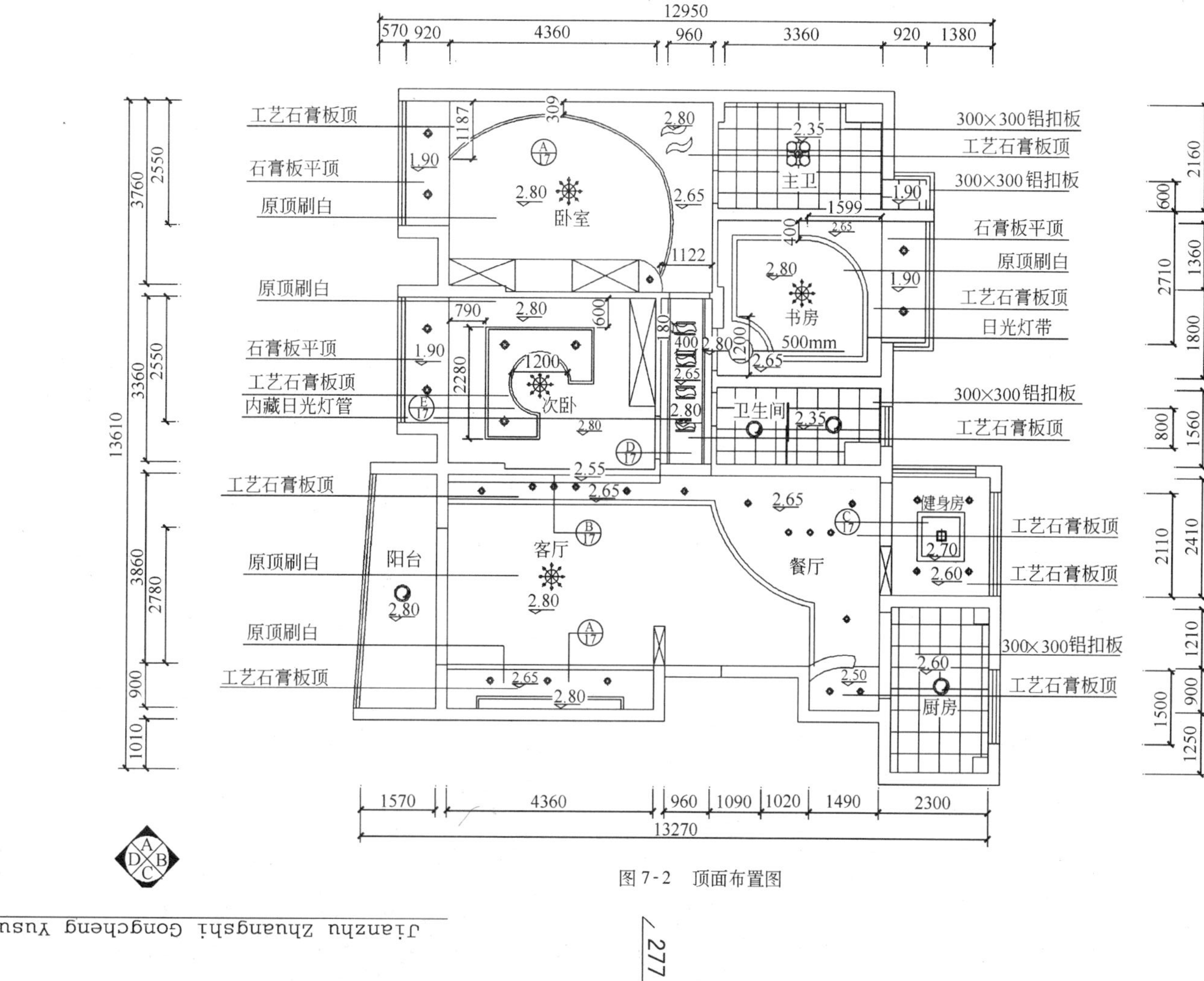

图7-2　顶面布置图

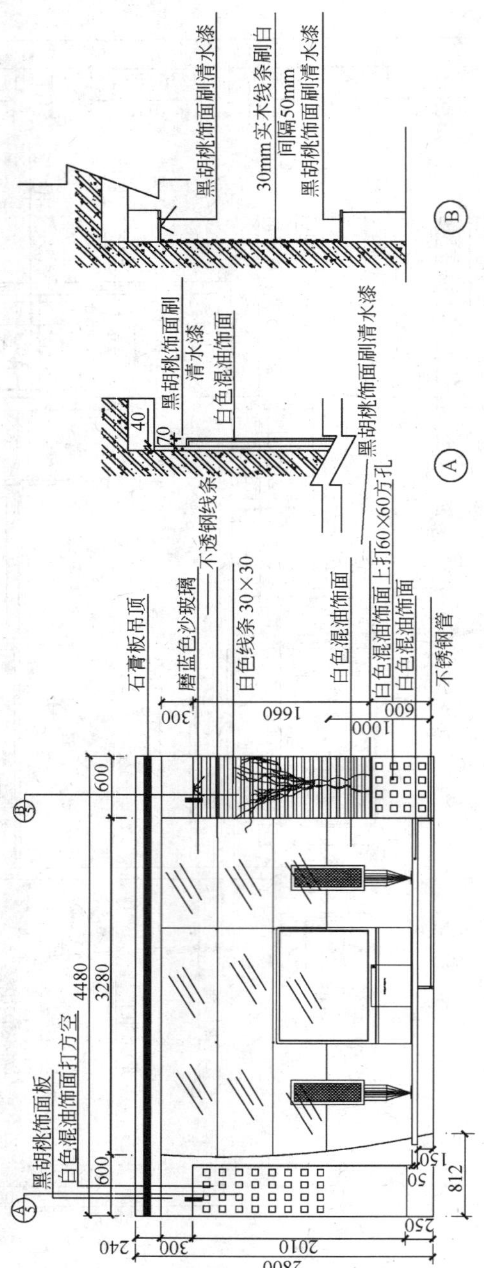

图7-3　客厅电视墙立面图

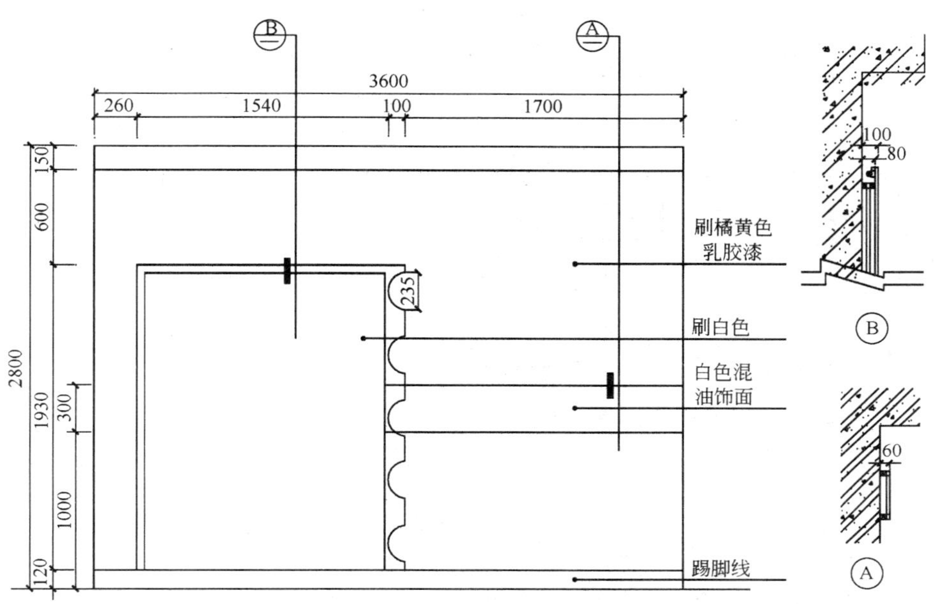

图 7-4　餐厅 A 立面图

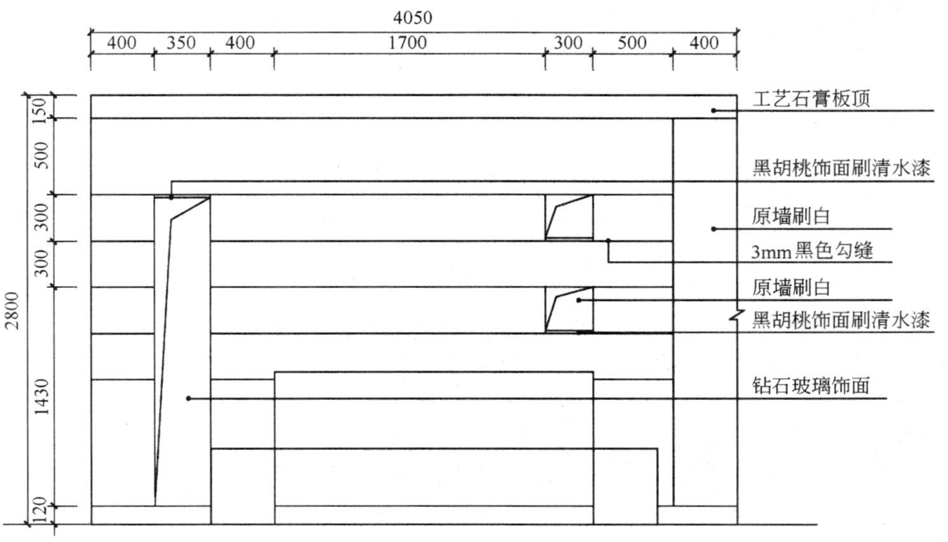

图 7-5　主卧床头背景立面图

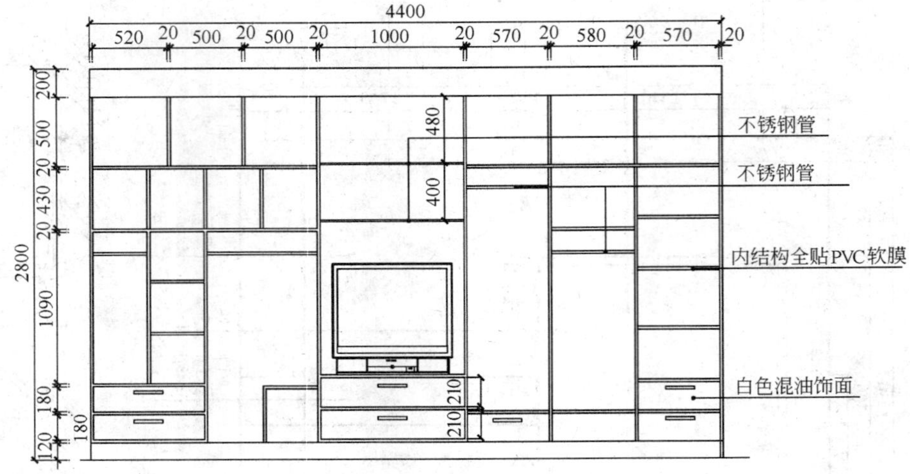

图 7-6　主卧大衣柜立面图

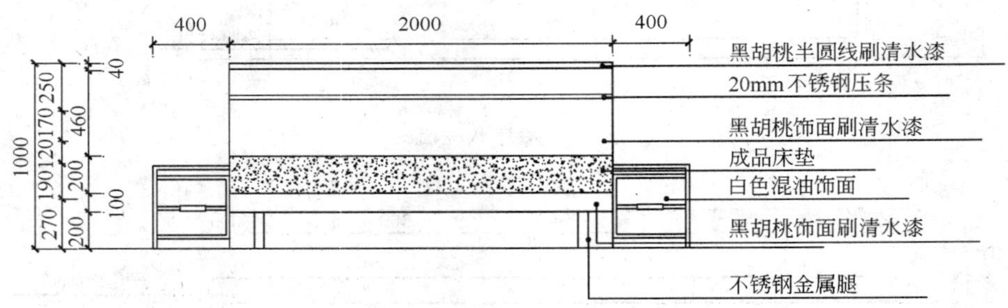

图 7-7　主卧室床立面图

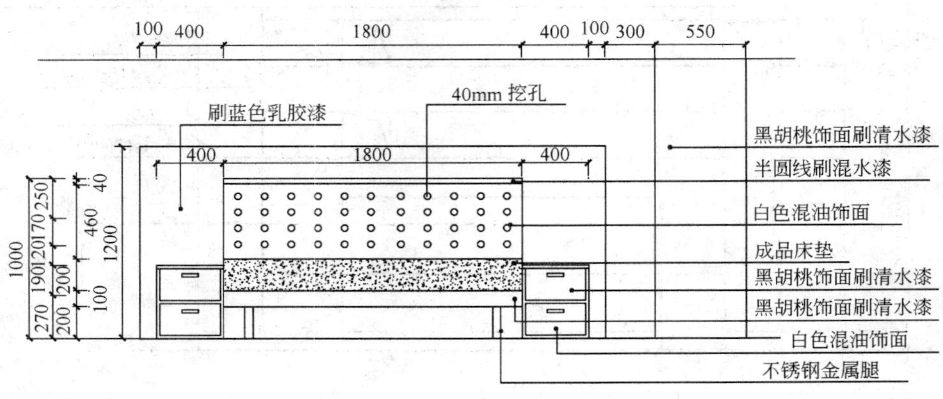

图 7-8　次卧室床立面图

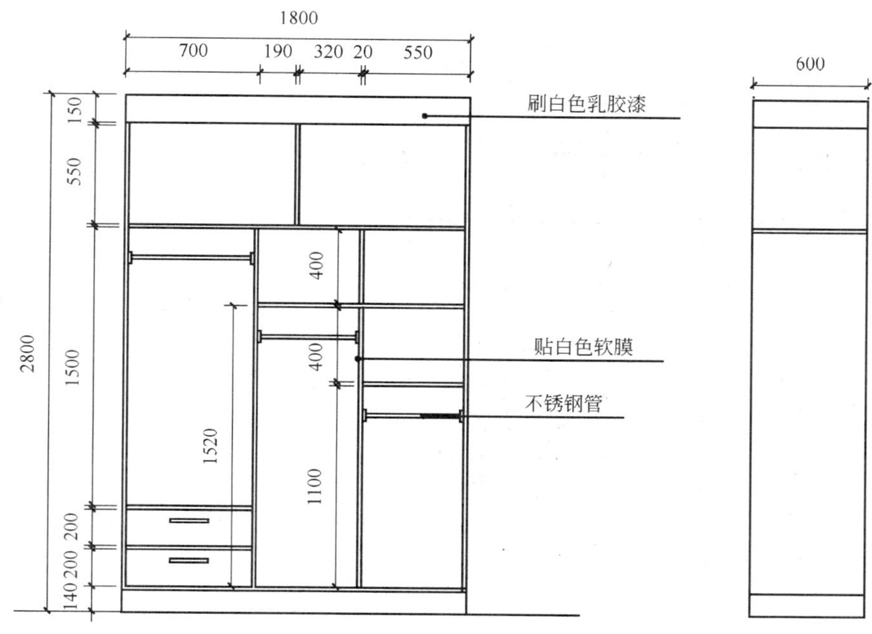

图 7-9　次卧大衣柜立面图

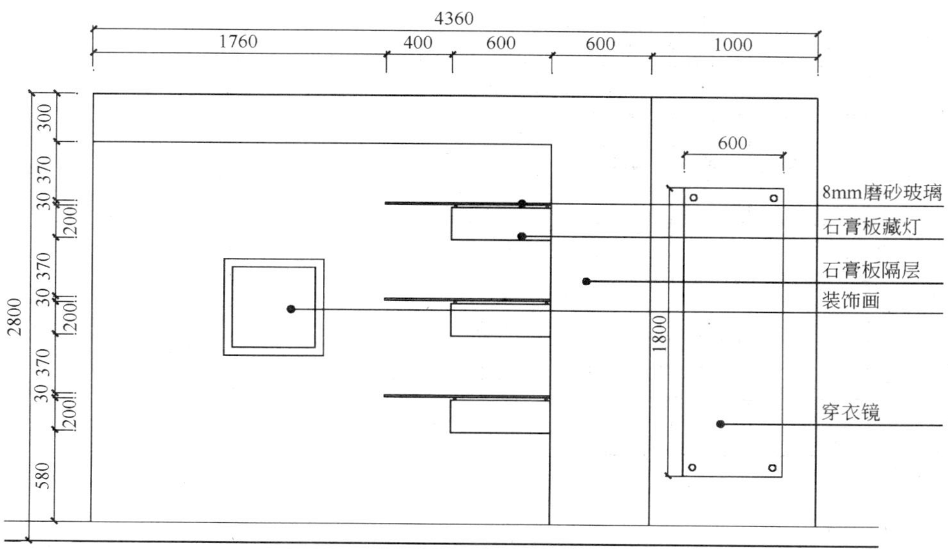

图 7-10　次卧室电视背景立面图

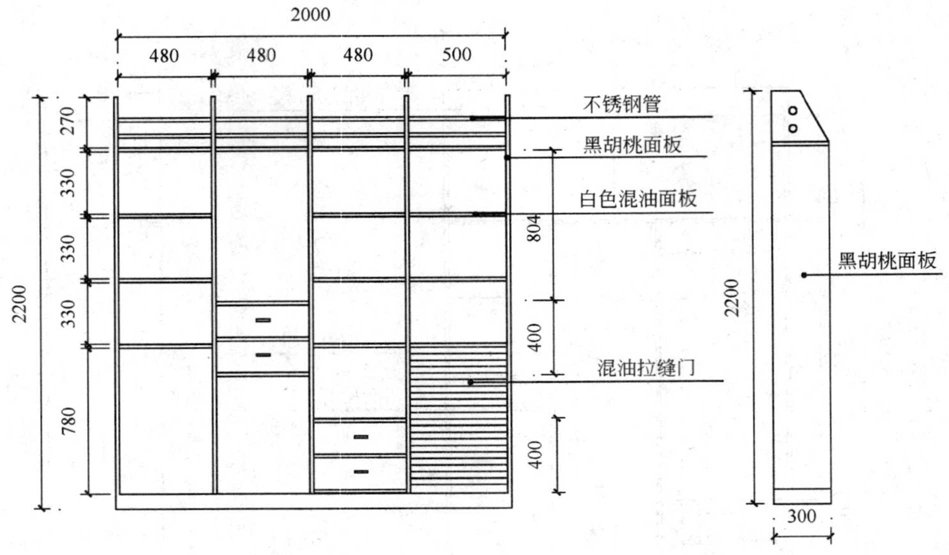

图 7-11　书房书柜立面图

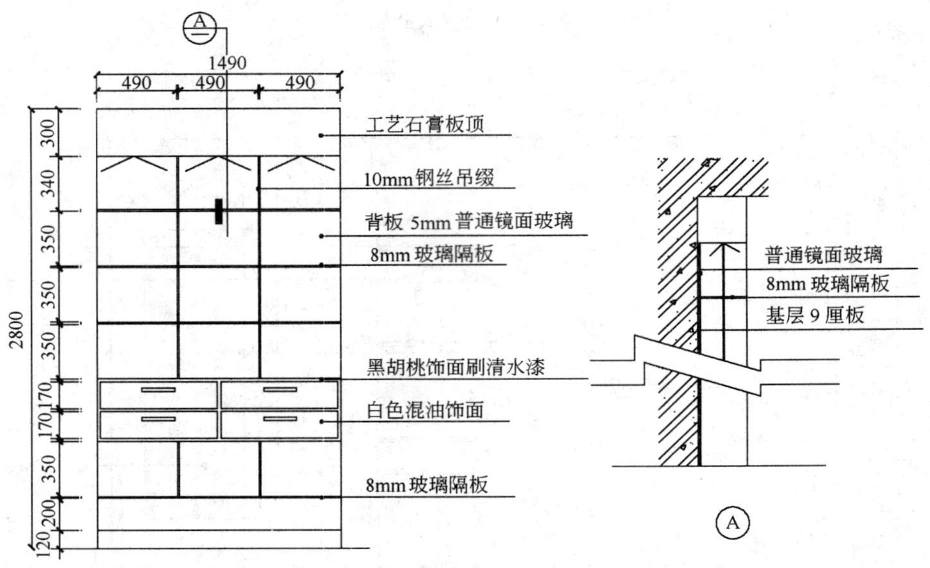

图 7-12　酒柜立面图

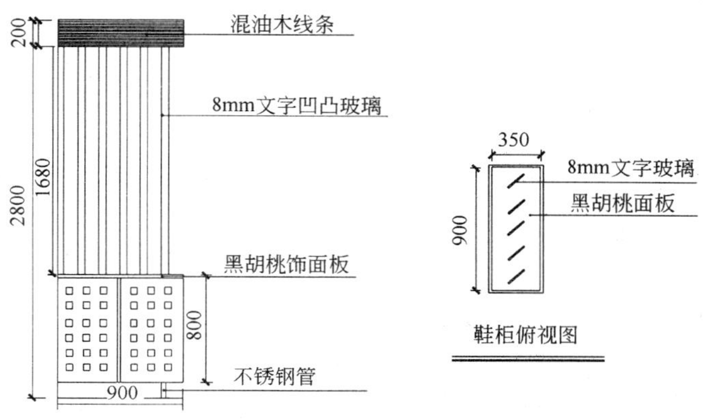

图 7-13　鞋柜立面图

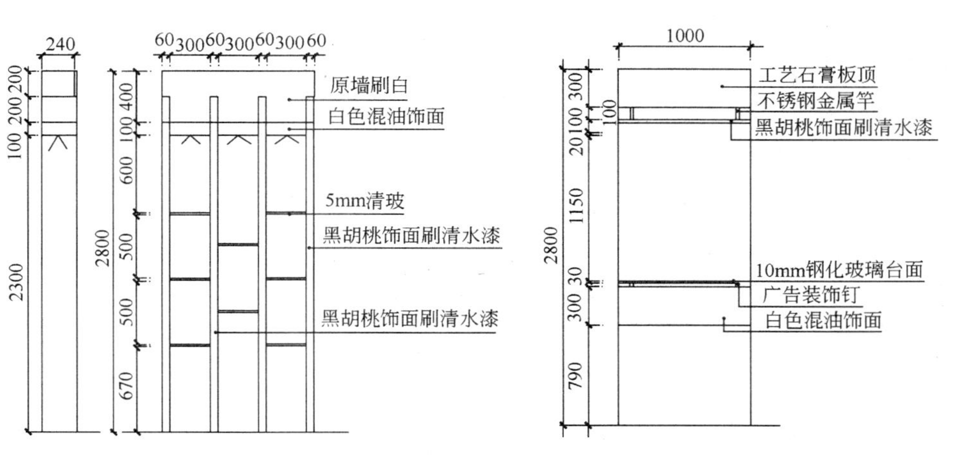

图 7-14　休闲区隔断

图 7-15　吧台立面图

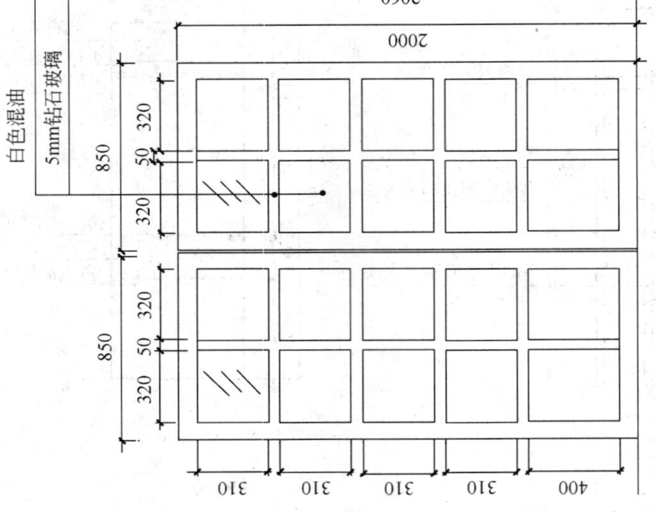

白色混油

5mm钻石玻璃

850 850

320 50 320 320 50 320

310 310 310 310 400

2000

图7-16 厨房门立面图

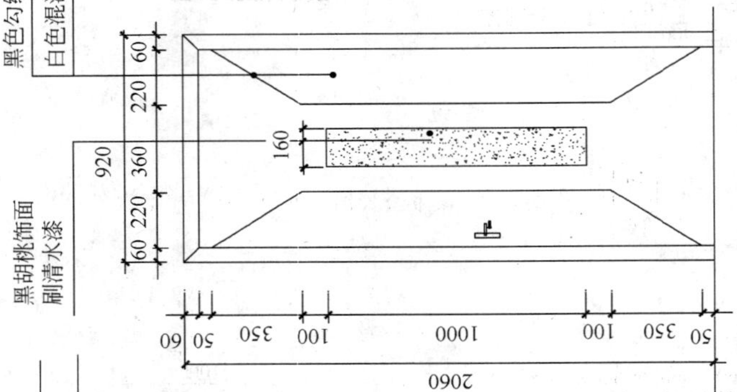

黑胡桃饰面

刷清水漆

黑色勾缝

白色混油饰面

920

60 220 360 220 60

160

2060

60 50 350 100 1000 100 350 50

图7-17 主卧室门立面图

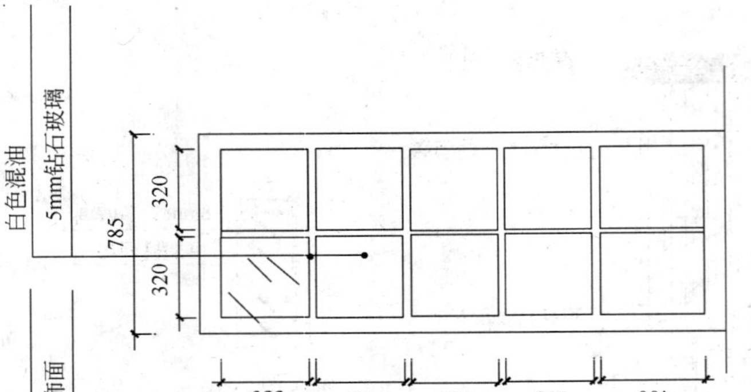

白色混油

5mm钻石玻璃

785

320 320

335 335 335 335 400

图7-18 卫生间门立面图

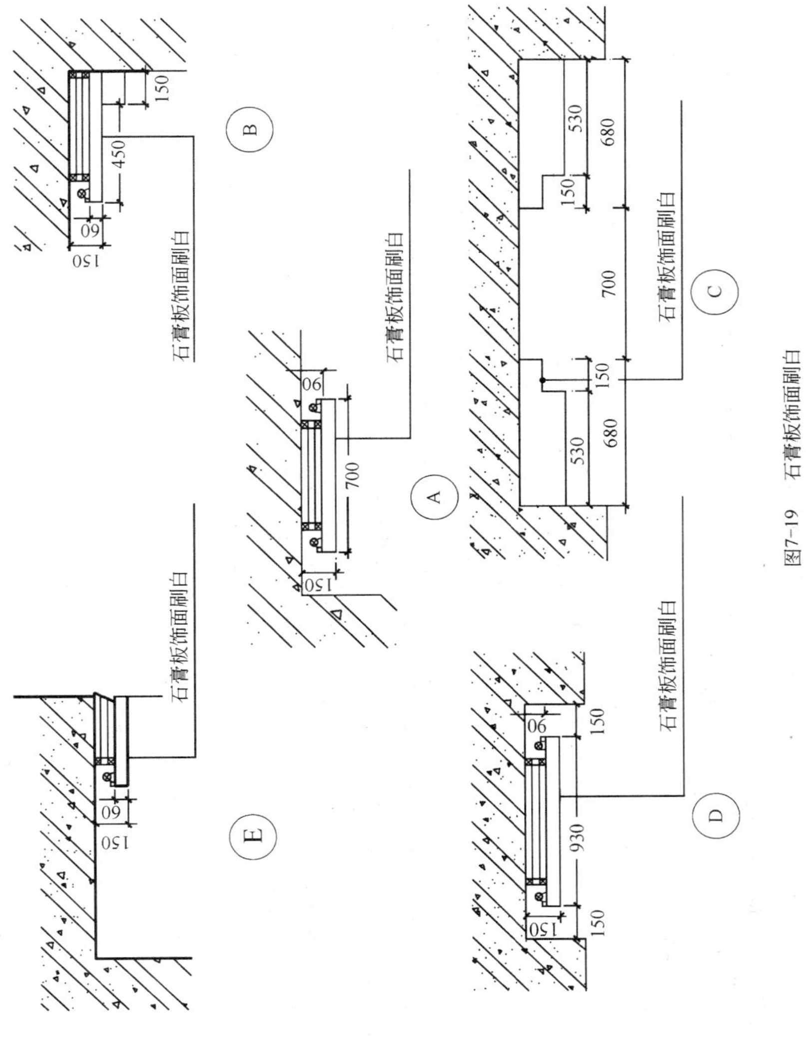

图7-19 石膏板饰面刷白

一 计算分部分项工程量

分部分项工程量计算表

工程名称:××家庭装饰工程

序　号	项 目 名 称	计 量 单 位	数　量	计 算 分 析
	楼地面工程			
1	啡网纹石材(镶边)	m^2	5.44	总长×宽
				宽:0.15
				A面+C面+D面+餐厅B面+鞋柜两面墙=9.16+9.26+11.66+3.46+2.7=36.24
				A面:4.36+0.24+0.96+0.24+3.36=9.16
				C面:4.36+0.24+0.96+1.09+1.02+1.44(弧长)+0.15=9.26
				D面:3.86+0.9−0.15×2+(3.36+0.24)×2(含走道B面)=11.66
				餐厅B面:3.46
				鞋柜两面墙:0.9+0.9+0.9=2.7
2	啡网纹石材(色块)	m^2	0.3	0.5×0.15×4=0.3
3	600×600米黄地砖	m^2	38.77	地面全面积−镶边−色块
				地面全面积=3.86×(4.36+0.24+0.96+0.24+3.36)+0.9×(4.36+1.49)+(0.96+0.12)(3.36+0.24)
4	300×300仿古地砖	m^2	7.28	(0.57+0.92+1.57)×(0.9+3.86)/2
5	木地板			
	①主卧	m^2	18.625	A×B−4.4×0.67
				A边:4.36+0.24+0.96=5.56
				B边:3.76+0.12=3.88
				C边:4.4+1.16=5.56　　柜:4.4×(0.55+0.12)=4.4×0.67

续上表

序　号	项目名称	计量单位	数　量	计算分析
				D边:3.76　柜:0.55
	②次卧	m^2	13.973	A×B—1.0×0.12—柜
				A边:4.36
				B边:3.36+0.12=3.48　柜:1.8×0.6
				C边:1+3.36=4.36
				D边:3.36
	③书房	m^2	10.896	A×B—垛=3.48×3.16—(0.84×0.12)
				A边:3.36+0.12=3.48
				B边:1.8+1.36=3.16
	④健身房	m^2	5.211	(A+0.24)×B—垛—隔断
				A边:2.3−0.24=2.06　B边:2.41
				C边:垛 0.15×0.24　隔断:0.26×1.14
6	300×300防滑地砖			
	①厨房	m^2	6.922	A×B
				A边:2.3−0.24=2.06　管井:0.33×0.33
				B边:1.25+0.9+1.21=3.36　管井:0.33×0.33
	②主卫	m^2	5.789	(A−0.8)×B
				A边:3.36+0.12=3.48　管井:0.39×0.8
				B边:2.16
	③次卫	m^2	5.07	A×B−0.78×0.46
				A边:3.36+0.12=3.48、B边:1.56

续上表

序　号	项目名称	计量单位	数　量	计算分析
7	啡网纹石材踢脚线	m^2	3.26	总长×高
	（客厅、餐厅、走道）			总长＝A面＋C面＋D面＋B面＋柜＋阳台AC面－门洞－客厅电视墙＋侧壁
				高：0.12
				A面：0.12＋0.96＋0.24＋3.36＝4.68
				C面：4.36＋0.24＋0.96＋0.24＋3.36＝9.16
				D面：3.36＋0.24＋3.86＋0.9＝8.36
				B面：3.36＋0.24＋0.15＋0.24＋1.21＋0.9＝6.1
				鞋柜、吧台两面墙：0.9＋0.9＝1.8
				阳台A、C面：0.57＋0.92＋1.57＝3.06
				门洞＝0.8×3＋0.785＋1.7＋1.2＋2.7＝8.785
				侧壁＝0.24×8＋0.12×7＝2.76
8	木踢脚线			高：0.12
	①主卧	m^2	1.525	总长×高
				总长＝（A面＋B面）×2－柜－门洞＋侧壁
				总长＝（5.56＋3.88）×2－（4.4＋0.67）－（0.785＋0.8）＋0.12×4
	②次卧	m^2	1.498	总长×高
				总长＝（A面＋B面）×2－柜－门洞
				总长＝（4.36＋3.48）×2－（1.8＋0.6）－0.8
	③书房	m^2	1.512	总长×高
				总长＝（A面＋B面）×2－门洞＋0.12
				总长＝（3.48＋3.16）×2－0.8＋0.12

续上表

序　号	项目名称	计量单位	数　量	计算分析
	④健身房	m^2	0.802	总长×高
				总长＝A面×2＋B面＋0.15
				总长＝2.06×2＋2.41＋0.15
	过门石			长×宽
		m^2	0.476	(0.8×3＋0.785×2)×0.12
		m^2	1.344	(1.7＋1.2＋2.7)×0.24
	墙柱面工程			
10	200×300瓷砖			
	①阳台D面	m^2	4.284	4.76×0.9＝4.284
	②主卫	m^2	21.324	全墙面－浴缸－门窗洞
				[(A－0.8)×2＋B]×2.35＋(B－0.39＋0.8)(2.35－0.4)＋(0.24＋0.92)(1.9－1)－0.6×0.9－(0.785＋0.12)(2＋0.06)
	③次卫	m^2	18.046	全墙面－管井－门窗洞
				(A×2－0.78＋B＋0.38)×2.35＋(1.56－0.38－0.46)×(2.35－1.2)－(0.785＋0.12)(2＋0.06)
	④厨房	m^2	20.09	全墙面－管井－门窗洞
				2.6×[(A＋B)×2－0.33×2]－(1.5＋0.12)(1.5＋0.12)－(1.7＋0.12)(2＋0.06)
11	扣板包柱			
	①主卫＋次卫	m^2	5.711	2.35×(0.39＋0.8＋0.78＋0.46＋0.46)

续上表

序号	项目名称	计量单位	数量	计算分析
	②厨房	m^2	1.716	2×0.33×2.6
12	主卧床背景	m^2	9.23	(2.8－0.15－0.12)×(4.05×0.4)
13	次卧电视墙	m^2	2.8	3.36×0.3＋(2.8－0.12)×0.6＋0.6×0.2×3
14	餐厅装饰墙	m^2	3.705	(1.54＋0.1)×1.93＋0.3×(1.7＋0.1)
15	客厅电视墙	m^2	11.47	4.48×(2.8－0.24)
	隔断			
16	健身房隔断	m^2	2.74	2.4×1.14
17	次卫塑钢隔断		3.67	1.56×2.35
	顶棚工程			
18	吊顶30×30木龙骨、石膏板、刷美涂士	m^2	43.26	
	①主卧吊顶	m^2	9.896	5.754－(4.457－4.41)＋2.053－(1.578－1.351)＋1.562＋0.774
	②次卧吊顶	m^2	3.051	(2.28×2.28－3.14×0.6×0.6)×3/4
	③书房吊顶	m^2	5.484	(A＋B－0.8)×2×0.4＋3.14×0.8×0.8/4＋1.2×1.2－3.14×1.2×1.2/4
	④健身房吊顶	m^2	3.164	A×B－0.8×0.8—窗帘盒
	⑤餐厅吊顶	m^2	13.848	3.14×(1.09＋1.02)(1.09＋1.02)/4＋1.49×3.86＋0.6×(4.36＋0.24＋0.96＋1.09＋1.02)
	⑥客厅吊顶	m^2	3.924	0.9×4.36
	⑦走道吊顶	m^2	3.888	(0.96＋0.12)(3.36＋0.24)
19	平顶乳胶漆	m^2	59.59	

续上表

序　号	项 目 名 称	计 量 单 位	数　量	计 算 分 析
	①主卧平顶乳胶漆	m^2	8.756	A×B—吊顶—柜体
	②次卧平顶乳胶漆	m^2	11.042	A×B—吊顶—柜体
	③书房平顶乳胶漆	m^2	5.513	A×B—吊顶
	④健身房平顶乳胶漆	m^2	0.64	0.8×0.8
	⑤客餐厅平顶	m^2	21.509	(3.86−0.6)(4.36+0.24+0.96+1.09+1.02)−3.14×(1.02+1.09)(1.02+1.09)/4−0.9×0.35(柜体)
	⑥飘窗平顶	m^2	4.845	(0.92−0.28)×(2.55×2+2.71−0.24)
	⑦阳台平顶	m^2	7.283	(1.57+0.57+0.92)(3.86+0.9)/2
20	酒吧吊顶 30×30 木龙骨吊顶石膏板	m^2	1.341	1.49×0.9
21	主次厨卫吊顶	m^2	19.75	
	①主卫吊顶	m^2	7.757	A×B−0.39×0.8+0.92×0.6
	②次卫吊顶	m^2	5.07	A×B−0.78×0.46
	③厨房吊顶	m^2	6.922	A×B
	门窗工程			
	门			
22	进户防盗门	樘	1	1.2×2.1
23	800×2000 门	樘	3	
	①主卧	樘	1	0.8×2

续上表

序　号	项目名称	计量单位	数　量	计算分析
	②次卧	樘	1	0.8×2
	③书房	樘	1	0.8×2
24	785×2000 门	樘	2	
	①主卫	樘	1	0.785×2
	②次卫	樘	1	0.785×2
25	1700×2000 厨房门	樘	1	1.7×2
26	2700×2000 阳台	樘	1	2.7×2
27	筒子板	m^2	12.74	
28	贴脸	m^2	6.09	
29	窗帘盒	m	3.87	2.11＋1.76
30	窗台板	m	8.17	2.55×2＋0.6＋2.71－0.24
31	油漆、涂料、裱糊工程	m^2	132.44	
	墙面			
	①主卧	m^2	19.545	全墙面－床头背景－门窗洞
				高＝(2.65－0.12)　墙面长＝1.187＋A×2－4.4＋B
				床头背景长＝4.05－0.4＝3.65
				高＝2.8－0.12　墙面长＝D－1.187－0.55
				门窗洞面积＝(2.55＋0.06)(1＋0.12)＋(0.785＋0.12＋0.8＋0.12)(2＋0.06－0.12)
	②次卧	m^2	30.882	全墙面－柜体－门窗洞

续上表

序 号	项目名称	计量单位	数 量	计算分析
				墙面高＝2.8－0.12
				墙面长＝(A＋B)×2
				柜体长＝1.8＋0.6
				门窗洞面积＝(0.8＋0.12)(2＋0.06－0.12)＋(2.55＋0.06)(1＋0.12)
	③书房	m^2	25.043	全墙面－柜体－门窗洞
				墙面高＝(2.65－0.12)
				墙面长＝(A＋B)×2
				柜体面积＝2.04×(2.2－0.27)
				门窗洞面积＝(2.71－0.24＋0.06)(1＋0.12)＋(0.8＋0.12)(2＋0.06－0.12)
	④健身房	m^2	10.819	全墙面－门窗洞－隔断
				墙面长＝(A＋B)×2
				墙面高＝(2.6－0.12)
				门窗洞面积＝(1.76＋0.06＋2.11＋0.06)(1.5＋0.12)＋(1.12＋0.06)(2＋0.06－0.12)
				隔断面积＝1.14×(2.4－0.12)
	⑤走道	m^2	14.959	全墙面－门洞－0.93×0.15＋0.09×0.1×2
				墙面长＝(3.36＋0.24)×2＋0.96＋0.12
				墙面高＝(2.8－0.12)
				门洞面积＝[(0.8＋0.12)×3＋0.785＋0.12]×(2＋0.06－0.12)

续上表

序　号	项 目 名 称	计 量 单 位	数　量	计 算 分 析
	⑥客厅	m^2	20.47	B、C、D 墙面
				B、C 墙面＝(0.9＋4.36)(2.65－0.12)＋3×(0.9－0.7)(2.8－2.65)＋0.09×0.1
				D 墙面＝(3.86＋0.9)×(2.8－0.12)－(2.7＋0.12)(2＋0.06－0.12)－0.15×(0.6＋0.9)－0.1×0.15＋0.1×0.09×2
	⑦餐厅	m^2	7.987	A、B 墙面
				A 墙面＝(3.36＋0.24)(2.65－0.12)－(1.54－0.05)(0.68＋1.25－0.1)－1.7×0.3
				B 墙面＝(2.41＋0.24＋0.15)(2.65－0.12)－1.14×(2.4－0.12)－(1.12＋0.06＋0.06)(2＋0.06－0.12)
	⑧阳台	m^2	2.73	A、B、C 墙面－门洞
				墙面＝(0.57＋0.92＋1.57)×(2.8－0.12)、门洞＝(2.7＋0.12)(2＋0.06－0.12)
	其他工程			
32	主卧衣柜	个	2	
33	主卧双人床	个	2	
34	书架	个	1	
35	展示柜	个	1	
36	厨房低柜	个	1	
37	厨房吊柜	个	1	
38	卫生间吊柜	个	1	

续上表

序号	项目名称	计量单位	数量	计算分析
39	卫生纸盒	个	2	
40	肥皂盒	个	4	
41	毛巾架	套	4	
42	毛巾环	副	2	
43	浴缸拉手	根	1	
44	鞋柜	个	1	
45	酒柜	个	1	
46	吧台	个	1	
47	帘子杆	根	6	
48	工艺折叠窗帘	套	5	
49	镜面玻璃	m^2	2.68	0.6×1.8+0.8×1×2

二 套用消耗量定额及地区估价表计算直接工程费

工程计价表

定额编号	项目名称	单位	工程量	单价	合价	人工费		机械费		未计价材料
						单价	合价	单价	合价	
	一、楼地面工程									
2A0015	零星项目	m^2	5.44	23.52	127.95	20.52	111.63	2.32	12.62	
	啡网纹石材(镶边)	m^2	6.15	230.00						1413.86

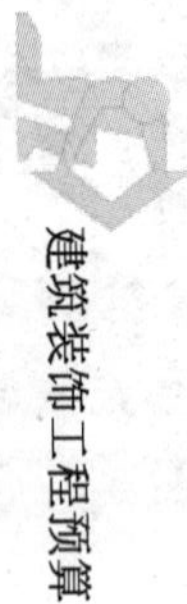

续上表

定额编号	项目名称	单位	工程量	单价	合价	人工费		机械费		未计价材料
						单价	合价	单价	合价	
	水泥＃425	kg	78.89	0.29						22.88
	砂	m^3	0.13	33.00						4.20
2A0018	点缀	m^2	0.30	11.25	3.37	10.35	3.10	0.84	0.25	
	啡网纹石材(色块)	m^2	0.34	230.00						77.97
	水泥＃425	kg	0.36	0.29						0.10
	砂	m^3	0.01	33.00						0.20
2A0020	彩釉砖 600mm×600mm 以内	m^2	38.77	11.13	431.36	9.84	381.50	0.81	31.40	
	600mm×600mm 米黄色地砖	m^2	39.94	65.00						2596.41
	水泥＃425	kg	276.12	0.29						80.07
	砂	m^3	0.41	33.00						13.69
2A0019	彩釉砖 300mm×300mm 以内	m^2	7.28	10.82	78.77	9.38	68.25	0.76	5.56	
	300mm×300mm 仿古地砖	m^2	7.46	64.00						477.29
	水泥＃425	kg	51.85	0.29						15.04
	砂	m^3	0.08	33.00						2.57
2A0019	彩釉砖 300mm×300mm 以内	m^2	17.78	10.82	192.38	9.38	166.69	0.76	13.58	
	300mm×300mm 防滑地砖	m^2	18.21	64.00						1165.69

续上表

定额编号	项目名称	单位	工程量	单价	合价	人工费		机械费		未计价材料
						单价	合价	单价	合价	
	水泥＃425	kg	126.63	0.29						36.72
	砂	m^3	0.19	33.00						6.28
2A0006	零星项目	m^2	1.82	24.52	44.63	21.70	39.49	2.20	4.00	
	过门石(新西兰米黄)	m^2	2.06	275.00						565.57
	水泥＃425	kg	26.39	0.29						7.65
	砂	m^3	0.04	33.00						1.41
2A0048	实木地板	m^2	48.71	7.54	367.22	5.70	277.55	0.34	16.56	
	实木地板	m^2	51.63	220.00						11359.17
	地板防潮胶垫	m^2	50.17	1.29						64.72
2A0071	实木成品踢脚板安装	m^2	5.34	5.04	26.91	4.27	22.80	0.13	0.68	
	成品实木踢脚板	m^2	5.61	30.00						168.21
2A0014	踢脚板	m^2	3.26	17.01	55.45	15.34	50.01	1.18	3.85	
	啡网纹石材	m^2	3.33	230.00						764.80
	水泥＃425	kg	19.85	0.29						5.76
	砂	m^3	0.03	33.00						1.15
	小计				1328.04		1121.02		88.51	18851.39

续上表

定额编号	项目名称	单位	工程量	单价	合价	人工费		机械费		未计价材料
						单价	合价	单价	合价	
	二、墙柱面工程									
2B0048	瓷砖贴面	m^2	63.74	15.06	959.80	12.23	779.54	2.57	163.81	
	200mm×300mm 瓷砖	m^2	65.98	65.50						4321.51
	水泥＃425	kg	315.69	0.29						91.55
	砂	m^3	0.59	33.00						19.35
2B0055	木龙骨墙面	m^2	27.21	4.82	131.15	3.79	103.13	0.71	19.32	
	锯材综合	m^3	0.18	1520.00						268.83
2B0058	木龙骨包柱	m^2	7.43	9.70	72.07	7.27	54.02	0.76	5.65	
	锯材综合	m^3	0.13	1520.00						203.28
	胶合板	m^2	1.26	7.00						8.84
2B0104	铝扣板包柱	m^2	7.43	2.99	22.24	2.39	17.76	0.60	4.46	
	铝扣板	m^2	7.80	37.00						288.66
2B0063	木隔断:木龙骨 4cm×5cm 断面	m^2	2.74	6.91	18.93	3.44	9.43	1.06	2.90	
	锯材综合	m^3	0.04	1520.00						62.06
2B0133	塑钢隔断(半玻)	m^2	3.67	29.65	108.81	14.50	53.22	2.67	9.80	
	塑钢隔断	m^3	3.67	150.00						550.50

续上表

定额编号	项目名称	单位	工程量	单价	合价	人工费		机械费		未计价材料
						单价	合价	单价	合价	
	胶合板	m^2	14.64	7.00						102.45
2B0068 换 1	胶合板基层(钉在木龙骨上)	m^2	12.94	9.70	125.52	7.27	94.07	0.76	9.83	
	木工板	m^2	13.33	27.00						359.86
2B0068 换 2	胶合板基层(钉在木龙骨上)	m^2	2.80	9.70	27.16	7.27	20.36	0.76	2.13	
	纸面石膏板	m^2	2.88	11.00						31.72
2B0087	面板粘在胶合板、木工板基层	m^2	23.44	20.52	480.99	8.63	202.26	0.60	14.06	
	黑胡桃饰面板	m^2	24.14	15.00						362.15
	小计				2084.51		1437.08		242.75	6670.77
	三、顶棚工程									
2C0011	吊顶装配式U型轻钢龙骨	m^2	19.75	9.01	177.95	5.85	115.46	0.00	0.00	
	装配式U型轻钢龙骨	m^2	20.15	80.00						1611.60
2C0009	吊顶方木龙骨	m^2	44.60	6.52	290.65	5.39	240.46	0.04	1.73	
	锯材综合	m^3	1.62	1520.00						2460.17
2C0106	铝合金扣板天棚	m^2	19.75	7.51	148.32	6.47	127.78	0.00	0.00	
	铝合金扣板	m^2	20.24	55.00						1112.97
2C0066	吊顶封板	m^2	44.60	3.53	157.44	3.12	138.93	0.17	7.45	
	纸面石膏板	m^2	49.06	11.00						539.66
	小计				774.36		622.63		9.18	5724.40

续上表

定额编号	项目名称	单位	工程量	单价	合价	人工费		机械费		未计价材料
						单价	合价	单价	合价	
	四、门窗工程									
2D0061 综	实木门门扇制作　基层	m^2	16.34	24.86	406.20	20.83	340.40	2.27	37.15	
	木工板	m^2	9.42	27.00						254.47
	胶合板	m^2	34.31	7.00						240.20
2D0062	实木门门扇制作　面层	m^2	4.80	19.35	92.89	16.67	80.01	1.52	7.27	
	木质封边线	m	16.24	1.28						20.79
	黑胡桃饰面板	m^2	10.56	15.00						158.40
2D0062 换	实木门门扇制作　面层	m^2	11.54	19.35	223.33	16.67	192.35	1.52	17.49	
	木质封边线	m	39.04	1.28						49.98
	5mm 钻石玻璃	m^2	10.96	65.00						712.60
2D0063 综	实木门　安装	扇	7.00	11.29	79.06	10.80	75.60			
	合页	副	7.07	15.00						106.05
2D0048	附框	m	5.40	5.95	32.13	3.47	18.71	0.23	1.24	
	门附框	m	5.56	70.00						389.34
2D0046 换	彩板门	m^2	2.52	18.57	46.79	10.12	25.50	0.89	2.25	
	防盗门	m^2	2.40	680.00						1629.63
2D0065	包木门窗套　木龙骨	m^2	14.38	14.62	210.29	11.37	163.54	1.25	17.99	
	锯材综合	m^3	0.22	1520.00						334.20
2D0066	包木门窗套　木基层	m^2	12.74	12.87	164.01	10.83	138.00	1.19	15.18	
	木工板	m^2	13.38	27.00						361.18
2D0068	包木门窗套　面层	m^2	12.74	17.42	221.97	15.87	202.22			
	黑胡桃饰面板	m^2	14.01	15.00						210.21
2D0071	门窗五金　执手锁	套	7.00	4.50	31.50	4.00	28.00			

续上表

定额编号	项目名称	单位	工程量	单价	合价	人工费		机械费		未计价材料
						单价	合价	单价	合价	
	执手锁	套	7.07	45.00						318.15
2D0073	门窗五金　定门器	套	7.00	2.75	19.23	2.50	17.50			
	定门器	套	7.07	15.00						106.05
	小计				1527.40		1281.84		98.58	4891.24
	五、油漆涂料工程									
2E0107	乳胶漆天棚刮腻子　抹灰面	m^2	59.59	1.50	89.39	1.29	76.81			
	滑石粉	kg	29.18	0.20						5.84
	腻子胶	kg	9.01	1.87						16.85
	白水泥	kg	14.75	0.46						6.78
2E0109	乳胶漆天棚刮腻子　石膏面	m^2	44.60	1.23	54.86	1.05	46.83			
	滑石粉	kg	19.11	0.20						3.82
	腻子胶	kg	5.90	1.87						11.03
	白水泥	kg	9.65	0.46						4.44
2E0108	乳胶漆墙面刮腻子　抹灰面	m^2	132.44	1.37	181.88	1.16	153.63			
	滑石粉	kg	64.84	0.20						12.97
	腻子胶	kg	20.02	1.87						37.45
	白水泥	kg	32.74	0.46						15.06
2E0110	乳胶漆墙面刮腻子　石膏面	m^2	2.80	1.13	3.16	0.95	2.66			
	滑石粉	kg	1.20	0.20						0.24
	腻子胶	kg	0.37	1.87						0.69

续上表

定额编号	项目名称	单位	工程量	单价	合价	人工费		机械费		未计价材料
						单价	合价	单价	合价	
	白水泥	kg	0.61	0.46						0.28
2E0114	乳胶漆墙面　抹灰面	m^2	132.44	1.72	228.39	1.67	221.02			
	乳胶漆　底漆	kg	17.97	21.00						377.41
	乳胶漆　面漆	kg	46.75	20.00						935.03
2E0122	乳胶漆墙面　石膏面	m^2	2.80	1.72	4.83	1.67	4.67			
	乳胶漆　底漆	kg	0.40	21.00						8.38
	乳胶漆　面漆	kg	1.09	20.00						21.86
2E0121	乳胶漆天棚面　石膏面	m^2	44.60	2.10	93.66	2.04	90.98			
	乳胶漆　底漆	kg	6.36	21.00						133.56
	乳胶漆　面漆	kg	17.41	20.00						348.15
2E0121	乳胶漆天棚面　抹灰面	m^2	59.59	2.10	125.28	2.05	121.96			
	乳胶漆　底漆	kg	8.50	21.00						178.45
	乳胶漆　面漆	kg	23.26	20.00						465.16
2E0004	木门　清漆透明腻子	m^2	145.20	3.84	557.28	3.59	521.11			
	透明腻子	kg	23.26	80.00						1860.88
2E0005	线条　清漆透明腻子	m	226.00	1.04	234.63	1.02	230.29			
	透明腻子	kg	2.92	80.00						233.23
2E0006	其他木材面　清漆透明腻子	m^2	83.85	1.44	120.55	1.35	113.22			
	透明腻子	kg	4.68	80.00						374.32
2E0007	木门　清漆底漆四遍	m^2	6.30	15.63	98.46	6.73	42.38			
	底漆	kg	3.41	16.50						56.34
	稀释剂	kg	4.31	15.15						65.29

续上表

定额编号	项 目 名 称	单位	工程量	单价	合价	人工费		机械费		未计价材料
						单价	合价	单价	合价	
2E0008	线条　清漆底漆四遍	m	226.00	3.88	877.42	3.17	716.06			
	底漆	kg	9.83	45.00						442.40
	稀释剂	kg	12.36	42.00						519.21
2E0009	其他木材面　清漆底漆四遍	m^2		7.82	0.00	4.69	0.00			
	底漆	kg	0.00	45.00						0.00
	稀释剂	kg	0.00	42.00						0.00
2E0025	木门　清漆面漆四遍	m^2	6.30	15.68	98.78	6.73	42.40			
	面漆	kg	3.41	48.00						163.90
	稀释剂	kg	4.29	42.00						180.30
2E0026	线条　清漆面漆四遍	m	226.00	3.89	879.14	3.17	716.42			
	面漆	kg	9.83	48.00						471.89
	稀释剂	kg	12.36	42.00						519.21
2E0027.	其他木材面　清漆面漆四遍	m^2	0.00	7.32	0.00	4.69	0.00			
	面漆	kg	0.00	48.00						0.00
	稀释剂	kg	0.00	42.00						0.00
	小计				3647.71		3100.44		0.00	7470.42
	六、零星装饰工程									
2F0059	窗帘盒制安　基层	m	3.87	4.59	17.77	2.10	8.13	0.20	0.77	
	木工板	m^2	1.22	27.00						32.91
2F0060	窗帘盒制安　面层	m	3.87	4.05	15.67	3.60	13.93	0.20	0.77	
	饰面板	m^2	2.67	15.00						40.05

续上表

定额编号	项目名称	单位	工程量	单价	合价	人工费		机械费		未计价材料
						单价	合价	单价	合价	
	木压条	m	4.18	1.87						7.82
2F0063	窗帘轨	m	3.87	1.30	5.03	1.13	4.35	0.12	0.46	
	窗帘轨 双轨	m	3.99	86.00						342.80
2F0054	宽 100mm 以内	m	8.17	1.59	12.98	0.50	4.09			
	新西兰米黄石材窗台板线	m	8.66	45.00						389.71
2F0043	装饰木条 宽 60mm 以内	m	101.50	0.57	58.29	0.49	49.45			
	装饰木条	m	107.59	5.00						537.95
2F0066	镜面玻璃 带柜	m^2	2.68	21.70	58.16	6.08	16.28			
	锯材 综合	m^3	0.02	1520.00						36.66
	胶合板	m^2	2.81	7.00						19.70
	成品镜面	m^2	3.16	88.00						278.29
	金属角线	m	9.21	13.50						124.28
	玻璃胶	支	0.75	26.00						19.58
2F0077	附墙嵌入式壁柜	m^2	31.90	109.33	3487.75	61.61	1965.30	10.60	338.14	
	木工板	m	102.49	27.00						2767.36
	装饰木条	m^2	247.58	4.50						1114.09
	胶合板	m^2	109.19	7.00						764.36
	装饰面板	m^2	33.50	15.00						502.43
	小计				3655.66		2061.53		340.15	6977.99
	共计				13017.67		9624.53		779.18	50586.22

三 计算工程总造价

工 程 取 费 表

费用名称	计算公式	费率(%)	金额
A. 定额直接费	A.1+A.2+A.3+A.4		63603.89
A.1 定额人工费			9624.53
A.2 计价材料费			2613.96
A.3 未计价材料费			50586.22
A.4 机械费			779.18
B. 其他直接费、临时设施费、现场管理费	A.1× 规定费率	39.42	3793.99
C. 价差调整	C.1+C.2+C.3		
C.1 人工费调整	按地区规定计算		
C.2 计价材料综合调整价差	按省造价管理站规定调整系数计算		
C.3 机械费调整	按省造价管理站规定调整系数计算		
D. 施工图预算包干费	A.1× 规定费率		
E. 企业管理费	A.1× 规定费率	27.58	2654.45
F. 财务费用	A.1× 取费证核定费率	2.8	269.49
G. 劳动保险费用	A.1× 取费证核定费率	7.5	721.84
H. 利润	A.1× 取费证核定费率	22	2117.40
I. 安全文明施工增加费	A.1× 按承包合同约定费率		
J. 赶工补偿费	A.1× 按承包合同约定费率		
K 按规定允按实计算的费用			
L. 定额管理体费(‰)	(A+…+K)×规定费率	1.8	131.69
M. 税金	(A+…+L)×规定费率	3.43	2513.94
N. 工程造价	A+…+M		75806.68

本章小结

本章主要是通过典型案例介绍了装饰装修工程造价计算的完整过程，更加熟悉定额计价模式下装饰装修工程的计算规则，对定额的应用有了更深的理解，同时对巩固识图知识提供了帮助。

小知识

相同的工程不同的人员做预算往往会产生不同的预算结果，因此工程造价真实性的审计是投资审计工作的重中之重，根据工程的不同特点而又有不同的审计方法，常用的审计方法主要有：

(1)全面审计法：是指按照国家或行业建筑工程预算定额的编制顺序或施工的先后顺序，逐一的全部进行审查的方法

(2)标准图审计法：是指对于利用标准图纸或通用图纸施工的工程项目，先集中审计力量编制标准预算或决算造价，以此为标准进行对比审计的方法

(3)分组计算审计法：即把组成单位工程的最基本元素——分项工程划分为若干组，并把相邻且有一定内在联系的项目编为一组，审计计算同一组中某个分项工程量，利用工程量间具有相同或相似计算基础的关系，判断同组中其他几个分项工程量计算的准确程度的方法。

(4)对比审计法：是指用已经审计的工程造价同拟审类似工程进行对比审计的方法

综合练习题

根据图 7-20～图 7-24，用定额计价模式计算其工程造价，并用清单计价的方法进行组价。

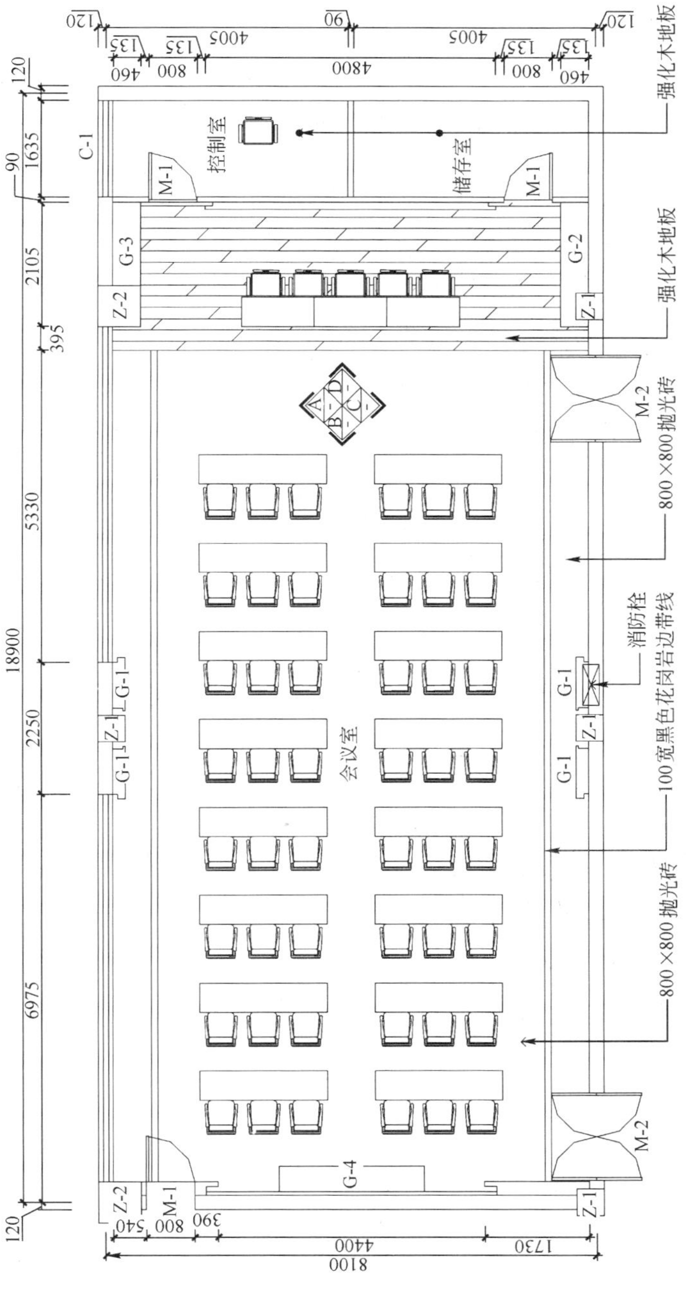

强化木地板

控制室

储存室

强化木地板

会议室

800×800抛光砖

消防栓

100宽黑色花岗岩边带线

800×800抛光砖

图7-20 会议室平面布置图

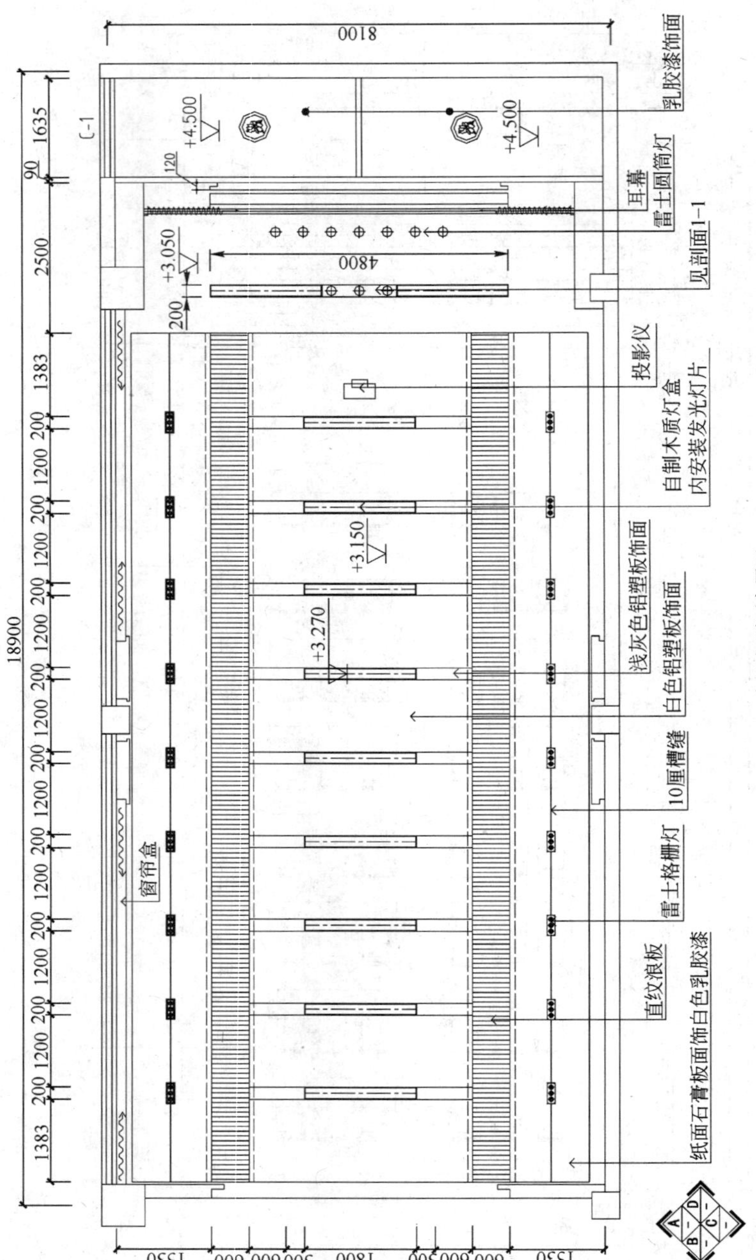

图7-21 会议室顶面布置图

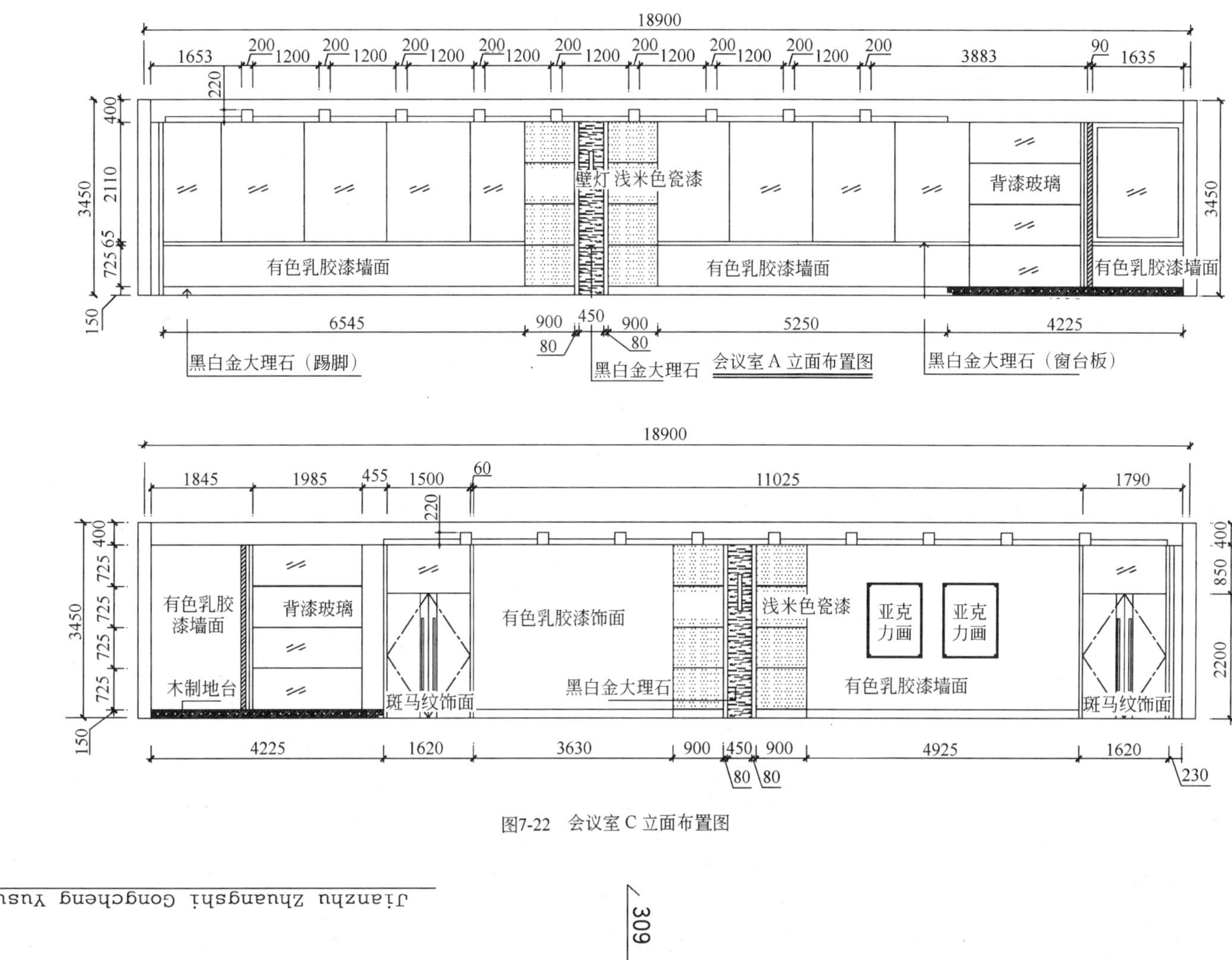

会议室 A 立面布置图

图7-22 会议室 C 立面布置图

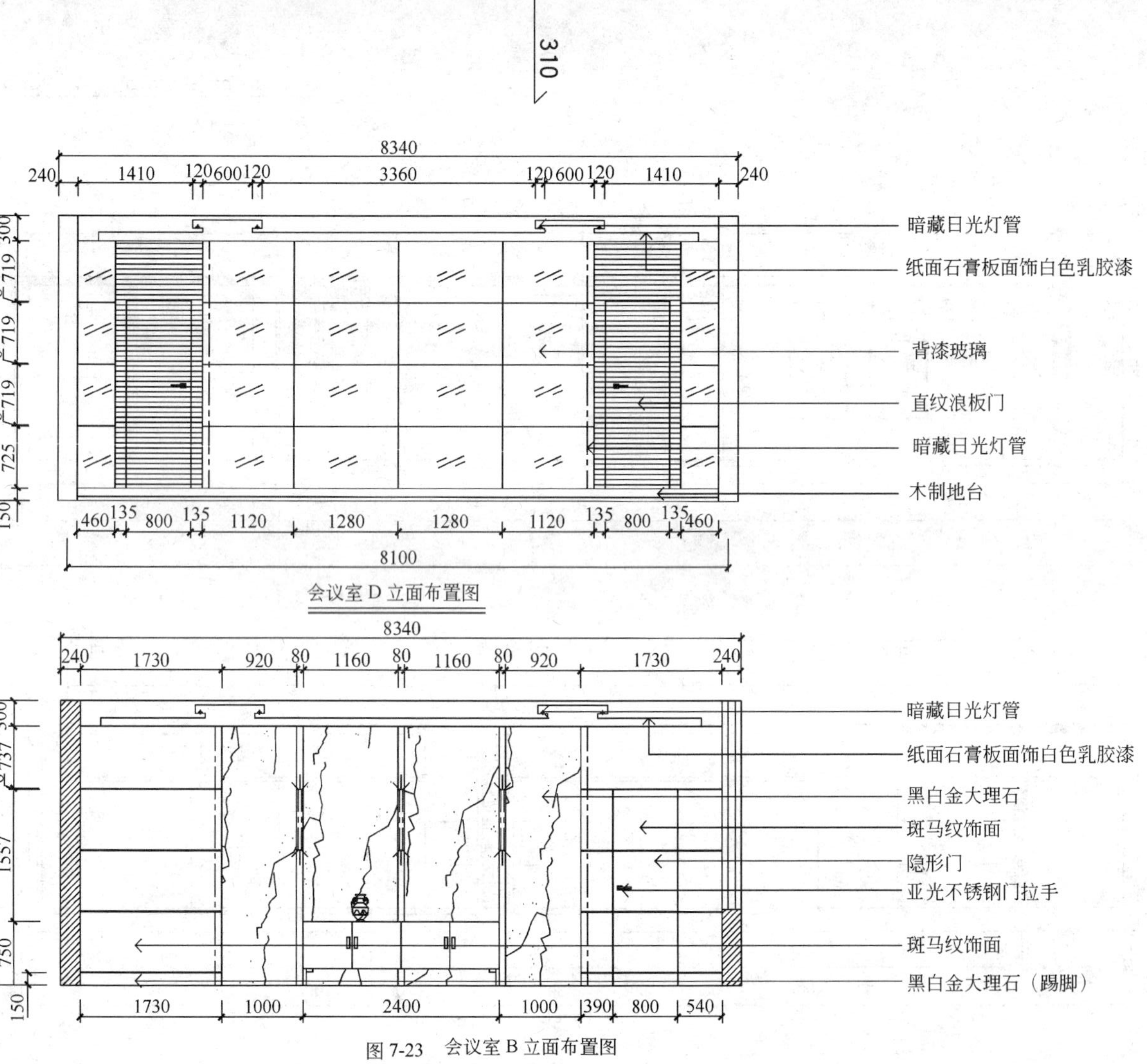

图7-23　会议室B立面布置图

说明：储藏室和控制室的墙面、顶面均采用乳胶漆饰面、吸顶灯

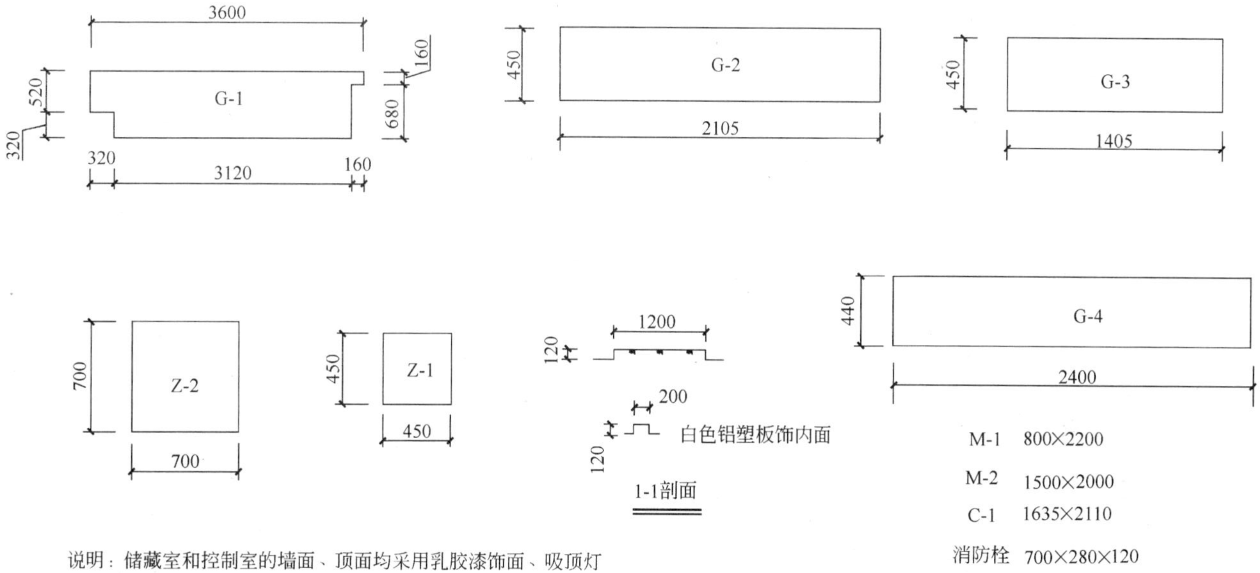

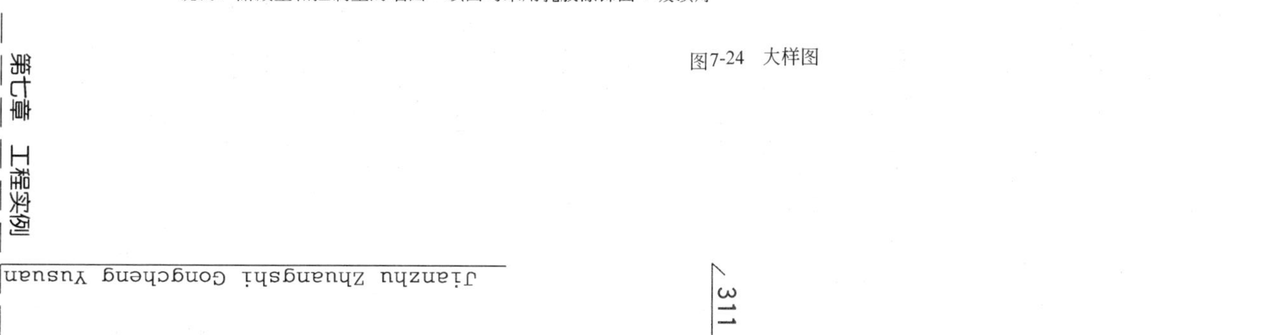

图7-24　大样图

第八章 建筑装饰装修工程报价

【职业能力目标】

能运用投标报价的策略和方法解决实际问题。

【学习要求】

(1)了解装饰工程报价的理由、程序和报价的一般方法,掌握报价的分析方法。

(2)通过建筑装饰工程报价的案例分析,对报价的方法和策略加以熟练地运用。

第一节 建筑装饰装修工程报价概述

面对竞争日益激烈的市场,企业如何把握自己在投标报价及答辩签约中的行为,以便在项目的最开始就做好盈利的铺垫和准备,对企业和项目而言都是至关重要的。而在装饰工程投标过程中,投标报价是整个过程的核心,报价过高,则可能因为超出"最高限价"而丢失中标机会;报价过低,则可能因为低于"合理低价"而废标,或者即使中标,也可能会给企业带来亏本的风险。因此投标单位应针对工程的实际情况,凭借自己的实力,并正确运用投标策略和报价方法来达到中标的目的,从而给企业带来更好的经济效益。

一 装饰工程报价的程序

1. 收集报价编制依据

(1)经审定的装饰施工图纸和文字说明书。

(2)经双方签字的合同或协议书。

(3)现行的定额和各种单价。

(4)现行的各项取费标准。

(5)装饰施工组织设计或措施方案。

(6)其他有关文件。

2. 了解施工现场情况

根据工程合同和施工图纸深入了解施工现场情况，如装饰现场施工条件、材料运输供应情况、建筑周围环境、装修前土建施工质量对二次装修工程质量的影响及存在的问题等。

3. 工程量计算

主要根据"装饰装修工程量计算规则"进行计算。

4. 工料分析

根据工程的承包方式和具体要求，作出主要工料分析表、预算、报价校审表。

5. 整理汇总编制预算表

根据单位工程施工图装饰工程量的计算结果，按照装饰定额部分分项的要求，整理归纳汇总，套定额单价，缺项者编制补充单位估价表，进行小计、合计，计算各种取费、利润和税金，最后总计即为该单位工程装饰预算。

6. 复核

施工图预算书编制完后，为了减少差错，在递交甲方(业主)之前，要由有关人员进行一次复核。复核无误后才可以交送报价文件。

二 装饰工程报价的方法

投标的策略主要体现在报价上，报价运用得好坏，在一定程度上可以决定工程的中标与否，也会影响到装饰装修工程的盈亏。一般有以下几种方法可采用：

1. 免担风险，增大报价

对装饰施工条件差、造价低、自己施工有专长的小型工程，报价可高些。

2. 活口报价

在装饰工程的报价中留下一些活口，表面看报价较低，但在投标报价中附加多项备注，留在施工过程中处理。其结果不是低标而是高标。

3. 多方案报价

由于招标文件不明确或本身有多方案存在，投标单位即可作多方案报价，最后与招标单位协商处理。

4.薄利保本报价

工程条件好,同时做过同类型工程,目前,本单位任务不饱满,不接任务就会发生窝工,为了争取中标,采取薄利保本策略,按最低的报价水平报价。

5.亏损报价

该方法是企业在特殊情况下产生的。如某企业为了创牌子,采取先亏后赢的方法,或某些实力雄厚的企业,为了占领开拓某一地区市场,以东补西的做法。

6.不平衡报价法

不平衡报价法主要是指在同一工程项目中,在总价不变的情况下,对分部分项报价作适当调整,以争取最多的盈利。

二 装饰装修工程报价的分析

当初步报价估算出来之后,必须对其进行多方面的分析与评估,探讨初步报价的赢利和风险,从而做出最终报价的决策。分析的方法可以从以下几方面进行:

(一)报价的静态分析

报价的静态分析是依据本企业长期工程实践中积累的大量经验数据,用类比的方法判断初步报价的合理性。可从以下几个方面进行分析。

1.分项统计计算书中的汇总数字,并计算其比例指标

(1)统计同类工程总工程量及各单项工程量。

(2)统计材料总价及各主要材料数量和分类总价。

(3)统计劳务费总价及主要工人、辅助工人和管理人员的数量。

(4)统计临时工程、机械设备使用及购置、模板、脚手架、工具等费用。

(5)统计各类管理费汇总数,计算它们占总报价的比重。

(6)统计各种潜在利润或隐匿利润。

(7)统计分包工程的总价及各分包商的分包价。

2.从宏观方面分析报价结构的合理性

宏观方面,如分析总直接费用和总管理费用的比例关系,劳务费和材料费的比例关系,临时设施和机具设备费用与总直接费用的比例关系,利润、流动资金及其利息与总报价的比例关系,以便判断报价的构成是否合理。

3.分析工期与报价的关系

根据进度计划与报价,计算平均人月产值、人年产值,如果从承包商的实践

经验角度判断这一指标过高或者过低，就应当考虑工期的合理性，或考虑所采用定额的合理性。

4.分析单位产品价格和用料量的合理性

参照实施同类工程的经验，如果本工程与可类比的工程有些不可比因素，可以扣除不可比因素后进行分析比较。还可以在当地搜集类似工程的资料，排除某些不可比因素后进行分析对比，以分析本报价的合理性。

5.对明显不合理的报价构成部分进行微观方面的分析、调整

重点是从提高工效、改变施工方案、调整工期、压低供应商和分包商的价格、节约管理费用等方面提出可行措施，并修正初步报价。

（二）报价的动态分析

报价的动态分析是假定某些因素发生变化，测算报价的变化幅度，特别是这些变化对工程目标利润的影响。

1.延误工期的影响

一般情况下，可以测算工期延长某一段时间可能会产生费用的种类和数量，如何对此费用弥补。

2.物价和工资上涨的影响

通过调整报价计算中材料设备和工资上涨系数，测算其对利润的影响，同时应知道报价中的利润对物价和工资上涨因素的承受能力。

3.其他可变因素的影响

如贷款利率的变化、政策法规的变化等的影响。

（三）报价的盈亏分析

初步计算的报价经过上述几方面进一步的分析后，可能需要对某些分项的单价作出必要的调整，然后形成基础标价，再经盈亏分析，提出可能的低标价和高标价，供投标报价决策时选择。盈亏分析包括盈余分析和亏损分析两个方面。

1.盈余分析

盈余分析是从报价组成的各个方面挖掘潜力、节约开支，计算出基础标价可能降低的数额，即所谓“挖潜盈余”，进而算出低标价，包括：

（1）定额和效率：即人、料、机消耗定额以及人、料、机效率分析。

（2）价格分析：即对劳务价格、材料设备价格、施工机械台班价格三方面进行分析。

（3）费用分析：即对管理费、临时设施费、开办费等方面逐项分析。

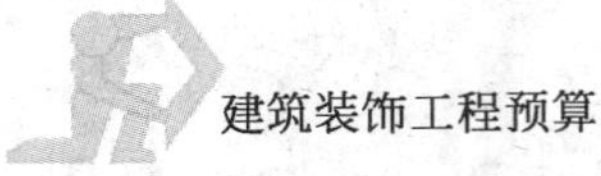

(4)其他方面:如保证金、保险费、贷款利息、维修费等方面均可逐项复核。

经过上述分析,最后得出总的估计盈余总额,但应考虑到挖潜不可能百分之百实现,故尚需乘以一定的修正系数(一般取 0.5～0.7),据此求出可能的低标价。计算公式为:

低标价=基础标价－(挖潜盈余×修正系数)

2.亏损分析

亏损分析是针对报价编制过程中,因对未来施工过程中可能出现的不利因素估计不足而引起的费用增加的分析,以及对未来施工过程中可能出现的质量问题和施工延期等因素带来的损失的预测。主要包括:工资;材料、设备价格;质量问题;作价失误;不熟悉当地法规、手续所发生的罚款;自然条件;管理不善造成质量、工作效率等问题;建设单位、监理工程师方面问题;管理费失控。

以上分析估计出的亏损额,同样乘以修正系数(0.5～0.7),并据此求出可能的高标价。即:

高标价=基础标价+(估计亏损×修正系数)

(四)报价的风险分析

报价风险分析就是要对影响报价的风险因素进行评价,对风险的危害程度和发生的概率做出合理的估计,并采取有效对策与措施来避免或减少风险。

第二节　建筑装饰装修工程报价案例分析

建筑装饰工程的项目多,影响的因素广泛,因此,装饰工程报价比较复杂,下面以一个实例来简单分析装饰工程的报价策略。

香港某商务大楼装饰工程,共 49 层,建筑面积约 6 万 m^2,工程投资巨大,业主采用邀请招标的方式,共分四期招标,(分别为外墙幕墙工程、1～20 层、21～40 层、41～49 层),由香港测量师行编制工程量清单,实行按招标图纸内容总价包干,其中部分工程为暂定数量,此部分结算按实际完成工程量计算。某 A 公司对该装饰工程进行投标。

一　投标策略的分析

投标策略是指承包商在投标竞争中的系统工作部署及其参与投标竞争的方式和手段,企业在参加工程投标前,应根据招标工程情况和企业自身的实力,组织有关投标人员进行投标策略分析，其中包括企业目前经营状况和自身实力分析、对手分析和机会利益分析等。

1. 企业经营状况和实力分析

A 公司是刚晋升的一级总承包企业，有充足的后备力量拓展业务，而目前 A 公司所在的市场区域建筑市场已面临“僧多粥少”的局面，正待开拓外地市场提高市场占有率。而该商务大楼所在地区建设项目多，竞争对手少，且工程造价偏低，对 A 公司有一定的吸引力，能参加该工程的投标既是拓展经营的契机，亦是对 A 公司实力的挑战。

2. 对手分析

据了解，参加该项目投标的承包商除 A 公司外都是国内的国有企业，虽然有丰富的施工经验，但对外商尤其是港商投资开发的项目施工经验甚少，在招标会中显示出对该工程的投标报价模式非常陌生，而 A 公司早于 20 世纪 90 年代初期起已参加多个同类模式的投标，并成功地承接了多个港资项目，对同类工程的投标过程相当熟悉，同时在同类工程的施工管理和成本控制上积累了很多宝贵的经验，对参加这次投标有很大优势。

3. 业主情况和机会利益分析

该项目的开发商是实力雄厚的知名企业，资金充足，信誉良好，履约情况良好，计划在该商务大楼所在地区开发多个项目，仅此项目拟投资约 7 亿元人民币，如果能够先入为主，为公司创下品牌，这将为承接后续工程和打开新的市场区域创造条件，并将可能会给公司带来不可限量的机会利润。

另外，根据以往参加港商投资项目的投标经验可知，香港投资商非常讲究项目的经济效益，往往在议标过程中要求承包商对总价下浮以达到低价中标的目的。经过以上分析，A 公司决定以成本加合理利润的低价中标策略进行投标报价，并预留一定的下浮空间，待议标后二次报价时让利，给业主心理上造成“大降价”的错觉，并且可以在泄漏标价时，以突然降价的方法，将对手赢个措手不及。

二 投标报价方法的运用

投标报价方法是依据投标策略选择的，一个成功的投标策略必须运用与之相适应的报价方法才能取得理想的效果。同时，在一个工程投标过程中往往不能只运用一个报价方法，还应结合采用多个报价方法，取长补短，互相呼应。在该工程的投标中我们主要运用了以下两种报价方法。

(一)成本分析法报价

由于业主提供的工程量是由香港测量师行所编制的,与国内定额、清单计价模式不尽相同,套用定额或清单计价只能起一定的参考作用,因此我们采用了成本分析法报价。

1. 报价准备

成本分析法报价是建立在预测成本的基础上的,可通过数学公式表达:

投标总价=总成本×(1+利润率)×(1+税率)

因此,必须保证预测成本的准确性,做好充分的报价准备。

首先,必须对招标文件进行了深入研究,将工程量清单、图纸和技术规范结合阅读,检查复核;组织投标人员亲自考察现场,搜集资料包括现场的地形、道路、水电资源等情况;并对当地市场信息进行摸底,其中包括主要材料的市场价格,机械设备的租赁情况及各种工种的人工价格等,为投标报价的合理性提供准确依据。

其次,需分析选择合理的施工方案,不同的施工方案对应不同的工程造价,对投标报价的影响也是相当大的。在该工程的投标中,A 公司向业主推荐板筋采用冷拉变形钢筋代替普通圆钢,此方案得到业主的认可。中标后,虽然 A 公司该项目的报价不高,但节约了一百多吨板钢筋,仅此项目就为 A 公司创造了约 40 万元的工程利润。

2. 成本单价的确定

根据招标文件要求,该项目采用全费用单价进行报价,则成本单价组成包括了直接费、管理费、开办费等,其中:

直接费=工资+材料费+施工机械费

工资是根据所搜集的目前市场上各类工种的人工工资确定。

材料费则是根据目前市场上各种材料的市场价格乘以材料消耗量(可根据定额消耗量结合企业的施工经验所得)计算得到。

施工机械费则是各分部工程的机械摊销费,可根据企业定额或参考市场租赁价格所得。

经过以上计算可得出每个分部分项工程的直接成本。

成本单价=直接成本×(1+开办费分摊率)×(1+管理费分摊率)

式中的开办费分摊率和管理费分摊率是企业根据所积累的施工经验,结合施工管理水平综合取得的，由公式所得出的成本单价是当前市场的最低成本，投标单价必须高于该成本单价，否则将会造成亏本，而该单价也是中标后成本控制的依据。

3. 投标单价的确定

投标总报价的另一公式为：

$$\text{投标总价} = \sum \text{投标单价} \times \text{工程量，而投标单价}$$
$$= \text{成本单价} \times (1 + \text{利润率}) \times (1 + \text{税率})$$

式中的利润率是根据投标策略分析所得的预期利润，在此处，利润率是变动的，在保持项目总利润率不变的前提下，对不同的分部工程可采用不同的利润率，而税率则是由政府部门统一规定的，不能随便改变。此外，可适当考虑一定的风险系数组成投标单价。由此计算所得的投标单价是全费用单价，亦是香港投资项目常采用的一种投标报价形式。

(二)不平衡报价法

巧妙地结合使用不平衡报价有利于提前资金回笼时间和转移风险，间接赢得经济效益。

1. 提前资金回笼时间

因为该工程付款方式为按工程进度付款，前期资金压力较大，所以在报投标单价时，我们结合采用了不平衡报价法，对前期工程如外墙的幕墙工程，通过调整此部分单价的利润率，适当调高投标单价，而对后期工程如粉刷、室内工程等则适当调低，经过调整后对工程总造价并没有影响，但如工程中标则在一定程度上缓解了因没有工程备料款而产生的前期资金压力紧张问题，加速工程资金回笼，间接赢得了经济效益。

2. 风险转移

对总价包干工程，巧妙运用不平衡报价方法，还有利于提高变更工程的赢利能力，降低风险。如对工程量清单中预测可能会不断增加的项目，可适当提高项目单价，对可能会不断减少的项目，则可适当降低项目单价。在该工程投标中，业主以暂定数量形式，按低装修标准报价，但我们在分析时认为业主有很大的可能会根据目前主流市场要求提高装修标准，因此，低装修标准的报价作了适当上调。工程开工后，业主根据市场调查提高装修标准，由于我们投标时已将低装修标准的报价作了适当上调，巧妙地避免了减少利润的风险。

但采用不平衡报价要认真分析，价格水平高低不能太明显夸张，否则可能会引起业主反感，认为报价不合理，甚至对业主评标产生负面影响，造成废标。

本章小结

本章主要介绍装饰工程报价的理由、程序和报价的一般方法，在实际工程中对报价的方法的运用和投标策略的分析。我们重点是要对报价的方法运用和对投标报价中的各种因素的分析，加强工程风险的降低和转移，更加有利于我们对工程进度、质量、成本的控制。

小知识

在FIDIC中，所谓不平衡报价，就是在总价不变的前提下，将建筑测量(BQ)单里有些单价调得比正常水平高一些，而有些比正常水平低一些。

“早收钱”：就是把BQ单中先做的工作内容的单价调高，后干的活单价调低，于是资金的周转问题得到解决，还有利息收入，海外叫“头重脚轻”配置法。

“多收钱”：就是承包商在报价过程中分析判断某一个项目的实际工程量会增加，则应相应调高单价，而且量增加得越多的项目单价调整幅度越大；同时，对判断为工程量要降低的项目，相应调低单价，从而保证工程实施后获得较好的经济效益。

思考题

8-1　建筑装饰工程报价的程序是什么？

8-2　建筑装饰工程报价的方法主要有哪些？

8-3　如何进行建筑装饰工程报价的静态分析？

8-4　如何进行建筑装饰工程报价的动态分析？

8-5　如何进行建筑装饰工程报价的盈亏分析？

8-6　如何进行建筑装饰工程报价的风险分析？

第九章 计算软件在工程预算中的应用

【职业能力目标】

掌握本地区计量及计价软件的操作。

【学习要求】

(1)了解工程造价软件的发展及工程造价计价软件的基本要求、方法和技巧。

(2)熟悉国内现用的工程造价软件的种类。

(3)运用工程造价计算软件对第七章计算实例进行校对,比较相关软件使用的优缺点。

第一节 概 述

随着计算机和网络技术的迅速发展,计算机开始较多地参与工程设计、定额编制和工程预算等各项工作。在工程造价管理中,工程造价软件得到了充分的运用与展示,它是我们工程造价人员从事工程造价的重要手段。

一 国内外工程造价软件发展概况

现在,国内外对工程造价管理都非常重视,但是国内外对计算机在工程造价管理应用的时间上比较接近,主要是国外比较注重工程最终的数据分析和行业的控制与指导。我国应用计算机在工程造价上的管理工作,最早是由我国数学

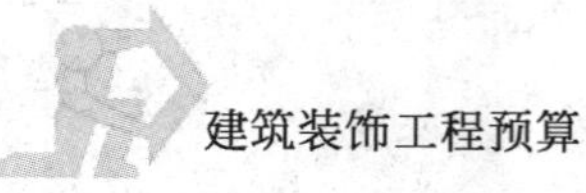

家华罗庚教授在1973年提出的。

在国外的造价管理体系上，行业的方向不同导致了软件的发展方向的差异。如英国的BCIS(Building Cost Information Service)是对已完工程的数据分析和利用；PSA(Property Services Agency)是组织和收集各种资料而形成各种投标价格指数；加拿大的Revay公司是对造价的控制，特别是它开发的CT—4软件，专门对成本与工期进行综合管理。

我国过去是采取“量价合一”的定额计价模式，在工程造价和信息管理方面只是定额套价和计算的简单功能。后来实行“量价分离”的清单计价模式，全国出现了很多造价管理软件，基本上解决了工程造价的系统化、全方位管理。

二 工程造价软件的发展方向

一个工程项目从开始到结束，需要经过许多过程，从投资估算到竣工决算，以及如何把各个环节的应用软件系统有机地结合，通过无缝接口技术集成于一个项目投资、成本控制、质量控制、进度控制、安全与合同管理、工程信息、材料交易、设备交易的综合管理系统，将是工程造价软件的发展主题。工程造价管理全过程网络信息化与电子化将成为可能，这也将使我国工程建设和经济建设信息化、网络化成为现实。

三 工程造价软件的类型

1. 算量软件

工程量计算是定额计量、工程量清单编制等各项工作的基本，也是工作量较大的，这类软件大多都是以AutoCAD为开发平台进行二次开发的，如上海鲁班和清华斯维尔，但是大连北科以及广联达就没有这么做，不过以上四家都已经实现了三维算量。三维算量软件是基于AutoCAD平台的工程量计算软件，通过三维图形建模，直接识别利用设计院电子文档的方式，把电子文档转化为面向工程量及套价计算的图形构件对象，以真正面向图形的方法，非常直观地解决了工程量的计算及套价，提高了建设工程量计算速度与精确度，把算量工作人员从繁重的计算中解放出来，它彻底改变了算量的工作方法。

2. 计价软件

计价软件在全国比较多，如《清单大师——工程量清单计价软件》、《PKPM工程量计价软件》、《必佳软件》、《鹏业软件》、《青山软件》、《宏业软件》等，这些计价软件均采用WINDOWS为系统平台，使用高级语言和数据库技术编制的，采用所见即所得的实时计算方式，操作简便、直观，计算准确，输出表格符合有关文件的规定。

例　如四川宏业建设软件公司的英杰工程量清单报价软件。

该软件采用 WINDOWS 为系统平台，使用高级语言和数据库技术开发的，依据《四川省建筑工程施工招标投标工程量清单计价暂行办法》及相关政策法规，是目前四川省唯一通过评审的工程量清单报价软件。

四 工程造价软件的基本要求

(1)软件提供的数据输入项目，必须满足国家、省颁发的现行工程造价管理制度的规定。

(2)软件提供给用户的材料、设备价格编码方案，必须符合省造价管理总站审核批准的编码方案的规定。

(3)软件具有必要的规范基础数据输入差错的控制功能。

(4)软件的定额调整、价差、工程造价计算程序等功能必须符合省、市、自治州建设工程造价管理部门的现行规定。

(5)软件系统内部的定额及基础数据在需要更正时，软件必须提供更正痕迹。

(6)软件具有按规定打印输出各种工程造价文件规范格式及必要的查询功能。

(7)对计算机根据计算生成的各种工程造价历史数据必须保存，软件不得修改。

(8)软件具有防止非指定人员擅自使用的使用权限控制功能。

(9)对存储的磁性介质或其他介质上的程序文件和相应数据文件，软件有必要的保护措施。

(10)软件具有在计算机发生故障或其他原因而引起数据损坏的情况下，利用现有数据恢复到最近状态的功能。

第二节　计算软件在建筑装饰装修工程预算中的应用

算量软件的应用

我们以鲁班软件为例进行简单的介绍。

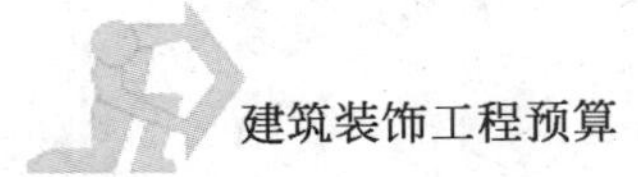

(一)工程建模

1. 建模的内容

"建模"包括两个方面的内容,一是建立算量模型平面图,二是定义每种构件的属性,两方面的工作可以独立进行。在绘制算量平面图时,你可以完全不考虑图形中用不到的信息,甚至包括构件的属性名称(暂时使用同一个名称,以后再更换);同样,在定义构件的属性时,也不必考虑构件在平面上的位置关系。

2. 建模顺序

根据你自己的喜好,可以按照以下三种顺序,完成建模工作:首先绘制算量平面图,再定义构件属性;首先定义构件属性;再绘制算量平面图;在绘制算量平面图的过程中,同时定义构件的属性。

3. 必须遵循的原则:

(1)要求计算工程量的构件,必须绘制到算量平面图中。

(2)绘制算量平面图上的构件,必须有属性名称及完整的属性内容。

(3)"量值调整"的运用:你可以强制使某一个定额子目的工程量值取您输入的数值,或在计算结果的基础上进行系数调整、增减值调整,这些数值并不影响此构件与相关构件的相互扣减关系。

(二)算量平面图与构件属性

用计算机计算建筑工程的工程量,要求在计算机中建立一个工程模型,这个模型包括工程量计算所需要的主要建筑构件,与设计部门提供的施工图相似。平面图能够最有效地表达建筑物及其构件,精确的图形才能表达精确的工程模型,因而才能得到精确的工程量计算结果。

(三)楼层与算量平面图的关系

楼层包含的内容"鲁班算量"用平面图方式表示一个(或几个连续的)楼层中的建筑、结构构件,这种平面图就是前面提到的算量平面图。一张算量平面图中究竟表达了哪些构件呢?它表示了算量平面图中所表达的构件及其在空间的位置。对于非基础层,包含的构件有:墙体、门窗、过梁、圈梁、柱、梁、板(又分为预制板、现浇板、楼梯)、楼面(底层为地面)、天棚、墙面、出挑构件,出挑构件可以是阳台也可以是雨篷。另外,为了不单独绘制屋面,我们把屋面合并到屋面下的楼层平面图中。对于基础层,包含的构件有:砖基础、条形基础、满堂基础、独立基础、基础梁。可以这样想象:人站在楼面上所看到的上、中、下三个方位的所有建筑结构构件，就是一层算量平面图所表达的内容。

(四)层的划分原则与楼层编号

对于一个实际工程，需要按照以下原则划分出不同的楼层，以分别建立起对应的算量平面图，楼层用编号表示：0 表示基础层；1 表示地上的第一层；2～99 表示地上除第一层之外的楼层，此范围之内的楼层，如果连续相同，可以合并成一层，如“2～5”表示从第 2 层到第 5 层；－3、－2、－1 表示地下层。

(五)计算规则与工程量计算方式

对于与墙体、梁的平面尺寸有关的工程量计算对象，基本的计算原则是以墙体(或梁)的中心线为计算基准线，按照计算规则规定的增补(或称扣减)方式进行计算。系统提供与定额匹配的工程量计算规则，如果没有特殊的原因，常用定额子目的计算规则没有必要调整。对于初学者，我们建议对各计算项目的计算规则查看一遍，从而做到心中有数。

(六)寄生构件

在实际工程中，如果没有墙体，不可能存在门窗，门窗就是寄生在墙体上的构件，“鲁班算量”遵循这种寄生原则。

(七)输出结果

1. 图形输出

以算量平面图为基础，在构件附近标注上构件与定额子目对应的工程量值，这是一种直观的表达方式。图形输出可以按照不同的构件类型分别标注。除了便于校对以外，“工程量标注图”在施工安排、监理过程中的指导作用，是“鲁班算量”提供给用户的一项强大功能，如其中的“墙体工程量标注图”、“梁工程量标注图”等。

2. 表格输出

表格输出是传统的输出方式，本软件提供两种用途的表格：工程量校对所使用的“工程量明细表”(与手工计算所得表格类似)和进行下一步预算分析所使用的“工程量汇总表”。在校对时，“鲁班算量”建议用户首先使用工程量标注图，或将工程量标注图与表格配合使用。

3. 预算接口文件

目前本软件提供一种 TXT 格式的结果输出形式，用户可以通过 EXCEL 或 ACCESS 将结果调入、编辑、打印，另外鲁班算量还与其他多种预算软件有接口，即鲁班算量的结果可以直接导入到预算软件中进行套价计算。

（八）系统环境要求

1. 软件系统

本软件要求在 Windows98、2000 及 XP 下运行。

2. 图形平台

AutoCAD2002。

3. 硬件

最低配置：微机 P133，内存 32MB，150MB 硬盘空间，200MB 交换文件空间。

推荐配置：微机 PII400，内存 64MB，150MB 硬盘空间，200MB 交换文件空间。

 二 计价软件的应用

计价软件的应用程序是大同小异的，广联达预算系列软件是当前工程预结算工作中应用最为广泛的软件之一，下面以它的操作程序为例对软件定额计价模式下的使用和清单计价模式下的使用进行简单的介绍。

（一）定额计价模式下工程计价

其操作流程如图 9-1 所示：

1. 软件启动

启动软件后就进入操作主界面，整个界面分为三个版块：菜单和工具按钮板块、工程管理器板块、表格输入板块。

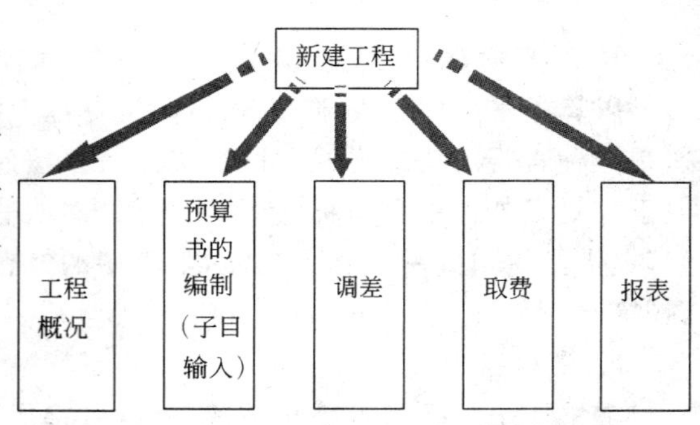

图 9-1 定额计价模式下工程计价程序

2. 新建工程项目

新建项目分为四个步骤：

（1）新建工程。

（2）选择模板。

（3）填写工程信息。

（4）保存工程文件。

3. 预算书的编制

（1）预算表编制。

(2)定额子目的输入:直接输入、免章节输入、定额库查询输入、关联子目输入。

(3)工程量的输入:直接输入、表达式输入、图元公式法。

(4)定额子目的换算:标准换算、人材机换算、子目乘系数换算、补充子目。

4. 措施项目输入

(1)技术措施费。

(2)组织措施。

5. 材料价差调整

(1)直接输入法。

(2)查询法。

6. 工程取费

7. 报表输出

(二)清单计价模式下工程计价

其操作流程如图 9-2 所示:

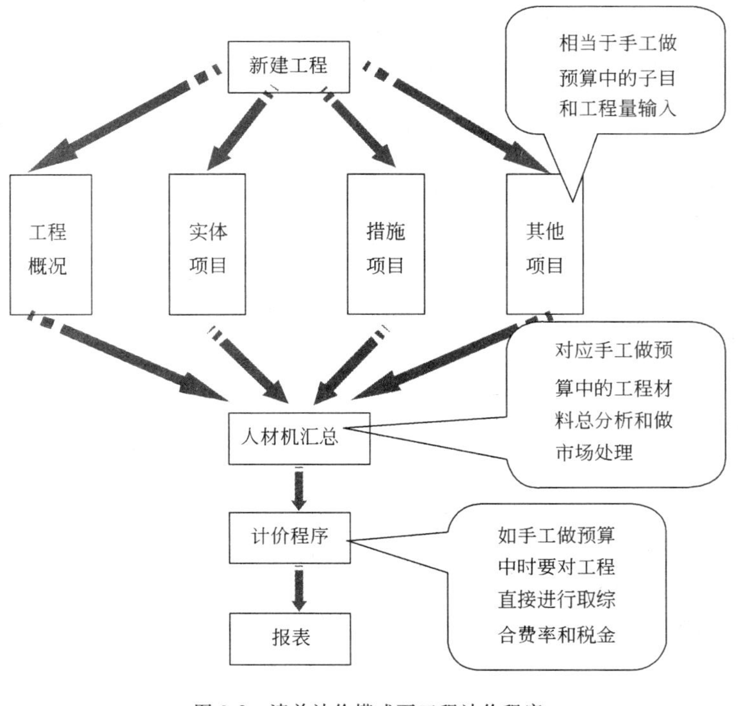

图 9-2　清单计价模式下工程计价程序

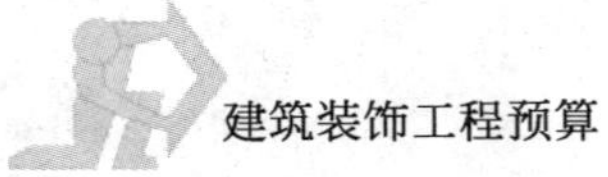

1. 新建工程

启动软件后，利用新建向导建立单位工程预算书。

2. 工程概况

填写总说明、预算信息、工程信息、工程特征、计算信息这五项工程信息。

3. 分部分项工程量清单输入

1)进入分部分项工程量清单编制界面。

2)工程量清单项目输入。

(1)查询法；

(2)直接输入法。

3)输入项目特征值。

4)套用消耗量定额。

5)输入工程量。

6)消耗量子目的换算。

(1)标准定额换算。

(2)子目材料换算。

(3)修改原子目人材机的定额含量。

(4)子目的补充。

7)清单单价构成及计算。

4. 措施项目清单输入

5. 其他项目清单输入

(1)直接输入；

(2)零星工作项目。

6. 材料价差调整

(1)直接输入法。

(2)查询法。

7. 计价程序输入

8. 报表输出

通过对软件的简单了解，知道所有的软件都不可能是十全十美的，更何况还有人为在操作软件时产生的误差。所以我们应该使用通过建设部门权威认证的行业正版软件才能较好地保证我们工程预算的准确度。

另外，我们还要知道一些学习预算软件应具备的方法和技巧。首先，我们要对相关的定额和清单以及工程量手工计算方法有个整体性的了解，然后掌握软件的操作手法，经过多次反复的上机便可达到熟能生巧的目的。比如在查询定额或清单的时候，前者就是选择工具条上的“手电”，后者就是选择工具条上的“望远镜”，如果在某些位置不知道怎么操作，不妨先点鼠标右键看看有没有相应的选择。

在科技发展日新月异的今天，建筑预算软件的发展也十分迅猛，可以想象在不久的将来建筑装饰工程行业软件将发展到可以完全取代手工预(结)算，在运用统一的计价规范，统一的计算规则的情况下，各地区各部门的预(结)算书也应按照统一的标准格式制作，更加规范、完整和合理。

本章小结

工程造价管理软件是我们从事工程造价人员的工作手段之一，我们应当了解它的现状、类型、使用的基本要求、预计未来的发展趋势，这对我们今后工作大有裨益。

本章主要重点是工程造价计价软件的使用基本要求、方法和技巧，本书以鲁班软件和广联达软件为例，进行了简单的介绍，关键还应掌握本地区的预算软件应用，多加练习，达到熟能生巧的目的。

小知识

我国的工程造价软件的发展最早是在 1973 年，我国数学家华罗庚教授的应用数学小分队在沈阳进行了应用计算机编制工程预算的试点，随后，华罗庚教授向当时的国家建委建议在北京设立一台中心计算机负责全国的建筑工程概预算工作的构想。从此，揭开了中国计算机辅助工程概预算的序幕。

思考题

9-1　试述工程造价软件的发展方向。

9-2　试述工程造价软件的分类。

9-3　试述工程造价软件的基本要求。

9-4　根据工程实例，利用算量软件和计价软件上机操作练习。

参考文献

[1]《全国统一装饰装修工程及消耗量定额》(GYD 901—2002). 北京：中国计划出版社，2003.

[2] 中华人民共和国建设部. 建设工程工程量清单计价规范. 北京：中国计划出版社，2003.

[3] 湖北省建筑工程消耗量定额及统一基价表. 湖北省定额站，2003.

[4] 李希伦主编. 建设工程工程量清单计价编制实用手册. 北京：中国计划出版社，2003.

[5] 中国建筑装饰协会主编. 建筑装饰工程概预算编制与投标报价手册. 北京：中国建筑工业出版社，1994.

[6] 建设部标准定额研究所.《建设工程工程量清单计价规范》宣贯辅导教材：北京：中国计划出版社，2003.

[7] 四川省工程造价人员资格考试培训教材. 成都：四川科学技术出版社，2001.

[8] 四川省建设工程造价管理总站编. 四川省装饰工程计价定额. 成都：四川科学技术出版社，SGD1—2000.

[9] 四川省建设工程造价管理总站编. 四川省建设工程工程量清单计价定额. 装饰装修工程. 北京：中国计划出版社.

[10] 四川省建设工程造价管理总站编. 四川省建设工程工程量清单计价定额. 建筑工程. 北京：中国计划出版社.

[11] 肖伦斌. 建筑装饰工程计价. 武汉：武汉理工大学出版社，2004.

[12] 沈祥华. 建筑工程概预算. 武汉：武汉理工大学出版社，2003.

[13]《建筑工程建筑面积计算规范》(GB/T50353—2005).